SHIPIN
BAOCANG JISHU

高职高专"十一五"规划教材

★食品类系列

食品保藏技术

初峰 黄莉 主编

化学工业出版社

·北京·

内 容 提 要

　　本书在介绍食品腐败本质的基础上,对现行的各种食品保藏技术进行了阐述。各章结合食品保藏工业实际简要阐述了各种保藏技术的基本原理,重点阐述相关技术,并介绍了该保藏方法对食品品质的影响。主要技术包括:新鲜食物的贮存技术、食品气调贮藏技术、食品冷冻保藏技术、食品干燥保藏技术、食品腌渍和烟熏保藏技术、食品化学保藏技术、食品辐射保藏技术、食品罐藏技术、食品包装保藏技术及食品保藏新技术等。另外,各章均设置有学习目标和复习思考题,方便学生预习和自我检测。

　　本书可作为高职高专食品及相关专业的教材,也可供食品行业的技术管理人员参考。

图书在版编目（CIP）数据

食品保藏技术/初峰,黄莉主编. —北京:化学工业
出版社,2010.2（2019.4重印）
高职高专"十一五"规划教材★食品类系列
ISBN 978-7-122-06846-0

Ⅰ. 食… Ⅱ.①初…②黄… Ⅲ. 食品贮藏保鲜-高
等学校:技术学院-教材 Ⅳ. TS205

中国版本图书馆 CIP 数据核字（2010）第 008524 号

责任编辑:梁静丽 李植峰 郎红旗　　　　　　装帧设计:尹琳琳
责任校对:郑 捷

出版发行:化学工业出版社（北京市东城区青年湖南街 13 号　邮政编码 100011）
印　　刷:北京京华铭诚工贸有限公司
装　　订:三河市振勇印装有限公司
787mm×1092mm　1/16　印张 11¾　字数 278 千字　　2019 年 4 月北京第 1 版第 13 次印刷

购书咨询:010-64518888　　　　　　售后服务:010-64518899
网　　址:http://www.cip.com.cn
凡购买本书,如有缺损质量问题,本社销售中心负责调换。

定　　价:24.00 元

高职高专食品类"十一五"规划教材
建设委员会成员名单

主任委员　　贡汉坤　　逯家富
副主任委员　杨宝进　　朱维军　　于　雷　　刘　冬　　徐忠传　　丁立孝
　　　　　　李靖靖　　程云燕　　杨昌鹏
委　　　员　（按照姓名汉语拼音排序）

边静玮	蔡晓雯	常　锋	程云燕	丁立孝	贡汉坤	顾鹏程
郝亚菊	郝育忠	贾怀峰	李崇高	李春迎	李慧东	李靖靖
李伟华	李五聚	李　霞	李正英	刘　冬	刘　靖	娄金华
陆　旋	逯家富	秦玉丽	沈泽智	石　晓	王百木	王德静
王方林	王文焕	王宇鸿	魏庆葆	翁连海	吴晓彤	徐忠传
杨宝进	杨昌鹏	杨登想	于　雷	臧凤军	张百胜	张　海
张奇志	张　胜	赵金海	郑显义	朱维军	祝战斌	

高职高专食品类"十一五"规划教材
编审委员会成员名单

主任委员　　莫慧平
副主任委员　魏振枢　　魏明奎　　夏　红　　翟玮玮　　赵晨霞　　蔡　健
　　　　　　蔡花真　　徐亚杰
委　　　员　（按照姓名汉语拼音排序）

艾苏龙	蔡花真	蔡　健	陈红霞	陈月英	陈忠军	初　峰
崔俊林	符明淳	顾宗珠	郭晓昭	郭　永	胡斌杰	胡永源
黄卫萍	黄贤刚	金明琴	李春光	李翠华	李东凤	李福泉
李秀娟	李云捷	廖　威	刘红梅	刘　静	刘志丽	陆　霞
孟宏昌	莫慧平	农志荣	庞彩霞	邵伯进	宋卫江	隋继学
陶令霞	汪玉光	王立新	王丽琼	王卫红	王学民	王雪莲
魏明奎	魏振枢	吴秋波	夏　红	熊万斌	徐亚杰	严佩峰
杨国伟	杨芝萍	余奇飞	袁　仲	岳　春	翟玮玮	詹忠根
张德广	张海芳	张红润	赵晨霞	赵晓华	周晓莉	朱成庆

高职高专食品类"十一五"规划教材
建设单位
（按照汉语拼音排序）

北京电子科技职业学院
北京农业职业学院
滨州市技术学院
滨州职业学院
长春职业技术学院
常熟理工学院
重庆工贸职业技术学院
重庆三峡职业技术学院
东营职业学院
福建华南女子职业学院
福建宁德职业技术学院
广东农工商职业技术学院
广东轻工职业技术学院
广西农业职业技术学院
广西职业技术学院
广州城市职业学院
海南职业技术学院
河北交通职业技术学院
河南工贸职业技术学院
河南农业职业技术学院
河南濮阳职业技术学院
河南商业高等专科学校
河南质量工程职业学院
黑龙江农业职业技术学院
黑龙江畜牧兽医职业学院
呼和浩特职业学院
湖北大学知行学院
湖北轻工职业技术学院
黄河水利职业技术学院
济宁职业技术学院
嘉兴职业技术学院
江苏财经职业技术学院
江苏农林职业技术学院
江苏食品职业技术学院

江苏畜牧兽医职业技术学院
江西工业贸易职业技术学院
焦作大学
荆楚理工学院
景德镇高等专科学校
开封大学
漯河医学高等专科学校
漯河职业技术学院
南阳理工学院
内江职业技术学院
内蒙古大学
内蒙古化工职业学院
内蒙古农业大学职业技术学院
内蒙古商贸职业学院
平顶山工业职业技术学院
日照职业技术学院
陕西宝鸡职业技术学院
商丘职业技术学院
深圳职业技术学院
沈阳师范大学
双汇实业集团有限责任公司
苏州农业职业技术学院
天津职业大学
武汉生物工程学院
襄樊职业技术学院
信阳农业高等专科学校
杨凌职业技术学院
永城职业学院
漳州职业技术学院
浙江经贸职业技术学院
郑州牧业工程高等专科学校
郑州轻工职业学院
中国神马集团
中州大学

《食品保藏技术》编写人员名单

主　编　　初　峰　黄　莉

副主编　　高秀兰　张　艳

编　者　　（按照姓名汉语拼音排列）

白剑侠	河南工业贸易职业学院
鲍　琳	郑州牧业工程高等专科学校
陈　婵	福建农业职业技术学院
初　峰	中州大学
高秀兰	内蒙古商贸职业技术学院
黄　莉	日照职业技术学院
黄　琼	福建农业职业技术学院
李建芳	信阳农业高等专科学校
刘红梅	河南商业高等专科学校
岳　春	南阳理工学院
张　艳	河南质量工程职业学院
邹　建	河南商业高等专科学校

序

作为高等教育发展中的一个类型，近年来我国的高职高专教育蓬勃发展，"十五"期间是其跨越式发展阶段，高职高专教育的规模空前壮大，专业建设、改革和发展思路进一步明晰，教育研究和教学实践都取得了丰硕成果。各级教育主管部门、高职高专院校以及各类出版社对高职高专教材建设给予了较大的支持和投入，出版了一些特色教材，但由于整个高职高专教育改革尚处于探索阶段，故而"十五"期间出版的一些教材难免存在一定程度的不足。课程改革和教材建设的相对滞后也导致目前的人才培养效果与市场需求之间还存在着一定的偏差。为适应高职高专教学的发展，在总结"十五"期间高职高专教学改革成果的基础上，组织编写一批突出高职高专教育特色，以培养适应行业需要的高级技能型人才为目标的高质量的教材不仅十分必要，而且十分迫切。

教育部《关于全面提高高等职业教育教学质量的若干意见》（教高〔2006〕16号）中提出将重点建设好3000种左右国家规划教材，号召教师与行业企业共同开发紧密结合生产实际的实训教材。"十一五"期间，教育部将深化教学内容和课程体系改革、全面提高高等职业教育教学质量作为工作重点，从培养目标、专业改革与建设、人才培养模式、实训基地建设、教学团队建设、教学质量保障体系、领导管理规范化等多方面对高等职业教育提出新的要求。这对于教材建设既是机遇，又是挑战，每一个与高职高专教育相关的部门和个人都有责任、有义务为高职高专教材建设做出贡献。

化学工业出版社为中央级综合科技出版社，是国家规划教材的重要出版基地，为中国高等教育的发展做出了积极贡献，被新闻出版总署领导评价为"导向正确、管理规范、特色鲜明、效益良好的模范出版社"，最近荣获中国出版政府奖——先进出版单位奖。依照教育部的部署和要求，2006年化学工业出版社在"教育部高等学校高职高专食品类专业教学指导委员会"的指导下，邀请开设食品类专业的60余家高职高专骨干院校和食品相关行业企业作为教材建设单位，共同研讨开发食品类高职高专"十一五"规划教材，成立了"高职高专食品类'十一五'规划教材建设委员会"和"高职高专食品类'十一五'规划教材编审委员会"，拟在"十一五"期间组织相关院校的一线教师和相关企业的技术人员，在深入调研、整体规划的基础上，编写出版一套食品类相关专业基础课、专业课及专业相关外延课程教材——"高职高专'十一五'规划教材★食品类系列"。该批教材将涵盖各类高职高专院校的食品加工、食品营养与检测和食品生物技术等专业开设的课程，从而形成优化配套的高职高专教材体系。目前，该套教材的首批编写计划已顺利实施，首批60余本教材将于2008年陆续出版。

　　该套教材的建设贯彻了以应用性职业岗位需求为中心，以素质教育、创新教育为基础，以学生能力培养为本位的教育理念；教材编写中突出了理论知识"必需"、"够用"、"管用"的原则；体现了以职业需求为导向的原则；坚持了以职业能力培养为主线的原则；体现了以常规技术为基础、关键技术为重点、先进技术为导向的与时俱进的原则。整套教材具有较好的系统性和规划性。此套教材汇集众多食品类高职高专院校教师的教学经验和教改成果，又得到了相关行业企业专家的指导和积极参与，相信它的出版不仅能较好地满足高职高专食品类专业的教学需求，而且对促进高职高专课程建设与改革、提高教学质量也将起到积极的推动作用。希望每一位与高职高专食品类专业教育相关的教师和行业技术人员，都能关注、参与此套教材的建设，并提出宝贵的意见和建议。毕竟，为高职高专食品类专业教育服务，共同开发、建设出一套优质教材是我们应尽的责任和义务。

贡汉坤

前　言

民以食为天，食品工业是我国国民经济的重要支柱产业之一。食品保藏技术，即针对可能引起食品变质的各种因素而对食品采取的一定处理手段，从而达到一定时间内保存食品避免其变质的目的，它在食品加工、贮藏、运输、销售过程中的重要性不言而喻。随着食品工业的发展，食品保藏技术也发生着日新月异的进步。

食品工业的发展需要大批高素质的行业人才。本书针对高职高专教育的特点，把握"理论够用、重在培养实践能力"的原则，对新鲜食物的贮存、食品气调贮藏、食品冷冻保藏、食品干燥保藏、食品腌渍和烟熏保藏、食品的化学保藏、食品的辐射保藏、食品的罐藏、食品的包装保藏以及食品保藏新技术从理论和实践两方面进行了适度的阐述，力求做到理论清晰够用、实践内容具有可操作性。

本书共分十一章，第一章由初峰编写，第二章由白剑侠编写，第三章由张艳编写，第四章由鲍琳编写，第五章由黄莉编写，第六章由陈禅、黄琼编写，第七章由刘红梅、邹建编写，第八章由李建芳编写，第九章由高秀兰编写，第十章和第十一章由岳春编写，全书由初峰、黄莉统稿。

在本书编写出版过程中得到了各有关院校领导和老师的大力支持，同时参考了同行专家的相关资料，在此表示最诚挚的感谢。

由于编者学识水平所限，书中难免有疏漏和不当之处，敬请读者不吝赐教。

编者
2010 年 1 月

前　言

目　录

第一章 食品与食品保藏

第一节 概　述

一、食品的组成

食品是为人食用、饮用或以其它方式摄入的满足人体能量和营养需要以及满足个人嗜好的物质。

食品来源于天然的动物和植物，所以食品的化学组成跟天然动植物成分十分接近。另外在食品加工过程中，为了改善食品的色、香、味、形或延长食品的保存期而加入的食品添加剂也是食品的组成成分。所以，食品成分就包括了天然的成分以及加工中添加的诸如水、食品添加剂等成分。

二、食品的种类

从食品的物理状态、原料来源、加工方式、贮藏方式、包装方式、能量多少、食用目的、甚至颜色等诸方面可以将食品进行不同的分类。

（1）根据物理状态的不同分　将食品分为液态食品、固态食品、半固体食品。

如奶酪就属于典型的半固体食品。

（2）根据原料来源的不同分　将食品分为动物性食品、植物性食品。

更可以具体为：乳品、禽蛋类食品、海鲜食品、谷物食品、水果、蔬菜。

（3）根据加工方式的不同分　将食品分为油炸食品、蒸煮食品、发酵食品、烟熏食品等。

（4）根据贮藏方式的不同分　将食品分为常温食品、冷藏食品、冷冻食品。

（5）根据包装方式不同分　将食品分为散装食品、包装食品。

包装食品根据包装材料的不同又分为纸包装食品、塑料包装食品、金属包装食品、玻璃包装食品、陶瓷包装食品等。也可以根据包装原理的不同而分为保鲜包装食品、气调包装食品、真空包装食品、防潮包装食品、缓冲包装食品、防氧化包装食品、无菌包装食品。

（6）根据食品能量供给的不同分　将食品分为高能食品、低热量食品。

如一些可以迅速补充能量的高能食物往往可以用于登山、攀岩、旅游中迅速恢复体力，也可作为运动员剧烈运动前能量储备。

（7）根据食用目的和食用对象的不同分　可将食品分为消闲食品、节日食品等。

（8）根据食用者年龄的不同分　可将食品分为婴幼儿食品、学龄前儿童食品、学龄儿童食品、青少年食品、中年食品、老年食品等。甚至其中再依据性别的不同又可细分。

（9）根据食品颜色的不同分　可将食品分为红色食品、紫色食品、黄色食物、绿色食品、黑色食物、白色食品等。实际上，这种分类比较符合营养学的概念，因为颜色的不同往往预示其营养成分的不同。

① 红色食品如苋菜、红枣、番茄、山楂、红薯、苹果、草莓、红米等往往具有补铁及增强人体抵抗力（如多吃不容易感冒）等功能。

② 紫色食品如黑草莓、樱桃、茄子、李子、紫葡萄、黑胡椒粉等因其含有花青素，具有强力的抗血管硬化的神奇作用，所以对预防心脑血管疾病大有裨益。

③ 黄色食物如胡萝卜、黄豆、花生、杏等因其富含维生素 A 和维生素 D，对防止胃炎、胃溃疡等疾患发生，预防儿童佝偻病、青少年近视、中老年骨质疏松症等有显著作用。

④ 绿色食品如绿色蔬菜，富含叶酸和钙质。叶酸是防止胎儿神经管畸形的最有效成分。孕妇在孕早期经常足量的补充叶酸类食物对预防新生儿此疾病非常有效。同时叶酸也具有保护心脏的作用。而绿色食品也是补充钙质的最好途径。

⑤ 黑色食品如紫菜、黑米、黑木耳、乌骨鸡等被公认为是最佳的益脾补肝的女性食品。因为其营养全面足量，具有预防心脑血管疾病、预防尿路结石、调理月经等作用。

⑥ 白色食品如乳类、冬瓜、甜瓜、竹笋、花菜、莴笋等。乳类具有丰富的营养，而其它白色食品也往往因为独到的颜色给人纯洁、鲜嫩的印象，对安定情绪、调节视觉等具有一定功效。

（10）根据食用用途的不同分　可将食品分为休闲食品、运动食品、减肥食品等。

① 休闲食品如薯片、虾条、雪饼、果脯、话梅、花生、松子、杏仁、开心果、鱼片、肉干等。

② 运动食品是以运动人体所需营养素为主要原料加工而成的食品，如适用于普通运动人群食用的健力宝、脉动等，适用于专业运动员的以低聚糖为主要原料的"高能固体饮料"（运动前/中/后型）和以中聚糖为主要原料的"伟特"糖等。

③ 减肥食品即低热量而又具饱腹功能的食品，如蛋白粉、酸奶、冻豆腐等。

三、与食品保藏相关的概念

1. 食品的货架期

食品的任何一种加工保藏方法都只能在一定时间范围内防止食品的变质，而不能无限期地保藏。对于保藏时间过久的食品，即使是尚未变质，消费者也往往会因此而失去购买欲望。

食品的货架期指食品在完成加工或包装之后，在特定的贮藏条件下保持其安全性和可接受质量的时间间隔。通俗地讲，货架期是商品可以摆在卖场货架上的时间。食品货架期包括食品的微生物货架期、食品的化学货架期、食品的感官货架期三层含义，因此食品的货架期反映的是以上三个不同方面的综合效应。

食品货架期反应在食品包装上的标注分为两种：一种是易产生微生物腐败变质且在短时间贮藏后可能引起健康损害的食品，如袋装鲜奶、袋装酸奶应注明保存期；另一种是除上述只能短期存放的食品以外的其它食品，如饼干、咖啡等，则应注明保质期。

除了内在质量外，货架期因食品的贮存温度、湿度、包装、光照等不同而有所不同。

2. 食物感染和食物中毒

食物感染和食物中毒统称为食源性疾病，是指通过摄食而进入人体的有毒有害物质、包括生物性病原体等致病因子所造成的疾病。包括常见的食物中毒、肠道传染病、人畜共患传染病、寄生虫病以及化学性有毒有害物质所引起的疾病。食源性疾患的发病率居各类疾病总发病率的前列，是当前世界上最突出的卫生问题，也是中国当前比较突出的食品安全问题。

食物感染涉及食用含有微生物的食品，然后微生物又在人体内生长而引发的疾病；食物中毒则涉及食用含有微生物分泌的毒素的食品后导致的疾病。可以引起食源性疾病的微生物及其毒素包括金黄色葡萄球菌分泌的毒素、肉毒梭状芽孢杆菌分泌的毒素、黄曲霉分泌的毒素以及沙门氏菌、痢疾志贺氏菌、副溶血性弧菌、链球菌等。因此在食品加工及保藏过程中，需要严格注意可能引起食源性疾病的微生物。因为被这些微生物污染的食品可能感官上还没有任何迹象，但是带来的危害却十分严重。

第二节 食品保藏

一、食品腐败的本质

食品的腐败变质是指食品受到各种内外因素的影响，造成其原有的化学性质或物理性质发生变化，降低或失去其营养价值和商品价值的过程。

食品变质的原因主要来源于以下几个方面：微生物污染、食品中自身存在的酶发生生化作用、失去或获得水分、虫鼠等的侵袭、氧、光照、机械损伤、不当的温度等。其中由微生物污染所引起的食品腐败变质是最为重要和普遍的。食品富含营养，微生物可以利用其中的营养大量生长繁殖，发生一系列的化学反应，食品成分分解并进一步产生一系列小分子化学物质，从而引起食品的腐败变质。

微生物引起食品腐败变质的类型包括：①细菌引起的腐败变质 细菌作用于食品中的糖类、蛋白质、脂肪；②霉菌引起的食品霉变现象 霉菌作用于食品中的碳水化合物、蛋白质；③食品发酵现象 食品中的糖类的发酵。包括酒精发酵、乙酸发酵、乳酸发酵、丁酸（酪酸）发酵等。而食品中自身存在的酶，如蛋白酶、淀粉酶等，也可以使食品中的蛋白质、淀粉分解，发生一系列化学变化进而引起食品的腐败变质。

食品腐败变质的过程实质上就是食品中碳水化合物、蛋白质、脂肪在污染微生物的作用下分别发生变化、产生有害物质的过程。食品腐败变质的现象较为普遍，如罐头的平盖酸败和胖听，糕点的霉变和酸败，果蔬制品的霉变和变质，乳的腐败与变质，鲜肉表面发黏、变色、霉斑、产生异味等。

二、食品保藏的原理

食品保藏，即针对可能引起食品变质的各种因素而对食品采取的一定处理手段，从而达到一定时间内保存食品、避免其变质的目的。从本质上看，食品保藏技术采用的基本原理包括：

① 维持食品最低生命活动的保藏方法；

② 抑制变质因素的活动来达到保藏目的的方法；

③ 通过发酵来保藏食品；

④ 利用无菌原理来保藏食品。

食品保藏依据食品保存时间的长短而大不相同。

1. 短时间保存

如果食品仅仅需要短期保存，那么需要把握下面两个原则。

(1) 尽量保持食品的鲜活状态 鲜活的食品可以避免很多变质现象的发生，如鱼、虾、家禽、水果、蔬菜等,保持鲜活对其避免其变质的作用很大。再如土豆、胡萝卜、卷心菜、甜菜、萝卜等,人们常采用活体贮存的方式保持其品质。

食品的气调保藏在一定程度上就是利用了这一原理,但是同时尽可能降低活体食物的呼吸作用,维持其最低生命活动,从而实现较长时间保藏的目的。很多果蔬可以通过这种方式保藏,中国传统的窖藏就是一个典型的代表。

但是食品保持鲜活状态会给运输、销售、再加工带来很多麻烦。

(2) 如果必须杀死动物、植物,则必须将杀死后的动植物清洗、包装和冷却,如冷鲜肉等,才能保证食物的新鲜。但是这样处理也只能在较短时间内有效。

2. 长期保存

如果食品需要较长时间的保存,则需要采取更进一步的手段,控制微生物的生长及食品自身酶的活性。

(1) 控制微生物 引起食品腐败变质的微生物主要有细菌、霉菌、酵母菌。可以采用下列手段对微生物进行控制。

① 高温处理 由表 1-1 可见,不同温型微生物的生长温度范围、主要分布场所均有所不同。多数细菌、霉菌、酵母菌在 16~38℃生长良好,大多数细菌在 82~93℃能够被杀死,但是耐热的细菌芽孢 100℃沸水处理 30min 仍然不会死去。为了确保商业无菌,通常将食品中所有致病菌中最耐热的肉毒梭状芽孢杆菌作为对象菌设计杀菌条件,设想其存在于待杀菌食品的最中心位置,在湿热条件下 121℃ 15min 或更长的时间保温,可以将其杀死,从而确保食品安全,这也是罐头食品往往采用的手段。罐头食品的商业无菌是指罐头食品经过适度的热杀菌后,不含有致病的微生物,也不含有在通常温度下能在其中繁殖的非致病性微生物,这种状态称作商业无菌。所以食品的灭菌处理往往指的是商业无菌而非真正微生物学意义上的无菌。

表 1-1 不同温型微生物的生长温度范围

微生物类型		生长温度范围/℃			主要分布场所
		最　低	最　适	最　高	
低温型(专性嗜冷)		−12	5~15	15~20	两极地区
兼性嗜冷		−5~0	10~20	25~30	海水及冷藏食品中
中温型	(室温型)	10~20	20~35	40~45	土壤水空气及动植物表面和体内
	(体温型)		35~40		人和温血动物体内(寄生)
高温型		25~45	50~60	70~95	温泉、堆肥、土壤表层等

并非所有的食品都必须使用高温蒸汽杀菌的方法进行杀菌,如保存期较短的鲜牛乳采用 62℃ 30min 巴氏杀菌方式,可杀死所有的致病菌及大多数细菌。

② 低温处理 微生物种类不同,其对温度的敏感性大有差异,低温下低温菌仍能生长,不过低温下即使低温菌生长也较为缓慢。随着温度下降,生长速度也在下降,当食品的水分冻结时,微生物繁殖力丧失。

某些食品利用这一原理,可进行冷藏和冻藏,达到在相当一段时间内保存食品的目的。如传统意义上的冷冻食品,(冻肉制品、冰淇淋),以及现代速冻食品如速冻汤圆、速冻饺子、速冻粽子、速冻小笼包、速冻杂粮制品等。

③ 干燥处理 和所有生物一样,微生物生存需要水分,只有具有一定含量的水分,微

生物才能生长繁殖，干燥会导致微生物细胞失水而造成代谢停止以致死亡。所以控制了食品水分，就控制了食品中微生物的生长繁殖，从而实现较长时间保存食品的目的。这就是干法保藏食品的原理。

不同的微生物对干燥的抵抗力是不一样的，其中以细菌芽孢的抵抗力最强，霉菌和酵母菌的孢子也具有较强的抵抗力，革兰氏阳性球菌、酵母的营养细胞、霉菌的菌丝的抗干燥能力依次递减。影响微生物对干燥抵抗力的因素较多：干燥时温度升高，微生物容易死亡；微生物在低温下干燥时，抵抗力强；缓慢干燥时，微生物死亡多；微生物在真空干燥时，如加保护剂（血清、血浆、肉汤、蛋白胨、脱脂牛乳）于菌悬液中，分装在安瓿内，低温下可保持长达数年甚至 10 年的生命力。根据目的不同，食品也可以进行部分干燥和全部干燥。

食品的干法保藏方式分为自然干燥和人工干燥两种。自然干燥如风干、晾干；人工干燥如各种方式的加热干燥、微波干燥、冷冻干燥等。应该根据食品的特性、价格等综合考虑干制的方法。

④ 酸处理　微生物生长需要一定的 pH 值。除了嗜酸菌外，多数微生物在较低的 pH 值时活性低下。因为一定强度的酸可以使微生物蛋白质变性失活。

有实验表明，几种不同的酸混合使用比单一酸抑菌效果更好，比如有人试验用乳酸、乙酸、柠檬酸比单独使用乙酸抑菌效果要显著提高。

如果将酸处理和加热方式结合，会对微生物更具破坏性，所以食品保藏也往往采用组合的方式达到更好的防腐效果。

⑤ 腌渍（糖渍和盐腌）处理　因为微生物细胞生存需要一定的渗透压，所以使用一定浓度的糖液和盐液对食品进行腌制，使其细胞脱水，抑制了微生物细胞活性，从而实现较长时间保存食品的目的。

盐腌肉类如金华火腿，糖渍果蔬如蜜饯、果脯、凉果、果酱等，采用的就是此保藏原理。

⑥ 烟熏处理　烟熏的防腐作用是许多因素综合作用的结果。如烟熏成分渗入食品内部防止氧化，烟熏一定程度使制品脱水干燥，烟熏利用的一定的加热温度可以杀菌消毒等。

当然，熏烟除了利于保藏以外还有诸如赋予制品以特殊的烟熏风味，以及使制品产生特有的烟熏色等作用。如烟熏肉制品是人们喜欢的传统食品。

⑦ 气体成分控制　食品中的微生物大多为好氧菌。对好氧菌来说，除去空气和氧使其生存极大受限。这是食品保藏中常常用到的方法。除去空气和氧可以用排出空气、真空包装或者选择充入惰性气体的方式控制，如食品利用充氮包装可达到较长时间保藏的目的。

而对于厌氧菌来说，充入空气和氧气理论上可以抑制其生存，但是实际运作往往容易造成其它好氧菌的生长，所以需要综合考虑慎重对待。

食品气调保藏就是利用了降低食品的氧含量来实现抑制微生物的生长。

⑧ 化学品处理　许多化学品可以杀死微生物或抑制微生物的生长，这是食品化学保藏的基本原理。但是食品中可以使用的是国家规定的食品添加剂中具体所包含的各个品种，并且各种允许使用的食品添加剂只能够在特定的品种、规定的浓度限度内使用。

⑨ 辐射处理　食品辐射保藏就是利用原子能射线的辐射能量，对新鲜肉类及其制品、水产品及其制品、蛋及其制品、粮食、水果、蔬菜、调味料以及其它加工产品进行杀菌、杀虫、抑制发芽、延迟后熟等处理，从而达到食品保藏的目的。

辐射保藏具有对食品感官性状（如色香味和质地）影响小、无残留、节省能源、适用范围广、效率高、射线穿透力强等特点。

不同种类的辐射包括 X 射线、微波、紫外线、电离辐射等，可以在不同程度使微生物失活。如大蒜可以通过 γ 射线辐照后大大延长其保存期。

（2）酶和其它因素的控制　食品自身存在的酶具有一定活性，可使食品发生一系列生化反应从而引起腐败变质。所以钝化酶活性，可以使食品避免因自身存在的酶引起的腐败变质。

实际上，前面所论述的高温、低温、干燥、化学品、辐射等处理方式可以抑制微生物的生长繁殖，但这些处理手段也同样可以造成食品自身存在的酶的变性甚至失活，但是低温或辐射时也可使某些酶依然存活。所以必须具体问题具体分析，针对具体的食品品种所特有的腐败模式选择恰当的保藏方式。

而降低食品自然成分的生命力、减缓其生命步伐也可以一定程度控制其变质速度，从而实现较长时间保藏的目的。比如食品气调保藏。

其它影响因素，如水分、空气、光等控制，可以采用食品包装保藏的技术进行。必须谈到的是，前面所述的多数保藏方法，也都必须结合食品包装的技术，达到较好保藏的效果。

第三节　食品保藏技术的发展与存在的问题和对策

一、食品保藏技术的发展史

公元前 3000 年～前 1200 年，犹太人、中国人、希腊人分别使用腌制保藏技术来保存鱼类。公元前 1000 年，古罗马人使用低温保藏龙虾，烟熏保藏肉类。《诗经》中有"二之日凿冰冲冲，三之日纳人凌阴"的记载，说明那时的人们已经知道利用天然冰雪保存食品。2000年前，西方人、中国人使用干藏技术保存水果。《北山酒经》记载，瓶装酒灌装、加药密封、煮沸杀菌然后进行保藏的方法，是食品罐藏技术的雏形。我国早就开始使用井窖、地沟、土窖洞保藏食品。1809 年，法国人 Nicolas Appert 发明罐藏食品被认为是现代食品保藏技术的开端。19 世纪上半叶冷媒出现，各种压缩制冷机发明，人工冷源逐渐取代自然冷源，到1883 年，现代食品冷冻技术诞生。1908 年，出现化学保藏技术。1918 年，出现气调冷藏技术。1943 年，出现食品辐照保藏技术。

二、我国食品保藏行业存在的问题

尽管我国食品保藏行业近年来取得了很大发展，但是仍然存在如下问题。

（1）低温贮藏运输设置严重不足，冷链系统尚未完全建立，致使许多鲜活易腐食品生产后仍然在常温下贮藏、运输和销售、腐烂变质快，损失严重。有数据显示，我国每年水果蔬菜损失率高达 30%。

（2）农业产业化体系不健全，食品生产、贮藏、销售等环节严重脱节，生产者片面追求产量，导致产品的质量低、贮藏性差、货架期短、市场竞争力不强，这也一定程度造成浪费。

（3）食品的市场信息系统和服务体系不健全，盲目生产、凭经验贮藏、自找市场的现象非常普遍。

（4）企业经营规模小，管理水平低，硬件设施和技术投入不足，很难满足各类食品保藏的技术需求。

（5）质量安全问题值得关注。食品原料生产阶段的化肥、农药、饲料添加剂残留，加工中的添加剂污染，保藏中防腐保鲜剂过量、食品贮藏库消毒剂的污染等。

三、我国食品保藏行业的发展与对策

针对我国食品保藏行业存在的问题，为了减少食品资源浪费，提高农业和保藏行业的经济效益，应该采取以下措施。

（1）依靠科技创新振兴我国食品保藏行业　我国食品加工和食品保藏技术整体技术含量不高，制约了本行业的可持续发展。

（2）按照农业系统工程和栅栏技术的理念来实施食品的保藏　如果农业生产环节与食品保藏环节相结合，将使食品保藏更能具有针对性。栅栏技术是德国肉类研究院 L. Leistner 教授提出来的，核心思想是只要将食品有关参数（如水分活性、pH 值以及食品的热处理方式、条件等）输入计算机，就可推断出食品的货架期。也可根据需要，适当改变各种参数，以使食品达到理想的货架期。人们将这些因子称为栅栏因子，这些因子及其协同效应决定了食品微生物的稳定性，这就是栅栏效应。

栅栏效应是食品保藏的根本所在，对于一种可贮而且卫生安全的食品，其中水分活度、pH、温度、压力等栅栏因子的复杂交互作用控制着微生物腐败、产毒或有益发酵，这些因子协同对食品的联合防腐保持作用，即为栅栏技术，或称为障碍技术（Hardle Technology）。

（3）建立配套的食品物流体系和生产服务体系　从小农经济发展到全国乃至世界性的行业体系，必须有与之对应的物流和生产服务体系。只有这样，行业才能健康有序地发展。

食品运送过程中浪费严重，物流支出占食品成本中很大比重。据估计，我国每年约 700 亿元的食品在运送过程中腐败变质，一些易于腐败变质的食品其售价的 70% 是用来补贴物流过程的损失，这也是某些食品零售价格高居不下的原因。建立完整配套的食品物流体系可以从以下三方面着手。

① 食品企业与 3PL 合作　所谓 3PL（third party logistics）是指生产经营企业为集中精力搞好主业，把原来属于自己处理的物流活动以合同方式委托给专业的物流服务企业，同时通过信息系统与物流服务企业保持密切联系，以达到对物流全程的管理和控制的一种物流运作与管理方式，因此 3PL 又叫合同制物流。

通过这种方式，食品企业可以降低物流成本，并使企业精力专注于核心竞争力的打造。目前，国内许多 3PL 公司都提供了物流一体化服务，从包装、运输到分拣配送，甚至与顾客进行 FTF（face to face）交货，为食品企业提供全方位物流和产品增值服务。

② 食品企业与政府和物流行业协会合作，共同完善食品物流的法规和制度　形象和信誉是企业的无形资产，是提高企业竞争力的重要组成部分。由政府提供相应的政策支持，行业提供食品物流的交流平台，建立食品供应链全面质量管理体系，可以将食品腐败变质现象降到最低。

③ 引进先进的物流硬件设备和物流管理软件　在依赖物流外包的同时，企业必须提高自身的硬件设备和人员管理水平，推进集约化共同配送以降低企业物流成本，实施配送-流通-加工一体化，引入先进信息技术进行货架管理，用现代物流技术推进食品物流合理化。

④ 强化食品的商品质量意识，重视食品的质量与安全，实施绿色品牌战略，增强其在国内外市场中的竞争力。

我国食品安全控制有着三大保障体系：农产品质量安全体系，保障食品源头安全；食品安全可追溯体系，保障食品加工过程的安全；依据《食品安全法》（草案）等法律法规，严格执法保障食品安全。民以食为天，食品行业中，食品的质量和安全既是一种责任，也是行业生存的基本保障，食品保藏也因此而显得尤为重要。

【复习思考题】

1. 什么是食品？食品可以如何分类？
2. 食品腐败变质的本质是什么？
3. 食品保藏的原理是什么？
4. 采用哪些保藏方法可以控制食品中微生物的生长繁殖？请分别加以说明。
5. 中国保藏行业存在哪些问题？请收集相关资料并论述你对解决这些问题的看法。

【参考文献】

[1] 杨瑞等. 食品保藏原理. 北京：化学工业出版社，2006.
[2] 王晓宁等. 不同的混合酸处理对猪胴体表面细菌作用效果的研究. 食品工业科技，2006，(12)：68-70.
[3] [美] 波特. 食品科学. 第5版. 王璋等译. 北京：中国轻工业出版社，2001.
[4] [美] 德罗齐埃. 食品保藏技术. 黄琼华，俞平译. 北京：中国食品出版社，1989.

第二章　新鲜食物的贮存

第一节　植物性食品的贮存

植物性食品主要包括以谷类、豆类和薯类为主的农产品和以水果、蔬菜为主的园艺产品。其中谷类、豆类和薯类为主的农产品可统称为粮食，此类食品是人体能量的主要来源，也是其它加工食品的主要原料。

一、农产品的贮存

农产品是人们生活中不可缺少的食物组成，它们可以供给人类大量的碳水化合物、蛋白质、矿物质等营养物质。以谷类、豆类和薯类为主的农产品（即粮食）经加工后也是中国人食物组成中的主要主食。因此，在本部分农产品的贮存中主要介绍粮食的贮藏。

粮食是小麦、稻谷、玉米、谷子、大麦等禾谷类籽粒及薯类、豆类等的总称。我国粮食贮藏的历史悠久，经验丰富。我国发现最早的粮食贮藏遗迹是 7000 多年前的浙江余姚河姆渡遗址，遗址中发现"栏杆式"仓房和大量碳化稻粒；新中国成立以来，由于国家领导的重视以及全体粮食仓储保管人员、科研人员的共同努力，新中国的粮油贮藏工作有了迅速的发展。无论是仓库的建筑方面、仓储机械设备方面、还是仓储理论、仓储技术方面都得到了更大的发展，而仓储管理方面，也制定了比较完善的制度，来确保粮食贮藏工作的科学管理、依法管理。

粮油贮藏工作的基本任务是减少储粮损耗，保持粮油的原有品质，降低保管费用，提高经济效益。

1. 粮堆的物理性质

粮食在贮藏及运输过程中通常会表现出许多物理性质，例如粮食的散落性、自动分级、导热性、吸附性、粮堆的气流特性等。

（1）散落性　粮食在从一定高度自然下落形成粮堆时，向四面流散成为圆锥体的性质称为粮食的散落性。圆锥斜面与底面水平线之间的夹角（静止角）越大时，粮食的散落性越好。与静止角对应的是自流角，即粮食在不同材料的斜面上开始移动下滑时该斜面与水平面之间的夹角。自流角是一个相对值，它不仅与粮食有关还与所选择材料有关系。当材料相同时，自流角大的粮食散落性大。

粮粒的物理状态、粮食的含水量、粮堆中杂质含量等都会影响粮食散落性的好坏。在粮食流通过程中，可以利用粮食散落性的大小来确定粮堆的高度。

（2）自动分级　自动分级是粮堆成分在外力的作用下，同一类型的粮食和杂质集中在同一部位，不同类型的杂质则集中在粮堆不同部位，从而引起粮堆成分重新分配的现象。形成自动分级的原因主要是粮堆中不同成分的散落性不同，其次就是受到气流、重力、浮力等因素的共同影响而产生的。自动分级现象的存在增加了粮食贮藏管理的复杂性，对贮粮安全十分不利，容易导致粮堆局部水分过高、空隙减小，是粮堆发热霉变的主要部位。为减轻自动分级现象的发生，可以采用的最好方法是对粮食进行入仓前的清理，清理工作可以有效减轻自动分级现象的发生，另外对于筒仓还可以通过中心管、抛粮器等措施减轻自动分级危害。自动分级对粮食贮藏工作同样存在有利方面，可以利用自动分级现象对粮食进行清理，例如气流分级清理粮食、振动筛除杂等。

（3）空隙度　粮堆除了粮食外还有大量的空隙存在，粮堆中空隙的体积占粮堆总体积的百分比叫做粮堆空隙度。空隙是粮堆内部的环境，空隙中充满了空气，空气中的氧气是粮粒维持生命的基础，粮堆内空隙是实施各种贮粮技术措施的依据，空隙度的大小直接影响熏蒸杀虫、机械通风、气调贮藏、制冷降温等的效果，若粮堆空隙大降低了仓房的利用率，增加了熏蒸时的用药量。因此，粮堆空隙对粮油贮藏有着重要意义。

（4）导热性　粮堆导热性可以通过粮食的导热系数来衡量，导热系数越大，导热性越好。粮食的导热系数（0.50～0.84）在空气（0.091）和水（2.13）之间，是热的不良导体，这有利于保持粮堆的原始温度，也是引起粮堆局部发热的主要原因之一。

（5）吸附性　粮食的吸附性是气体或液体在粮粒表面自动向内或向外扩散的现象。吸附性的代表是吸湿性。吸湿性是粮食的吸附和解吸水气的性能，在一定的温湿度条件下，粮食对水汽的吸附达到平衡状态，此时粮食的含水量称为该条件下粮食的平衡水分。粮食种类、温度、湿度都会影响粮食的平衡水分。湿度不变的情况下，温度越高粮食的平衡水分越低；若温度恒定，则湿度越大粮食的平衡水分越高。

平衡水分可用来判断粮堆水分的变化趋向，即在当时的条件下，粮食是趋向于散湿还是吸湿，是否可以通风或晾晒。平衡水分也是储粮干燥降水的依据，防止过度干燥造成粮食重新吸湿。

（6）气流特性　粮堆中气体的方向性流动称为粮堆气流。能够使粮堆中水汽、热量向外散发起到降温散湿作用的气流，提高储粮稳定性的气流称为有利气流。反之，能够将高温、高湿引入粮堆或把水汽、热量向粮堆某一部位大量集中，使粮温升高、湿度增大的气流，则会降低储粮稳定性称为有害气流。温差、气压、粮堆的密封程度、空隙度等因素都会影响粮堆的气流状况，粮堆的熏蒸、通风、气调贮藏都依赖于粮堆气流。

2. 粮堆生理特性

（1）呼吸作用　呼吸作用是生物体生命的象征，粮食作为活的有机体同样具有呼吸作用。粮粒的呼吸作用主要包括有氧呼吸和无氧呼吸两种类型，有氧呼吸过程生物体需要从环境中吸收氧气分子，将粮粒中营养物质彻底氧氧化成二氧化碳、水并释放能量的过程。无氧呼吸是指生物体在氧气供应不足或缺氧状态下，有机物质依靠分子内部的氧化还原作用取得能量，其营养物质氧化不彻底，并残留有氧化不完全产物的过程。呼吸作用的强弱可以用呼吸强度和呼吸系数（呼吸商）来表示。

（2）后熟作用　粮油籽粒收获后并不一定完全发育成熟，还需要一段时间才达到生理成熟，这一过程叫做后熟作用，后熟作用所经历的时间称为后熟期。完成后熟作用的粮油籽粒发芽率提高，加工品质、食用品质提高到应有水平。

后熟作用可以改善粮油的品质，人们也可以利用后熟期间的强烈呼吸作用进行自然缺氧贮藏，但是后熟作用也增加了粮油贮藏管理工作的复杂性：由于后熟作用会释放热量、水分，当这些热量和水分不能及时散发到环境中时，就会导致整个粮堆或粮堆局部出现水分升高或温度升高的现象,即所谓的"出汗"和"乱温"。因此,对新收获入仓的粮食应加强管理,保持良好的通风,及时将粮堆的湿热散发出去。而且可以采用有力措施尽可能将粮食的后熟期缩短,例如,适当升高温度,降低环境湿度,保持充足的氧气供应,尽量减少二氧化碳在环境中的积累,从而尽快提高贮粮的稳定性。

(3) 种子的生活力 粮油籽粒虽然看似静止不动,没有活力,实际确是有生命的活的有机体。种子萌发的内存潜力或者说是种子内在的生命力就是种子的生活力。能够发芽的种子一定具有生活力。具有生活力的种子更能够保持良好的新鲜度,具有更强的抵抗外界不良环境的能力。耐贮藏性能更好。

在粮油的贮藏期间,保持种子的生活力可以较好地保持粮食的品质,粮油籽粒耐贮藏性能好,这对粮油贮藏是有利的,但应控制条件使其不会萌发。

3. 贮藏期间粮油品质的变化

粮油的品质包括种用品质、工艺品质、贮藏品质、食用品质、饲用品质等多个方面。种用品质主要是指粮食的发芽能力纯净度等,工艺品质主要是指粮食及油料的加工工艺性能,食用品质主要是指粮油的营养价值、新鲜度及风味,饲用品质主要指粮油的饲用价值,贮藏品质主要是指粮油的耐贮藏性能。

新收获的粮食在完成后熟作用后一般都具有良好的品质,经过一段时间贮藏后粮油中的营养成分都会发生一些变化,而此类变化多为品质的劣变。如可溶性糖的含量会有一定程度的降低、水溶性蛋白质和盐溶性蛋白质明显下降、脂类氧化后脂肪酸值升高等。

表 2-1~表 2-3 是 2006 年国家最新颁布的《谷物储存品质判定规则》,新标准中取消了陈化概念,将"不宜存"细分为"轻度不宜存"、"重度不宜存"两个指标。

表 2-1 稻谷储存品质指标(GB/T 20569—2006)

项 目	籼 稻 谷			粳 稻 谷		
	宜 存	轻度不宜存	重度不宜存	宜 存	轻度不宜存	重度不宜存
色泽、气味	正常	正常	基本正常	正常	正常	基本正常
脂肪酸值(KOH/干基)/(mg/100g)	≤30.0	≤37.0	>37.0	≤25.0	≤35.0	>35.0
品尝评分值/分	≥70	≥60	<60	≥70	≥60	<60

注:其它类型稻谷的类型归属,由省、自治区、直辖市粮食行政管理部门规定,其中省间贸易的按原产地规定执行。

表 2-2 小麦储存品质指标(GB/T 20571—2006)

项 目	宜 存	轻度不宜存	重度不宜存
色泽、气味	正常	正常	基本正常
面筋吸水量/%	≥180	<180	—
品尝评分值/分	≥70	≥60 且 <70	<60

表 2-3 玉米储存品质指标(GB/T 20570—2006)

项 目	宜 存	轻度不宜存	重度不宜存
色泽、气味	正常	正常	基本正常
脂肪酸值(KOH/干基)/(mg/100g)	≤50.0	≤78.0	>78.0
品尝评分值/分	≥70	≥60	<60

4. 粮堆生态系统

（1）粮堆组成　粮堆中的主要成分有粮粒、杂质、空气、微生物、储粮害虫和螨类。粮堆内空气和其它非粮粒成分共同构成了粮堆生态系统。粮堆生态系统是一个人工的生态系统，它的生产者是粮油籽粒，消费者是储粮害虫及微生物和螨类等以粮粒为食的生物，分解者是微生物。

（2）环境因素　粮堆的环境因素包括温度、湿度、气体等。

① 温度　温度是影响储粮稳定性的重要因素之一。温度包括气温、仓温和粮温三个方面。气温变化有日变化和年变化，这些变化存在一定的规律，一天中下午 2 点前后温度最高，早晨温度最低，仓温变化与气温变化规律类似，存在一定的滞后现象，粮温一天当中变化非常小，中心部位几乎不发生变化。一年中气温变化幅度最大，仓温变化与气温变化基本一致，粮温变化幅度最小，而且比气温变化滞后 1~2 个月。

② 湿度　粮堆的相对湿度直接影响粮食的水分含量，湿度大粮食吸湿返潮，水分增加；湿度小时粮食水分降低。

③ 气体　粮堆中气体对储粮影响最大，主要有氧气和二氧化碳两种气体，正常贮藏期间，粮堆中的气体组成与大气中气体组成存在一定的差异，粮堆中氧气含量略低于空气中的氧气含量，而二氧化碳的含量略高于空气中二氧化碳的含量。这种气体组成有利于抑制粮油的呼吸作用，提高储粮的稳定性。

（3）粮堆结露、发热、霉变　粮堆结露是指粮堆内空气中的水蒸气当温度下降到某一数值时变成饱和水汽，开始在粮堆某一部位凝结成液体水的现象。粮堆结露后会使粮食水分升高，储粮稳定性降低。导致粮堆结露现象的主要原因是温差。

发热是指粮堆不正常的升温现象。引起粮堆发热原因有很多，主要有微生物的作用，粮食自身的呼吸作用，储粮害虫等生物的代谢所释放的热量。粮温变化的特点是冬降、春低、夏升、秋高。发热粮的处理有日晒、烘干、机械通风、化学药剂处理、倒仓、倒包等多种方式，根据发热原因不同可以选择不同的处理方式。

5. 贮粮技术

（1）常规贮藏　常规贮藏是粮库采用比较普遍的贮藏方法。它是在常温条件下对粮油进行清理除杂、干燥降水的贮藏方式。其中主要的贮藏技术包括晾晒干燥、自然通风贮藏等。

（2）机械通风　机械通风贮粮技术是目前粮库采用最广的贮藏技术之一，它是利用通风机把外界的干冷空气强力压入仓内粮堆，或把仓内的湿热空气抽出仓外，以达到粮堆内外湿热交换，降低粮堆温度或含水量，调节仓储环境，增强贮粮稳定性的一种技术。

（3）低温贮藏　低温贮藏是在保持贮粮品质的前提下，将仓房粮堆里的空气进行各种冷却处理，并采取一定的隔热保冷措施，使贮粮较长时间保持低温状态的一种技术。

（4）气调贮藏　气调贮藏是指利用粮堆中生物成分的呼吸作用或通过人为因素改变密封粮堆中的气体成分，达到杀虫、抑菌防霉、控制粮油生理活动和保持粮油品质目的的贮藏方法。

6. 贮粮管理

为了确保贮藏粮油的安全，在贮藏期间需要对粮油进行一定的检查。日常管理工作主要包括对温度、湿度、水分、气体等的测定及虫害情况监测等。

二、水果和蔬菜的贮存

水果蔬菜中含有多种维生素、矿物质和有机酸等营养物质，当水果蔬菜达到收获成熟后即可采摘进入果蔬的流通阶段。

1. 果蔬贮存基本原理

（1）果蔬贮存期间的变化　不同的水果蔬菜具有自身所特有的色、香味、质地和营养，这是由于其组织内的化学成分及其含量不同所决定的。果蔬自身的这些特点及采后的变化对果蔬的贮存具有重要意义。

① 水分　水是生命活动的必要条件，因此水的含量及存在形式对果蔬有着重要意义。果蔬中水分的存在形式主要有自由水和结合水两种，其中自由水与普通液态水性质一致，而结合则不具有普通液态水的性质。在果蔬的贮存中，水分变化主要是自由水的变化，而结合水一般不发生变化。当水果蔬菜的含水量充足时，其外观饱满、色泽鲜亮、口感脆嫩，多数果蔬的含水量在 75%～90%，有些甚至可达 95%。果蔬采收后，随着环境的变化贮存时间的延长，水分也会发生不同程度丧失，造成失重、新鲜度下降、萎蔫等现象，缩短贮存期，使其商品价值、食用价值降低甚至丧失。因此，水分变化常作为保鲜措施的一个重要指标。

② 碳水化合物　碳水化合物是果蔬的重要组成成分，包括单糖、低聚糖和多糖，其中以可溶性糖最为重要。分子量较低的糖类是产生果蔬甜味的主要物质，此类物质在果蔬贮存期间容易被呼吸作用所消耗而逐渐减少，若贮存条件较合适则此类物质的消耗较慢。对于分子量较大的糖类如淀粉主要存在于未成熟果实及根茎类蔬菜中，而在果实成熟后，淀粉会在多酶系统的催化作用下转化为可溶性的低分子糖，从而使果实的甜度增加。高分子的碳水化合物除了淀粉以外还有纤维素、半纤维素和果胶等物质，这三类物质是不能被人体所消化吸收的，但是它们的存在会改变果实的物理性质，随着贮存时间的延长，果蔬组织老化，硬度加大，直接影响果蔬的品质。

③ 有机酸　果蔬中的有机酸有柠檬酸、苹果酸、酒石酸等，通称为果酸。能够产生酸味的主要是一些游离酸，游离酸的含量越高果实的酸味越重，长期贮存后由于呼吸作用的原因，一部分营养物质被消耗，而使果蔬风味变淡，品质下降。

④ 维生素和矿物质的变化　果蔬类食品是人体维生素的重要来源，虽然人体对维生素的需求量甚微，但是缺乏维生素则会造成人体的各种疾病。果蔬中还存在多种人体所需的矿物质如钾、钙、钠及多种微量元素。果蔬中的这些营养物质对人体健康具有重要的意义。在果蔬贮存及加工过程中，水溶性维生素会随着水分的流失而减少，同时，此类维生素还可能会受到 pH 值、温度、光等多方面因素的影响而使其含量降低。脂溶性维生素在果蔬中的稳定性较好，贮存期间不发生太大的变化。

⑤ 色素的变化　色泽是人们判断果蔬品质的一个重要因素，也是检验果蔬成熟、衰老的依据。不同的环境条件、成熟度不同的果实所显现的色泽有着很大的差异，果蔬之所以产生不同的色泽是由于果实内含有不同种类的色素。果蔬中存在较多的色素有叶绿素、类胡萝卜素、花青素等。对于大多数果实来说，采收后的果蔬在光、氧、酶等多种因素的共同作用下会逐渐被分解，使其失去原有的绿色；与叶绿素不同，类胡萝卜素稳定性较强，在贮存期间较为稳定。

⑥ 其它　果蔬中还含有少量含氮成分如蛋白质和氨基酸，其含量较少，在贮存期间其总含量基本保持不变；果蔬中的单宁类物质会产生收敛性涩味，在果实的成熟及后熟过程中，由于单宁的聚合作用增加产生了不溶于水的单宁，而使涩味减轻或消失；果蔬中的芳香类物质稳定性差，在贮存期间很容易发生变化或消失。

（2）果蔬采后生理　果蔬采后虽离开了植株但仍具有生命，其体内的新陈代谢活动还在继续进行。

① 呼吸作用　果蔬的呼吸作用就是细胞中比较复杂的有机物在一系列酶的催化下分解成简单物质并释放能量的过程。呼吸作用的类型、特点、影响因素与粮食呼吸作用的类似，可参考粮食的呼吸作用。

② 蒸腾作用　采后果蔬的蒸腾作用是一个消极的生理过程，在此过程中，水分蒸发使果蔬失水，造成质量减少、新鲜度降低，导致新陈代谢不能正常进行，同时还降低了果蔬的耐贮存性和抗病性。造成果蔬水分蒸发的原因有果蔬自身的组织结构、成熟度、比表面积、细胞的保水能力、环境的温度和湿度、空气状态、光照、损伤等多方面因素。

③ 休眠　对于果蔬而言，休眠只是为了度过不良环境，保持自身的生活力，暂时形成的一种生命活动几乎停止的特性。处于休眠期的果蔬代谢活动较弱，酶的活性较弱，自身的消耗较少，营养物质损耗也少。因此，果蔬的采后休眠对于贮存工作是有利的。

2. 果蔬的采后处理

（1）采收、分级

① 采收　果蔬品质及耐贮存性能与其采收有着密切的关系。因此，掌握好采收的时机和采收方法对果蔬的贮存有着重要的意义。

果蔬采收的时间不宜过早也不宜过晚。采收过早果蔬的成熟度不够，果蔬品质差，采收过晚，则成熟度过高，导致果蔬的耐贮存性能差。因此，果蔬的采收要适时。水果和蔬菜的种类繁多，采收技术复杂，目前大多数果蔬的采收仍采用手工采收的方式，为了减少采收时对果蔬的机械损伤，在果实的采收时应该带好手套，部分果蔬需要用剪刀剪取，还要注意轻拿轻放。

采后的果蔬要进行挑选和整理，对异常个体进行清理，部分非食用的部分去除。为了符合清洁卫生等方面要求，对某些产品还要进行清洗，去除污物及药物残留等。经水洗的果蔬要进行干燥处理，除去游离的水分，否则在贮存或运输过程中很快就会腐烂变质。

② 分级　经过采收清洗处理的果蔬可根据相应的品质指标和大小规格将产品分为若干等级，以提高商品的价值，分级处理也是商品化和标准化不可缺少的步骤。具体的分级标准因水果蔬菜的种类不同而有较大的差异，或根据相应标准或要求进行分级。

（2）包装、预冷　对水果蔬菜进行适当的包装不仅可以保护产品，便于贮运，也可以提高其商品价值。果蔬产品的包装可以采用大包装和小包装等方式。大包装也可称为外包装，如木箱、集装箱等。小包装则是以单位个体或少量产品为单位进行包装。小包装可以起到减少产品之间的相互作用、减少水分的蒸发等作用。

果蔬收获时的温度一般都比较高，在这种高温状态下，不利于果蔬的贮存。因此，收获后的果蔬应尽快将其温度降至贮存所需的温度，这个降温过程称为预冷（或冷却）。通过预冷，可以防止因呼吸热而造成贮藏环境温度的升高，借以降低蔬菜的呼吸强度，从而减少采后损失。不同种类、不同品种的蔬菜所需的预冷的温度条件不同，适宜的预冷方法也不同。

（3）其它处理方法　催熟是果蔬贮存中常用的一种促使果实成熟的技术。乙烯是最常用的催熟剂，一般使用浓度为 0.2～1g/L，在具体使用时根据果蔬品种的不同所需剂量存在一定的差异。

3. 果蔬主要贮存方法

（1）果蔬的简易贮存　简易贮存方法包括堆藏、沟藏（埋藏）、土窖贮存和通风窖贮存。简易贮存利用了自然低温高湿的条件达到较理想的贮存效果。最大的特点是费用低、设备简

表 2-4 部分果蔬贮藏条件一览表

产 品	温度/℃	相对湿度/%	最长贮期	最高冰点/℃	含水量/%
菜豆	4~7	95	7~10 天	−0.7	88.9
绿菜花	0	95~100	10~14 天	−0.6	89.9
成熟胡萝卜	0	98~100	7~9 月	−1.4	88.2
未熟胡萝卜	0	98~100	4~6 周	−1.4	88.2
菜花	0	95~98	2~4 周	−0.8	91.7
甜玉米	0	95~98	5~8 天	−0.8	73.9
黄瓜	10~13	95	10~14 天	−0.5	96.1
茄子	8~12	90~95	1 周	−0.8	92.7
番茄(绿熟)	11~13	85~90	2~3 周	−0.6	94.7
番茄(红熟)	7~10	85~90	2~7 天	−0.5	94.7
姜	13	65	6 月	—	87
西瓜	10~15	90	2~3 周	−0.4	92.6
蘑菇	0	95	3~4 天	−0.9	91.1
青葱	0	95~100	3~4 周	−0.9	89.4
甜椒	7~13	90~95	2~3 周	−0.7	92.4
晚熟马铃薯	3	90~95	5~10 月	−0.6	77.8
南瓜	10~13	50~70	2~3 月	−0.8	90.5
春萝卜	0	95~100	3~4 月	−0.7	94.5
冬萝卜	0	95~100	2~4 月	—	—
菠菜	0	95~100	10~14 天	−0.3	92.7
甘薯	13~16	85~90	4~7 月	−1.3	68.5
芦笋	0	90~95	2~3 周	−0.6	93
抱子甘蓝	0	95~100	3~5 周	−0.8	84.9
结球甘蓝	0	95~100	2~3 月		95
莴苣	0	95	3~4 周	−0.2	94.8
白菜	0	90~95	1~3 月		95
芹菜	−2~0	90~95	2~4 周	−0.5	93.7
山药	0~2	85~90	5 月		—
芋头	7~10	85~90	4~5 月	—	73
杏	−0.5~0	90~95	1~3 周	−1	85.4
甜樱桃	−1~0.5	90~95	2~3 周	−1.8	80.4
鲜无花果	−0.5~0	85~90	7~10 天	−2.4	78
猕猴桃	−0.5~0	90~95	3~5 月	−1.6	82
油桃	−0.5~0	90~95	2~4 周	−0.9	81.8
桃	−0.5~0	90~95	2~4 周	−0.9	89.1
石榴	5	90~95	2~3 月	−3	82.3

单、可因地制宜建造。在我国农村是比较普遍使用的贮存方法。

（2）果蔬的冷藏　冷藏是在有良好隔热性能的库房配备机械制冷设备，根据不同种类果蔬对贮存条件的要求进行人工控制温湿度，给予果蔬适宜的环境条件来延长果蔬的贮存寿命。

（3）气调贮存　气调贮存通过控制环境中的氧气和二氧化碳的浓度，限制乙烯等有害气体的积累，抑制果蔬呼吸作用，延长果蔬成熟过程，达到延长果蔬寿命和贮存保鲜的目的。

气调贮存主要是降低氧气和乙烯的时浓度，适当升高二氧化碳的浓度。低氧、高二氧化碳的环境可以抑制呼吸作用，可以通过向气调系统充氮气或利用燃烧消耗氧气等方式降低氧气的浓度，也可以通过充二氧化碳方式增加二氧化碳的浓度。

4. 部分果蔬贮存条件

我国幅员辽阔，地理环境复杂，水果、蔬菜种类繁多，不同地域、不同种类的水果蔬菜贮存特性、贮存方法都存在很大的差异。贮存环境对果蔬的贮存期有着重要的影响。果蔬在贮存过程中最重要的是控制环境温度、湿度两个因素，另外还有气体成分等。表 2-4 是部分水果和蔬菜在适宜条件下的最长贮存期。

第二节　动物性食品的贮存

一、肉类的贮存

肉类主要有牛肉、猪肉、羊肉、鸡肉、鸭肉、兔肉等。肉本身含有丰富的营养成分，随着人们生活水平的不断提高，肉类也成为现代人们食物构成中的主要营养来源，同时肉类丰富的营养成分也是微生物生长繁殖的极好的培养基，此外肉本身还含有一定的酶，肉类如果贮藏不当，极易造成腐败变质。肉类在贮存时主要应考虑两方面因素：一是抑制微生物造成的腐败；二是减缓或抑制肉本身酶的活性。目前最常用的肉类贮存方法有低温贮存，此外还可以采用热处理、脱水处理、辐射处理、抗生素处理等方法进行贮存。

1. 肉类腐败变质的原因

肉类腐败变质主要是由于微生物的污染和酶的作用所导致的。健康的动物血液和肌肉通常是无菌的，主要是由于在屠宰、加工和流通等过程中受外界微生物的污染以及自身酶的作用。腐败变质的肉不仅感官性质、颜色、弹性、气味等发生严重的劣变，营养成分也受到了很大程度的破坏，同时由于微生物的代谢产物可能会形成有毒物质而引起肉类带毒。

表面发黏是微生物作用产生腐败变质的主要标志。在流通中当肉表面每平方厘米的细菌数达 5000 万个时就会出现黏液。最初污染的细菌数越多，达到这种状态所需的时间就越短，并且温度越高，湿度越大，越容易产生发黏现象。

肉的颜色变化也是评定肉的质量变化的标志之一。当肌肉的颜色变暗淡，呈灰绿色或污灰色，甚或黑色时，表明肌肉已严重腐败，此时的肉有难闻的臭味。腐败变质的肉类是不可以食用的。

2. 肉的低温贮存

低温贮存是肉类的最好贮存方式之一。此法不会导致动物组织的根本变化，可以抑制微生物的生命活动，延缓由组织酶、氧和光的作用而产生的化学的和生物化学的变化过程，可以较长时间完善保持肉的品质。

（1）低温贮存的基本原理　在低温条件下微生物的生命活动和酶活性都会受到抑制，从而达到对肉类的贮存保鲜目的。低温条件下能保持肉的颜色和状态，方法易行，贮存量大，安全卫生，因此这种方法被广泛应用。

（2）低温贮存的方法　根据贮存温度范围不同，肉的低温贮可分为冷却法和冷冻法两种。

① 冷却贮存法　将肉的温度降低到 $0 \sim 1 ℃$，然后在 $0 ℃$ 左右贮存的方法。此法肉内水分不冻结（肉的冰点为 $-1.2 \sim -0.8 ℃$）。此温度下一些嗜低温细菌可以生长，因此，贮存期不长，一般猪肉可以贮存 1 周左右。经冷却处理后，肉的颜色、风味、柔软度都变好，这也是肉的"成熟"过程。这一过程是生产高档肉制品必不可少的。现在发达国家中消费的大部分生肉均是这种冷却肉。

a. 冷却方法：肉的冷却通常采用空气作为冷却介质，以后腿最厚部位中心温度为准。胴体在入库前，先将库温降至 $-3 \sim -2 ℃$，湿度一般控制在 $90\% \sim 95\%$ 之间，肉的冷却时间需 $14 \sim 24h$，自然循环条件下所需的冷却时间为：猪、牛胴体及副产品 24h，羊胴体 18h，家禽 12h。待肉温降至 $0 ℃$ 时，使冷却间的温度保持在 $0 \sim 1 ℃$。

b. 延长冷却肉贮存期的方法：目前应用的方法有二氧化碳法、紫外线照射法。

二氧化碳法：在温度为 $0 ℃$ 和二氧化碳浓度为 $10\% \sim 20\%$ 条件下贮存冷却肉，贮存期可延长 $1.5 \sim 2.0$ 倍。若二氧化碳浓度超过 20% 时，会导致肉的颜色变暗。

紫外线照射：此法要求空气温度在 $2 \sim 8 ℃$，相对湿度为 $85\% \sim 95\%$，空气循环速度 $2m/min$。经紫外线照射处理的冷却肉，贮存期可延长 1 倍。但此法只能消灭肉类的表面微生物，同时会产生不利影响，如造成部分维生素损失、肉色变暗等。

② 肉的冷冻贮存　冷却肉只能作短期贮存。长期贮存需要对肉进行冷冻，即将肉的温度降低到 $-18 ℃$ 以下，肉中的绝大部分水分（80% 以上）形成冰晶，该过程称为肉的冷冻。在冷冻状态下，肉体的各种变化都会受到较大程度限制，从而减少肉类品质的下降速度。

a. 冷冻方法：一般采用在温度 $-25 \sim -23 ℃$（国外多采用 $-40 \sim 30 ℃$）、相对湿度 90% 左右、风速 $1.5 \sim 2m/s$ 的环境下进行冷冻，冻肉的最终温度以 $-18 ℃$ 为宜。

b. 冷冻肉的冻藏：冷冻肉在冻藏过程中会发生一系列变化，如冷冻时形成的冰晶在冻藏过程中会逐渐变大，冰晶会破坏细胞结构，使蛋白质变性，造成解冻后汁液流失、风味和营养价值下降，同时冻藏过程中还会造成一定程度的干耗。要克服这些问题，可以采用低温快速冷冻方法，另外在冻藏过程中温度应尽量降低、少变动，特别应注意避免在 $-18 ℃$ 左右的变动。为了减少冷冻肉在冻藏期间质量变化，必须使冷冻肉体的中心温度保持在 $-15 ℃$ 以下、冻藏间的温度在 $-20 \sim -18 ℃$（$\pm 1 ℃$），相对湿度控制在 $95\% \sim 98\%$，空气保持自然循环状态。

c. 冷冻肉的解冻：冷冻的肉类由于处于较低温度，在使用前必须先进行解冻。影响解冻肉质的因素有冷冻温度及冻藏温度、肉的 pH、解冻速度及不同的冷冻方法等。当冷冻温度高、贮存温度高、贮存期温度变化大时，解冻时肉汁流失多。目前常用的解冻方法有空气解冻法、水解冻法、微波解冻法。空气解冻法是最简单的解冻方法，其优点是解冻肉的整体硬度一致，便于加工，缺点是耗时较长。水解冻法是用 $4 \sim 20 ℃$ 的清水对冻肉进行浸泡或喷洒以解冻，它的优点是速度快、肉汁损失少。微波解冻是以频率为 $2450MHz$ 的微波照射冷冻肉，引起肉中水分子激烈振动使冷冻肉温度上升以达到解冻目的，其特点是解冻速度快。

3. 肉类的脱水贮存

水分在肉类中以自由水和结合水两种形式存在，微生物的生长发育繁殖只能利用自由水。通过脱水的方法降低肉类中自由水的含量，就可以抑制微生物的生长，实现肉类的较长期贮存。

（1）脱水方法　干燥是人类保存易变质食品最古老、廉价的方法。肉类脱水的方法主要有加热脱水和冰冻脱水两种。加热脱水：肉类在脱水时，脱水的速度不宜过快，若水分从干燥表面移去的速度大于水分从肉品内部向表面扩散的速度，则会使肉品表面硬结，阻止水分的继续扩散，降低脱水效果。控制温度和循环空气的速度可防止表面硬化。脱水肉可以在无冷藏条件下保存新鲜肉的大部分营养物质和主要的食用品质。冰冻脱水：在一定条件下冰可直接升华为水蒸气。这种方法可加工完整的分割肉块而无须绞碎，对肉品中的蛋白质损伤极小，因而产生的肉品在品质上更类似于鲜肉。

（2）脱水肉的保存　经脱水的肉类微生物的生长繁殖受到了抑制，但在保存期间的氧化作用仍可使其品质变劣。商业上常采用不透气、不透水的材料包装，并在产品表面涂上葡萄糖氧化剂以除去葡萄糖而防止褐变反应的发生。但不管怎样进行脱水处理，与新鲜冻肉相比，复水后的脱水肉品质不及新鲜冻肉的品质。

4. 肉类的其它贮存方法

除低温贮存和脱水贮存法以外，对肉类的贮存还可以采用辐射、烟熏、腌制、添加抗生素、添加防腐保鲜剂等处理方法对肉类进行贮存。

（1）辐射处理贮存　这是世界上近些年才发展起来的一项新技术。辐射贮存是利用原子能射线的辐射能量对新鲜肉类及其制品进行处理，使肉品在一定期限内不腐败变质、不发生品质和风味的变化，延长其保存期。此法特点是杀菌彻底，无任何残留物，既节约能源，又适合工业化生产。但肉类经辐射后会产生异味，肉色变淡，且会损失部分氨基酸和维生素。

（2）烟熏处理　常与加热一起进行。熏烟的成分非常复杂，存在有 200 多种物质，主要是一些酸类、醛类和酚类物质，这些物质具有抑菌防腐和防止肉品氧化的作用。经过烟熏的肉类制品均有较好的耐保藏性。熏烟的温度较高时，无论浓淡熏烟均能将微生物的数量降低到原数的万分之一左右。如果温度较低，如在 0℃时，则浓度较淡的熏烟对细菌影响不大，温度为 13℃而浓度较高的熏烟能显著地降低微生物的数量，若温度升高到 60℃，无论浓淡熏烟均能将微生物的数量大大降低。烟熏还可使肉制品表面形成稳定的腌肉色泽，由于熏烟中含有许多有害成分，现在人们在人工熏烟中的去除了大部分天然熏烟中的多环烃类化合物，仅保留能赋予熏烟制品特殊风味、有保藏作用的酸、酚、醇、碳类化合物，研制成熏烟水溶液，对肉制品进行烟熏，取得了很好的效果。

（3）腌制处理　利用腌制对肉类进行处理的一种方法。食盐是肉品中常用的一种腌制剂，它不仅是重要的调味料，且具有较好的防腐作用。食盐可以影响蛋白质分解酶的活性，降低微生物所处环境的水分活度，使微生物生长受到抑制，甚至使微生物脱水，对微生物有生理毒害作用。食盐还可以抑制微生物生长繁殖，但不能杀死微生物。因此，要防腐必须结合其它方法使用。在肉品腌制剂中，硝酸盐、亚硝酸盐也是其重要的组成成分，它们不仅有发色作用、使肉制品光泽鲜艳，而且具有很强的抑菌作用，特别是对肉品中可能存在的肉毒梭菌具有特殊的抑制效果。

（4）抗生素处理　抗生素的作用主要是抑制微生物的生长、发育、繁殖，而达不到杀灭微生物的目的。因此，抗生素用于肉品贮存的价值是有限的。在肉品中污染的微生物数量较少时可使用抗生素进行处理。抗生素可以在不引起肉品发生化学或生物化学变化的情况下，延长肉品的贮存寿命。在使用抗生素时，必须慎重选择，所使用的抗生素必须在肉品进行热处理时容易分解，分解所得产物对人体必须无毒害作用。肉品贮存中常用的抗生素有氯霉素、金霉素、四环素、乳酸链球菌素、泰乐霉素等。

（5）防腐保鲜剂处理 防腐保鲜剂可分为化学防腐剂和天然保鲜剂两类。化学防腐剂主要是各类有机酸及其盐类。肉类防腐中常使用的主要有乙酸、甲酸、柠檬酸、乳酸及其钠盐、抗坏血酸、山梨酸及其钾盐以及苯甲酸等。这些酸可单独使用或配合使用对延长肉类保存期有一定效果，在使用时，先配成 1%～3% 浓度的水溶液，然后对肉进行喷洒或浸渍。由于人们对绿色健康食品的关爱，天然保鲜剂应该是今后的发展方向。现在使用较多的肉类天然保鲜剂有儿茶酚、香辛料提取物及乳酸链球菌素。但它们的防腐效果不很理想，抗菌范围较窄，仍属于今后的研究方向。防腐保鲜剂经常与其它贮存技术结合使用，单独使用的效果不如配合使用的效果佳。

二、乳品的贮存

乳，又称奶。乳品除含有丰富的蛋白质外，还含有丰富的矿物质和维生素，这些物质容易被人体所吸收。随着人们生活水平的不断提高，人们对乳及乳制品的需求量和质量要求越来越高。

1. 乳品贮存期间的变化

乳类属于易腐败变质食品。目前，人类食用最多的液态奶是牛奶，液态奶中除了营养物质之外还含有大量水分，新鲜的奶一般不宜长时间贮存。牛乳在生产过程中由于牛的自身因素、环境因素、容器等的污染而使新鲜的牛奶会受到各种微生物的不同程度的污染，被污染的牛乳在不同微生物的作用下发生多种变化。牛乳中含有多种营养成分可被不同微生物所利用，导致牛乳的腐败变质。

牛乳腐败变质的类型主要在以下几种：第一种，乳糖的分解产生酸，以乳酸球菌引起的乳酸的积累为典型代表，以乳酸为主的有机酸的积累程度可以用来判定牛乳的新鲜程度。第二种是胺类的积累，由于微生物的作用使蛋白质分解产生呈苦味的多肽和腐败臭味的胺类，导致牛乳腐败变质。第三种是酪酸的积累，由于脂肪酶活性强的假单胞杆菌属或无色杆菌属的繁殖，造成脂肪分解所产生的。第四种是发泡型，是由于酵母的生长发育所致。还有其它类型的腐败变质如黏稠化型、水果臭型、鱼腥臭型等。总之，乳品的腐败变质主要是由微生物作用所导致的，因此在乳品的贮存中抑制微生物的生长、发育、繁殖就显得至关重要。

2. 乳品的贮存方法

（1）牛奶的收集 为了延长牛乳的贮存期，首先应从农户开始做起。提高奶牛的质量，健康的牛才能生产出优质的牛奶。其次是牛奶的采集过程，牛奶在采集的过程中应尽量减少污染，减少采集污染的方法有：①对牛体及相关部位进行清洁卫生及消毒工作，并弃去最初的部分乳液；②做好牛舍的清洁卫生工作和通风透气工作，保证环境的卫生状况；③对挤奶所使用的所有工具在挤奶前进行彻夜的消毒杀菌；④对工作人员要求身体健康，挤前将手清洗干净并更换专用的洁净的工作服。另外还需要请注意在挤奶过程中不能让其它非奶成分进入奶液中。

（2）牛奶的冷却处理 无论挤奶时的操作多么严格，刚挤出的奶中都会存在少量的微生物，此时牛奶的温度一般在 36℃ 左右，这个温度正好是微生物生长发育繁殖的最适温度。因此，为了抑制微生物对牛乳作用，采集后的牛奶应尽快将温度降至 4℃ 以下，并在此温度下进行短时间的保存，直至送到乳品厂，在此期间牛乳的最高温度不得超过 10℃。如果冷却工作不到位将导致牛乳品质的迅速降低。

新鲜牛乳的冷却可以采用水池冷却法、表面冷却器冷却法、浸没式冷却器冷却法、片式预冷器预冷法等。水池冷却法最普遍而简易的冷却方法，是将装乳的容器放入装有冷水或冰水的水池中进行冷却的方法。此法在北方使用更为方便，由于北方的地下水本身温度较低，用普通的地下水就可以达到冷却的目的；在南方地区，水温较高的情况下可以在水中适当加入冰块，以加快冷却速度。其它三种冷却方式的冷却速较快，表面冷却器冷却法适于于小规模的加工厂及乳牛厂使用，冷却效率较高。

（3）牛奶的低温贮存

① 温度的控制　经过降温冷却的牛乳中微生物的繁殖得到了一定程度的抑制，如果不能进行加工，需将牛乳的温度降至4℃以下。温度的高低与牛乳的贮存时间长短有着密切的关系，有数据显示：在10～8℃情况下，牛乳的贮存时间为6～12h，8～6℃情况下，贮存时间为12～18h，6～5℃情况下的贮存时间为18～24h，5～4℃情况下的贮存时间可达到24～36h。

② 容器与盛装　贮存牛乳的设备最好选择不锈钢设备，而且要具有良好的隔热性能，防止牛乳温度的回升。贮乳容器不宜过大，在盛装牛乳时应将容器装满，然后进行密封，尽量减少容器中剩余空间，减少氧气的含量。牛乳在贮存期间还需要进行搅拌，防止脂肪从牛乳中分离，搅拌时必须非常平稳，避免空气混入奶液中。

③ 保鲜剂的使用与初次杀菌　在冷却设备短缺、交通不便的小型农场或家庭，可利用鲜乳保鲜剂或进行初次杀菌来抑制微生物的繁殖，达到延长新鲜牛乳贮存期的目的。

三、蛋的贮存

禽蛋是家庭必备的生鲜食品之一，禽蛋的生产有一定的季节性，为了能够在全年均衡供应优质新鲜鸡蛋，必须用各种科学的贮藏方法来加以保存，以防变质腐败。禽蛋中富含蛋白质、脂肪等营养物质，在常温下贮存易感染微生物而腐败发臭。降低温度可延长禽蛋的贮存期。但是禽蛋和和肉类等其它食品不同，蛋类在贮存时温度不能降到冰点以下，否则会造成蛋壳内物质冻结膨胀而使蛋壳破裂。

1. 禽蛋在贮存过程中的变化

为了更好地进行鲜蛋保管工作，应了解鲜蛋本身抗菌特点，贮藏中微生物的污染途径，贮藏过程中蛋的变化状态，以便采取相应措施来改善保管条件，保证蛋的新鲜度。无论采用任何贮存方法，鲜蛋在贮存过程中，蛋的内容物都会发生程度不同的改变，这些变化包括物理变化、化学变化和生理学变化三个方面。由于贮存方法不同，这些变化的大小、快慢各异。

（1）物理和化学变化　首先表现为蛋重与蛋内气室的变化，禽蛋在贮存期间总质量会逐渐降低，贮存时间越长，质量减轻得越多。质量减轻越多，气室越大。这是由于蛋内水分经由蛋壳上的气孔蒸发所致。影响蛋重变化的主要因素有温度、湿度、贮存期及涂膜、蛋壳的厚薄、贮存方法。

气室是衡量蛋新鲜程度的标志之一。在蛋贮存的过程中气室增大，这是由于水分蒸发、CO_2 的逸散、蛋的内容物干缩所致。在其它条件相同的情况下，贮存时间越长，气室越大。孵化过的蛋气室比一般贮存的蛋要大，因除了从蛋壳表面蒸发水分外，胚胎的发育也需要水分用以形成各种胎液，而且孵化器内空气流动速度大，加速了蛋内水分的蒸发。

① 贮存温度　温度高低与蛋减重的多少有直接关系，温度越高，减重越多，温度低则减重少。有报道在9℃与18℃条件下贮存，鸡蛋每昼夜的减重量是相同的，而在22℃和

37℃下的减重也相近，但9～18℃和22～37℃两段温度范围内，蛋的减重相差悬殊，达40～50倍之多。

②　相对湿度　环境湿度高则减重少，相反则减重多。如空气相对湿度为50%时，每枚蛋每昼夜减重0.0258g，若相对湿度为90%时，每枚蛋每昼夜减重为0.0075g，前者约为后者的3.5倍。

③　贮存期及涂膜蛋　贮存时间越长，减重越多，涂膜贮存则蛋减重少。

④　蛋壳的厚薄　蛋壳越薄，水分蒸发越多，失重则越大。

⑤　贮存方法　减重还与贮存方法有关，水浸法几乎不失重，涂膜法失重少，谷物贮存法失重多。

（2）生理学变化　新鲜禽蛋在贮存期间，在较高温度（25℃以上）时会引起胚胎的生理学变化，使受精卵的胚胎周围产生网状的血丝，此种蛋称为胚胎发育蛋；使未受精卵的胚胎有膨大现象，称为热伤蛋。

蛋的生理学变化常常引起蛋的质量降低，贮存性能也随之降低，甚至会引起蛋的腐败变质。低温贮存是防止禽蛋生理学变化的重要措施。

2. 禽蛋保鲜的基本原则

（1）保持蛋壳和壳外膜的完整性　蛋壳是蛋本身具有的一层最理想的天然包装材料。分布在蛋壳上的壳外膜可以将蛋壳上的气孔封闭，但是这层薄膜很容易被水溶解而失去作用。无论采用什么方法贮存禽蛋，都应当尽量保持蛋壳和壳外膜的完整。

（2）抑制微生物的繁育　蛋在放置过程中不可避免地会被各种微生物污染。污染的过程视包装容器和库房的清洁程度而异。在禽蛋贮存时应尽量设法抑制这些微生物的繁育，通常的方法是对蛋壳进行消毒或者低温贮存。

（3）防止微生物侵入　在贮存中要防止外界微生物继续侵入蛋内，通常采用具有抑菌作用的某些涂料涂抹蛋壳，或将蛋浸入具有杀菌作用的溶液中，使蛋与空气隔绝。

（4）保持蛋的新鲜状态　蛋在产出之后，会不断地发生理化和生物学的变化。据研究，1g重的蛋每昼夜要消耗0.301J的热量，一个未受精的蛋每昼夜排出CO_2 3.5mg或1.8cm³。在温度为10℃和相对湿度为80%的条件下，每个蛋每天平均损失0.015g水分或减重0.25%左右。由于水分的损失和能量的消耗，加上蛋内CO_2的逸出及O_2的渗入，蛋液的pH值升高，浓蛋白变稀，蛋黄膜弹性降低，气室增大，蛋的品质下降。禽蛋的贮存过程中应尽量减缓这些变化。通常低温或气调贮存禽蛋均可收到良好的效果。

（5）抑制胚胎发育　受精蛋在贮存过程中要防止胚胎发育。最好用低温贮存，尤其夏季，必须使库温低于23℃，否则就有胚胎发育的可能。

3. 禽蛋的贮存方法

蛋在贮存过程中怕撞压，怕久存，怕污染，容易变质。因此在贮存保管中，应采取相应的有效措施，以保证鲜蛋质量，减少变质损失。目前鲜蛋的贮存方式主要有冷藏法、浸泡法、气调贮存法、涂膜法、巴氏杀菌法等。

（1）冷藏法

①　禽蛋冷藏法的原理　利用冷藏库中的低温抑制微生物的生长繁殖及其对蛋内容物的分解作用，并抑制蛋内酶的活性，使鲜蛋能够较长时间地保持原有的品质。冷藏法的优点是操作简单，管理方便，贮藏效果较好，一般贮藏6个月，仍能保持新鲜蛋的品质；缺点是对仓库及设备有一定的要求，成本较高。

② 冷藏法操作的要点 首先要做好冷藏前的准备工作，鲜蛋入库前，冷藏库要先进行打扫、消毒和通风。消毒方法可采用漂白粉溶液喷雾消毒法或乳酸熏蒸消毒法。放蛋的冷藏间严禁放置带有异味的物品，以免影响蛋的品质。其次，鲜蛋入库前须要进行严格的选蛋，选择符合质量要求的鲜蛋入库，去除霉蛋、散黄蛋、污壳蛋、破壳蛋等次品蛋。因为蛋越新鲜、蛋壳越清洁、质量越高的蛋，耐藏性越高。接下来要对选好的鲜蛋进行预冷。选好的鲜蛋在冷藏前必须经过预冷。因为蛋的内容物是半流态物质，若骤然遇冷，蛋内容物收缩，蛋内压力降低，空气中微生物进入蛋内，容易使鲜蛋变质。另外，若直接将选好的鲜蛋送入冷藏间会使库温升高，增加制冷系统的负荷，并影响库内正在贮存的鲜蛋。预冷过程可在冷却间进行，冷却过程中，冷却间的温度控制在低于蛋体温度2～3℃，每隔1～2h降温1℃，相对湿度控制在75%～85%，当蛋体温度降至1～3℃时即可转入冷藏库进行贮存。冷却降温的时间一般需要1～2天。

③ 鲜蛋入库后的技术管理工作 鲜蛋在库内的堆垛应顺冷空气循流方向堆码，整齐排列，垛与垛、垛与墙、垛与风道之间应留有一定的间隔，以维持必要的空气流通，地面上要有垫木。在冷风入口处的蛋面上覆盖一层干净的纸，以防蛋壳被冻裂。

库内温、湿度的控制是影响冷藏效果的关键。冷藏的适宜温度为零下1℃，温度过低，蛋的内容物会发生冻结而造成蛋壳破裂。库内温度要防止忽高忽低，要求在24h内温度变化不超过0.5℃。库内的相对湿度以80%～85%为宜，湿度过高，霉菌易于繁殖；湿度过低，会增加蛋的水分蒸发，增加蛋的自然损耗。因此，每天必须对库内温、湿度做好检查和相应的记录工作，以判断贮存环境是否适宜。为了防止库内不良气体影响蛋的品质，要定时换入新鲜空气，换气量一般为每昼夜2～4个库室的容积，换气量过大会增加蛋的干耗量。

定期进行翻箱和抽查鲜蛋质量。翻箱是为了防止产生泻黄、靠黄等次蛋，在-1.5～0℃条件下，每月翻箱一次；在-2.5～-2℃条件下，每隔2～3个月翻箱一次。每隔10～20天抽查一定数量（一般为1%～2%）的鲜蛋，以鉴定鲜蛋的品质，确定是否可以继续贮存，还可以贮存多长时间。

④ 出库时的升温工作 当库温与外界温度相差较大时，从冷藏库出库的鲜蛋应首先进行升温工作，否则容易造成蛋壳表面的水分凝结，使蛋壳"出汗"，蛋壳出汗会破坏壳的外膜，易感染微生物，加速蛋的腐败变质。升温时可将蛋放在比库温高而比外界气温低的房间内进行，也可在冷藏库间的走廊进行，使蛋温逐渐升高，当蛋的温度比外界温度低3～5℃时，升温结束。升温主要是防止蛋壳外面凝结水珠。

(2) 浸泡法 浸泡法可用水玻璃、石灰水等作为浸泡液，对鲜蛋进行浸泡。以石灰水浸泡为例，对其操作要点加以说明：取洁净、大而轻的优质石灰块2kg，投入装有100kg清水的缸内，使其充分溶解、静置，使其澄清、冷却，然后取出澄清液，盛于另一个清洁的缸内、备用。将经过检验合格的鲜蛋轻轻地放人盛有石灰水的缸中，使其慢慢下沉，以免破碎。每缸装蛋应低于液面约20～25cm，经2～3天，液面上将形成硬质薄膜，不要触动，以免薄膜破裂而影响贮蛋质量。在贮存过程中，发现石灰水因蒸发鲜蛋即将露出液面时，应及时再加另行配制的石灰水；若发现石灰水溶液浑浊、有臭味，则应将蛋捞出检查，剔除漂浮蛋、破壳蛋和臭蛋等。好蛋用新配制的石灰水溶液继续浸泡贮藏。石灰水溶液浸泡贮蛋法操作简便，贮藏费用低，一般可贮存8～10个月，实用性强，易推广，但食用时稍微有石灰味。煮蛋时，应用针在蛋壳大头处刺一个小孔，否则加热时蛋内容物膨胀而使蛋壳破裂。本法贮藏的蛋，其壳较脆，在包装和运输时要轻拿轻放。

（3）气调贮存法　气调贮存法适用于大量贮存，其贮存效果较好。气调贮存一类是增加环境的二氧化碳浓度，将二氧化碳浓度增至88％，氮气控制在12％的条件下，此时可抑制蛋内二氧化碳的流失，增加蛋的贮存稳定性，此法贮存的蛋贮存期可达6个月。另一类是充氮气贮存，通过在蛋的包装内或在蛋的贮存库内定期充入氮气的方法来抑制微生物的繁殖，甚至使微生物死亡，以增加蛋的贮存稳定性。

（4）涂膜法　涂膜贮存法的原理是利用涂膜剂涂布在蛋壳表面，以闭塞气孔，防止微生物的侵入，使蛋内二氧化碳逐渐积累，抑制酶的活性减弱生命活动的进行，减少蛋内水分蒸发，达到保持蛋的新鲜度和降低干耗的目的。涂膜法也是常用的一种方法。

医用液体石蜡常用的涂膜材料为无色、透明的油状液体，将医用液体石蜡倾入缸内，把预先检验合格、洗净并晾干的鲜蛋放入有孔的容器中，入缸浸没数秒钟，取出沥干，然后移入塑料筐中入库保存。洁净的鸡蛋可以不洗。用此法贮存的鲜蛋，可在常温下越夏贮存4个月。

（5）干藏法　干藏法贮蛋民间采用较多，适宜于少量贮藏。干藏法的垫盖物有糠谷、大米、小米、豆类等。此外，草木灰、沙粒等都可以作为贮蛋的垫盖物，这些垫盖物无任何副作用。以糠谷为例，贮存时先在缸、罐、桶等容器里先放入一层填垫盖物糠谷，然后一层蛋一层糠谷地放最上面要铺一层较厚的糠谷，放满容器为止，并加盖保存放置于阴凉干燥的地方。以后一般每隔10天翻动1次，1个月检查1次，发现变质的蛋要及时捡出，避免污染。以大米、小米为例，在夏季，应每月将米放到日光下晒12h，以免虫蛀，冷却后再用来贮蛋。无论采取哪一种物料贮蛋，都必须晒干、凉透、无霉变。

四、水产品的贮存

可食用的水产品可分为动物产品、植物产品和藻类等，其中以动物产品居多且贮存难度大。动物性水产品是营养丰富的动物性食品，可以提供给人类优质蛋白质、高度不饱和脂肪酸、丰富的维生素和矿物质信卵磷脂等。因此，这里主要介绍的动物性水产品的贮存。

1. 水产品死后的变化

鱼类死后胴体会很快发生变化，其变化错综复杂，基本分为死后强直、自溶作用及腐烂三个阶段。

（1）死后强直　活鱼肉质柔软而富有弹性，死后不久就硬化，这种现象称为死后强直。造成这种现象的原因主要是由于构成肌肉的蛋白质中有肌浆蛋白与肌纤球蛋白相化合而成肌纤凝蛋白所致。在此过程中，肌肉中的ATP（三磷酸腺苷）能被利用，所以正在强直的鱼肉，是新鲜程度的良好证明。鱼进入僵直期的迟早和持续时间的长短，主要取决于鱼的种类、捕获时的状态、致死方法等因素。扁体比圆体开始迟，环境温度在30℃左右，鱼出水到僵直结束，大约1.5～2h；如果迅速冰藏，僵直期可持续几天或更长时间；春夏饵料丰富，僵直开始迟，僵硬持续时间长；如迅速致死，鱼会剧烈挣扎，疲劳致死的鱼进入僵硬期迟，持续时间长，有利于保藏。

（2）自溶作用　经过强直期的鱼肉，不久即开始软化，这种现象称为自溶作用。这是由于肌肉中所存在的蛋白质被酶分解，使肌肉中的氨基酸、肽等的含量增加，从而使肉质变软。鱼肉柔软而富含浆汁，细菌易侵入而致腐败，故鱼肉在强直期其新鲜度最好。

（3）腐烂　鱼肉极易腐烂，如在常温下放置2～3天，则不能食用。主要由于鱼肉的组织软嫩，富含肉汁，再经过自溶作用而变软，这就给细菌繁殖创造了适宜的环境。随着腐烂现象出现，肉质异常软化，氨气或者一些简单的胺类物质增加。腐烂是由于细菌繁殖而引起的一种现象，因此，控制细菌生长发育的一些影响因素，如温度或者水分等，就可防止鱼肉的腐烂。

2. 水产品的贮存方法

水产品贮存的方法主要有低温贮存、化学贮存、电离辐射保鲜和脱水贮存等，生产上采用最多、最有效的方法是低温贮存。

（1）低温贮存　在水产品的贮存中，低温贮存是最常用的贮存方式，因为在低温状态下可以最大程度地保持水产品的原有性质，低温贮存又可分为下述 3 种方法。

① 冷却贮存　即将鱼品温度降低到接近冰点，但不冻结的贮存方法。一般温度在 $0 \sim -4℃$ 之间，是一种延长水产品贮藏的广泛采用的方法。鱼类捕捞后采用冷却法可贮存 1 周左右，冷却温度越低，贮存期越长。冷却鱼的质量和贮存期取决于原料质量、冷却方法、冷却所延续的时间和贮存条件。

冷却贮存因鱼体附着有水中的低温细菌，在冷却贮藏温度下，低温细菌的繁殖和分解作用还在缓慢进行。因此，此法保存时间长亦会发生鱼类的腐败。

冷却贮存主要可分为冰藏贮存、冷却海水贮存。

a. 冰藏贮存　还可分为撒冰法和水冰法两种。撒冰法是将碎冰直接撒到鱼体表面的贮存方法，此法简便且融冰水又可覆盖鱼体表面，除去细菌和黏液，鱼的失重也小。具体操作方法：对鱼体进行清洗，然后整理摆放整齐，最后撒冰装箱，撒冰时冰的覆盖要均匀，一层冰一层层鱼。对特种鱼或大型鱼，可去鳃剖腹除内脏后，腹内夹冰，再撒冰装箱，容器底部、侧壁及表面都应均匀撒冰。还需要在容器底部开一小口便于融冰水流出。冰藏法所需的用冰量根据情况而定，一般鱼和冰的比例为 1 : 1，若温度高、隔热条件差时就应加大冰的比例。

除冰藏法之外还可以采用水冰法贮存，水冰法可以迅速降低鱼的温度。水冰法的操作是先用冰把清水降温至 0℃（清海水 −1℃），然后把鱼浸泡在冰水中。它的优点是冷却速度快。用于死后便是直快或捕获量大的鱼，如鲐鱼、沙丁鱼。水冰法一般都用于迅速降温，待鱼体冷却到 0℃ 时即取出，改用撒冰贮存。一般整个贮存过程不是都采用水冰法，因为浸泡时间长，鱼肉吸水膨胀，容易变质。

冷却贮存的注意事项：第一，水产品捕获后应尽快清洗并整理干净，去除鳃及内脏，防止细菌污染；第二，水产品按品种大小分类，去除不完整、不能食用及带毒个体，将易变质个体先行处理；第三，尽快加冰装箱，用冰量要充足，冰粒要细，撒冰要均匀，不可脱水，最上部要加一层盖冰，第四，避免过量堆积，堆积过高，下面的鱼会被压烂。散舱最好用活动隔板堆鱼，如果不用，最多只能堆三层，再往上堆要搭搁架；第五，冷却鱼融化的冰水流到下面鱼体上污染鱼的表面，可用硫酸纸或玻璃纸将鱼逐条或分箱隔开，并要切实保证融水能从容器和鱼舱中排出。

b. 冷却海水贮存　即将渔获物浸渍在 $-1 \sim 0℃$ 的冷却海水中贮存的一种方法，分冰制冷海水和机制冷海水两种。冰制冷海水是由碎冰和海水混合制得，机制冷海水是用机械制冷来冷却海水。冷却海水贮存主要用于渔船或罐头厂，此法冷却速度快，贮存效果好，在短时间内可处理大量鱼货，特别适用于品种单一、渔获量高度集中的围网作业渔船。冷却海水贮存的缺点是鱼体在冷海水中浸泡，会导致鱼体膨胀，鱼肉略带咸味且表面稍有变色，鱼肉蛋白质容易损失，在以后的流通环节中会提早腐烂。近年来，国外研究在冷海水中通入二氧化碳贮存渔获物已取得一定成效。因为鱼体腐败的主要原因是微生物作用，同样温度条件下冷却海水贮存鱼类比冰藏鱼腐败快，这是由于海水循环扩大了微生物的污染。当冷却海水中通入二氧化碳后，海水 pH 值降低抑制了微生物的生长，延长了水产品的贮存期。

② 微冻贮存　微冻贮存是将水产品贮存于略低于其细胞汁液冻结温度以下的一种贮存方法，也称为超冷却或轻度冷冻。微冻贮存的温度一般控制在 $-3 \sim -2℃$，此温度条件下鱼体水分处于部分冻结状态下，它较冰藏和冷海水的贮存期长，贮存效果好。尤其对耐冻性差的底层鱼类和淡水鱼。微冻贮存的方法有冰盐混合法、吹风冷却微冻法和低温盐水微冻法。

a. 冰盐混合法　即将水产品埋入 $-3℃$ 的冰盐溶液中，在微冻的条件下进行贮存和运输。冰盐贮存用于短时间的贮存，或者在调温季节用于冰藏前鱼体预冷较为适宜。

b. 吹风冷却微冻法　是将鱼装入吹风式冻结装置、冷风库或鱼舱内，然后进行吹风冻结的方法。此法鱼体表面温度约为 $-3℃$，体内温度在 $-1 \sim 0℃$，降温速度较慢，但国内外应用较多。

c. 低温盐水法　是将配制好的盐水溶液先用制冷机降温至 $-5℃$，然后将水产品浸入，经过 $3 \sim 4h$ 的低温处理使其部分冻结，在这种微冻的温度下进行贮存。其保存期可达 20 天。

③ 冷冻贮存　冷冻贮存是将鱼类冻结后在 $-18℃$ 以下贮存的方法。冷冻贮存的原理是在 $-18℃$ 的条件下大部分的水分以冰的形式存在，只有极少量的水以自由水的形式存在于水产品的体内，在这种情况下微生物的生长和酶的活性几乎完全被抑制。但是不能抑制空气对水产品的氧化作用。水产品在贮存时体内水分会产生干耗，影响产品的质量，为减少干耗的量可在产品冻结后镀冰衣或采用真空包装防止氧化和干缩。冷冻水产品的贮存期可达 1 年，具体的贮存期随水产品的种类和贮存温度等而有所差异。冷冻的方法主要有空气冷冻、平板冷冻、盐水浸渍冷冻、沸腾液体冷冻等。

a. 空气冷冻法　包括静止空气冷冻法、隧道式送风式冷冻法等。静止空气冷冻法是指在低温静止空气中的冷冻。冷冻室上部装有冷却盘管，下部为冷却管架。将水产品等装盘后置管架上，通过 $-25 \sim -30℃$ 的空气自然对流冷冻鱼体。此法冷冻速度慢，鱼体干耗大，冷冻产品质量差，设备简单。适于小型冻库使用。为加速鱼体冷冻，可利用送风机以 $1 \sim 2m/s$ 的风速使冷空气循环流动的冷冻方法，称为半吹风冷冻法。

隧道式送风式冷冻法是目前陆地上冷冻使用最多的方法之一，是向长方形隔热隧道式冰结室内送入循环冷却空气使水产品冷冻。冷冻室上部风道装有蒸发冷却管和送风机，下部装有移动式载鱼车和盛鱼盘。送风 $-45 \sim -35℃$，风速 $3 \sim 5m/s$。冷冻速度比静止空气法快，并能连续操作但风速大时冻品易干耗和变色。

b. 平板冷冻法　分为立式和卧式两种冷冻装置，是将物料放在低温金属冷冻板之间压紧进行热交换的一种接触式冷冻法。板内是空心的，可通以制冷剂（或冷却盐水）使之循环，冷却温度可降至 $-40 \sim -25℃$。冷冻时板间压紧间距为 $5 \sim 10cm$。平板冷冻速度快，并可防止干耗和变色，是常用的快速冷冻方法。

c. 盐水浸渍冷冻法　是将鱼类等放入冷却盐水或丙二醇等溶液中进行直接接触的一种冷冻法。使用的盐有氯化钠和氯化钾等，一般使用 $-16℃$ 的氯化钠溶液在冷冻槽中以 $0.04 \sim 0.09m/s$ 的速度循环。冷冻速度快，多用于鲣鱼、金枪鱼等大型鱼类的冷冻。

d. 沸腾液体冷冻法　是为专为快速冷冻而设计的沸腾液体冷冻系统，被冻产品进入到流动的冷冻液中与沸腾的制冷剂直接接触而冷冻。此法冷冻几乎没有质量损失。它的制冷剂是提纯的氟里昂 12（但我国于 2010 年 1 月 1 日起全面禁用氟里昂类物质），其沸点为 $-30℃$。该冷冻装置包括一个隔热的围护结构和一条进料传送带，产品进料传送带降入沸腾的冷冻液中，产品与冷冻液之间产生热交换，使产品表面立即被冷冻。然后将产品置于该装置底部的水平传送带上，边前进边喷淋冷冻液，直到完全冷冻送到出料传送带上运走。

（2）化学贮存　化学贮存是通过在水产品中添加对人体无害的防腐剂、杀菌剂、抗氧化剂等化学物质，提高其耐贮存性能，并尽可能保持其原有品质的一种贮存方法。其中防腐剂可以控制微生物的物理活动，使微生物的发育减缓或停止，常用的水产品防腐剂有苯甲酸钠、山梨酸钾、二氧化硫、亚硫酸盐、硝酸盐等。杀菌剂的作用是有效地杀灭食品中微生物，常用的有过氧乙酸、漂白粉、漂白精等，此类物质主要用于与水产品直接接触的容器和工具的消毒、灭菌，一般不直接加入到水产品中。食品抗氧化剂是阻止或延缓食品氧化，提高食品质量的稳定性和延长贮存期的一类食品添加剂。水产品由于自身含有大量不饱和脂肪酸，很容易氧化、酸败，产生有害人体健康的物质，使用抗氧化剂是一种简单经济的方法。常用的抗氧化剂有二丁基羟基甲苯（BHT）、维生素 E、没食子酸丙酯等。

（3）脱水贮存　脱水贮存的原理是降低水产品的水分活度，抑制微生物的繁殖，降低酶的活性，起到延长水产品贮存期的目的。脱水的方法有自然干燥法和人工干燥法。

自然干燥法即是在自然条件下通过通风晾晒，将处理好的新鲜水产品制成干制水产品。此法成本低，但受环境气候条件影响较大。人工干燥法有普通的热力干燥法，如利用干燥机进行干燥，此法干燥速度较快，不受气候影响，而且卫生条件好。除热力干燥外还有更先进的真空干燥、冷冻干燥等干燥降水技术，这些方法的降水效果很好，而且降水速度快，但成本较高，需要配备先进的设备。

（4）其它贮存方式　除上述水产品的贮存方式外，现代可采用的水产品贮存方式还有电离辐射贮存、高压贮存、气调贮存等方法，都有一定的贮存效果。

【复习思考题】

1. 粮油贮藏工作的基本任务是什么？粮堆具有哪些物理性质和生理性质？最新的《谷物储存品质判定规则》对小麦、玉米和稻谷的品质判定是如何规定的？
2. 果蔬采后需要进行哪些处理？水果和蔬菜在贮存期间的变化主要有哪些？水果和蔬菜的主要贮存方法有哪些？
3. 肉类低温贮存的原理是什么？肉类可以采用哪些方式进行贮存？
4. 牛乳在贮存期间的腐败变质主要是由什么引起的？牛乳在采收的过程中要注意哪些问题？牛乳的冷却可以采取哪些方式？
5. 禽蛋在贮存期间的变化在哪些？贮存禽蛋的基本原则是什么？禽蛋的贮存有哪些基本方法？
6. 水产品死后有什么变化？
7. 水产品的贮存有哪些方法？

【参考文献】

[1] 路茜玉. 粮油储藏学. 北京：中国财政经济出版社，1999.
[2] 王德学. 粮油储藏. 北京：中国财政经济出版社，2002.
[3] 冯双庆，赵玉梅. 水果蔬菜保鲜实用技术. 第2版. 北京：化学工业出版社，2004.
[4] 李富军，张新华. 果蔬采后生理与衰老控制. 北京：中国环境科学出版社，2004.
[5] 刘兴华. 食品安全保藏学. 北京：中国轻工业出版社，2005.
[6] 沈月新. 食品保鲜贮存手册. 上海：上海科学技术出版社，2006.
[7] 檀素君，刘玉峰. 谈食品选购、加工与储存. 上海：上海科学普及出版社，2003.
[8] 周山涛. 果蔬贮运学. 北京：化学工业出版社，1998.

第三章 食品气调贮藏

学习目标

1. 理解气调贮藏的概念、原理，掌握其应用条件。
2. 认识 MA 贮藏和 CA 贮藏。
3. 掌握塑料薄膜封闭气调法和气调库贮藏法。
4. 了解气调贮藏对食品的影响以及减压贮藏、动态气调贮藏、双变气调贮藏、地下贮藏等。

气调贮藏的科学研究从 19 世纪初开始，距今已有约一百多年的历史。到 20 世纪 20 年代初，英国人基德（F. Kidd）和韦斯德（C. West）系统总结了前人工作结果，首次进行了经典的苹果气调贮藏实验，并于 1927 年发表了关于水果气调贮藏的研究报告，为商用气调贮藏建立了基础。1928 年，气调贮藏技术开始在商业上应用，但此后十多年并未受到重视。直到 20 世纪 40 年代，美国开始兴建气调冷藏库用于商业贮藏苹果，获得明显的经济效益，气调贮藏的优越性才逐步为世界各国所认识。法国、美国、加拿大、丹麦、澳大利亚、新西兰、南非、瑞士、比利时、意大利、日本等国相继加入该研究和应用领域。如今在欧美、日本、澳洲等地，主要应用于苹果、梨、香蕉、柑橘及一些热带水果的贮藏。1962 年，美国试制出燃烧冲洗式气体发生器，从此出现了机械气调贮藏库，使气调贮藏技术走向了一个新的阶段，即机械化和自动控制阶段。在世界范围内气调技术的推广和应用日益广泛，发展迅速。

我国气调技术的研究和应用起步较晚，气调贮藏始于 20 世纪 70 年代初，北京市科技人员首先应用薄膜封闭气调贮藏番茄、苹果等，各地相继对番茄、洋葱、菜花、蒜薹、芹菜、香菜等开展广泛理论和技术研究。自从 1978 年第一座试验性气调库在北京诞生以来，经过数十年的探索，气调贮藏技术得到了迅速发展。有的已大规模地应用于商业贮藏，如蒜薹、菜花等，在调节淡旺季供应矛盾方面起到了一定的作用。如我国北方各省，袋封蒜薹气调冷藏技术得到了很大的发展，并取得了一定的经济效益和社会效益。目前，气调贮藏除了应用于果蔬的贮藏外，还用于粮食、油料、肉及肉制品、鱼类和鲜蛋等多种食品的贮藏。内蒙古包头市正道集团于 1997 年建成的世界上第一座千吨级减压保鲜贮藏库，标志着我国气调贮藏技术已达先进水平。

气调贮藏被称为农产品保鲜领域的第二次革命，是发达国家普遍采用的一种果蔬保鲜技术。现代气调贮藏是自发保藏的发展，自发保藏作用在我国已有悠久的历史，如埋藏、层积贮藏、缸藏等，其果蔬产品贮藏在相对不透气的条件下，贮藏环境氧浓度逐渐降低，二氧化碳浓度逐渐升高，有利于果蔬的长期贮藏。

第一节 概　　述

一、气调贮藏的概念

气调贮藏是调节气体贮藏的简称，是指将食品存放在一个相对密闭的贮藏环境中，同时根据需要改变贮藏环境中的气体成分（通常是增加 CO_2 的浓度、降低 O_2 的浓度以及根据需求调节 N_2 等其它气体浓度）来实现延长果蔬贮藏期的一种贮藏方法。气调贮藏是当前国际上最有效最先进的果蔬保鲜方法。气调贮藏可分为两类：一类是人工气调贮藏（简称 CA 贮藏，如气调库贮藏法），一类是自发气调贮藏（简称 MA 贮藏，如塑料薄膜封闭气调法）。

CA 贮藏指的是根据产品需要人为地调节贮藏环境中各气体成分和浓度，并保持其在非常狭小的变化范围内的一种贮存方法。CA 贮藏由于气体成分严格控制，且与低温贮藏密切配合，因此，贮藏效果比 MA 贮藏好，是目前国际上最先进的贮藏技术之一。

MA 贮藏是利用鲜活产品本身的呼吸作用来降低贮藏环境中的 O_2 浓度和提高 CO_2 浓度，从而延长产品的贮藏寿命。这种方式不规定严格的气体指标，允许有较大幅度的变动，贮藏中不进行人工调气，仅定期放风进行自动调气。MA 贮藏方法比较简便，没有恒定的指标，但由于气体浓度变化较大，要达到设定的浓度所需的时间较长，所以贮藏效果比不上 CA 贮藏效果。

多年的实践证明，气调贮藏必须以适宜的低温为基础才能收到比冷藏更好的贮藏效果，所以气调贮藏又称气体冷藏、气调冷藏法。气调同机械冷藏相结合，可同时控制温度、湿度、气体成分等环境因素，是当代较先进和有前途的贮藏技术，有些果蔬运用气调技术贮藏时寿命可比机械冷藏增加一倍甚至更多。在商业性气调普及的国家，对气调贮藏制定了相应的法规和标准以指导气调技术的推广，在市场上凡标有"气调"字样的产品其价格比用其它方法贮藏的同样产品要高。

二、气调贮藏的原理

气调贮藏的主要机理是：在维持果蔬生理状态及在适宜的低温下，控制贮藏库或包装环境中的气体成分，通常采用降低 O_2 浓度和提高 CO_2 浓度，以减弱所贮藏果蔬的呼吸强度，抑制微生物的生长繁殖和食品中化学成分的变化，减少果蔬体内物质消耗，延缓新陈代谢速度，从而达到延长贮藏期和提高贮藏效果的目的。

以新鲜果蔬为例，采收后的产品仍是一个有生命的活体，在贮藏过程中仍然进行着正常的以呼吸作用为主导的新陈代谢活动，表现为消耗 O_2 和释放 CO_2，并释放一定的热量（图3-1）。正常空气中氧气占 21%，氮气占 78%，二氧化碳占 0.03%。适当降低贮藏环境中 O_2 的浓度和适当增加 CO_2 的浓度，可抑制新鲜果蔬产品的呼吸作用，降低呼吸强度，推迟呼吸高峰出现的时间，延缓新陈代谢速度，推迟成熟衰老，减少营养成分和其它物质的降低和消耗，从而有利于果蔬产品新鲜品质的保持。同时较低的 O_2 浓度和较高的 CO_2 浓度能抑制乙烯的生物合成、削弱乙烯的生理作用，有利于新鲜果蔬产品贮藏寿命的延长。此外，适宜的低 O_2 浓度和较高的 CO_2 浓度具有抑制某些生理性病害发生发展的作用，可减少产品贮藏

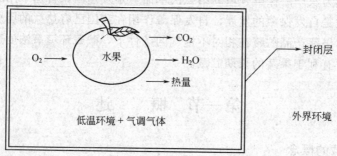

图 3-1　气调保鲜系统示意图

过程中的腐烂损失。以低 O_2 浓度和高 CO_2 浓度的效果在低温下更为显著,气体调节与机械冷藏相结合,可同时控制温度、湿度、气体成分等贮藏因素。但有些产品对气调反应不佳,过低 O_2 浓度和过高 CO_2 的浓度会引起低 O_2 伤害或高 CO_2 伤害,不同品种的新鲜果蔬产品要求不同的 O_2 和 CO_2 的配比。

三、气调贮藏的特点

1. 保鲜效果好

气调贮藏可比冷藏更有效地延缓鲜活食品的生理衰老过程,并且在长期贮藏中能较好的保持食品的感官品质,如果蔬的色泽、硬脆度和口味等。水果在长期的气调贮藏中能始终保持其刚采摘时的优良品质。

2. 保鲜期长,货架期长

在保证同等质量的前提下,至少为冷藏的两倍。

3. 贮藏损失小

由于气调的温度可高于一般冷藏的温度,因此,可以避免某些果蔬食品冷藏时因不能适应过低温度而出现的低温冷害和冻害。大大降低水果蔬菜的低温伤害,减少生理损伤和微生物的损害,从而降低水果的损失。据实验测定,在把好入库质量关的前提下,苹果、梨的损失率一般不会超过 1%。

4. 无污染

气调贮藏采用物理方法,不用化学或生物制剂处理,卫生、安全、可靠。

因此,近年来气调保鲜技术越来越受到人们的重视,已成为世界各国所公认的一种果蔬保鲜方法。

四、气调贮藏的条件

1. 氧气浓度

以水果为例,贮藏环境中氧气浓度对水果贮藏的影响,主要表现在增强或减弱水果的呼吸作用和微生物的作用,也间接地影响水果的蒸发作用。在有氧呼吸的情况下,呼吸强度值的大小与贮藏环境中的氧气浓度有直接的关系。用果蔬组织、细胞进行的氧气分压力对植物呼吸作用的研究表明,果蔬呼吸强度值的倒数与氧气浓度值的倒数之间呈线性关系。

微生物中的霉菌和多数细菌都属于嗜气性微生物。在无氧或低氧环境中,它们就难以生存或生长繁殖。因此,降低贮藏环境中的氧气浓度能够抑制微生物的生长繁殖,减少因微生物作用所造成的水果变质腐败损失。

低氧环境对水果蒸发作用的影响是通过抑制呼吸作用而间接达到的。由于水果水分散失有 1/4～1/3 是由于呼吸作用引起的,抑制了呼吸作用,就能够在一定程度上减少水果水分的消耗;另外,抑制呼吸作用还可以降低呼吸热的散发,从而降低热负荷。

降低 O_2 浓度对水果贮藏的积极作用还包括:延缓叶绿素的分解而保持水果的新鲜度;减少水果内源乙烯的生成量而延迟水果的后熟;降低维生素 C 损失而保持水果的营养价值;使不溶性果胶物质分解变慢,保持水果的坚实脆硬等。

然而,过低的 O_2 浓度会导致果蔬进行有害的无氧呼吸。因此,在进行气调贮藏工艺研究时,应该寻找果蔬进行有氧呼吸和无氧呼吸的临界点,保证 O_2 浓度在临界浓度之上。各种水果能够忍受的 O_2 浓度下限各不相同,应通过实验来确定。

2. CO_2 浓度

CO_2 可以通过影响水果体内有机酸脱羧过程的速度来达到减缓呼吸作用的目的,对于呼吸跃变型水果，CO_2 有推迟呼吸跃变启动的效应。二氧化碳对呼吸作用的抑制作用与其含量多少有直接关系。以苹果而言，低浓度（1%～3%）的二氧化碳对呼吸作用的影响不大，只有当 CO_2 的浓度达到 6% 时，呼吸才受到抑制。也有资料指出，大多数水果在 CO_2 浓度为 5% 的环境中贮藏，可降低其呼吸强度。但大多数水果在 CO_2 浓度达到或超过 15% 时，果实内部积累乙醇、乙醛将导致品质明显恶化。

适量的 CO_2 能够减少乙烯的生成。CO_2 是乙烯作用的竞争性抑制剂。在常温下 10% 的 CO_2 可以抵消 0.01%（100×10^{-6}）乙烯的作用，有利于延缓水果贮藏过程中的后熟和衰老。

另外，CO_2 对气调贮藏水果还有如下作用：抑制某些细菌及真菌孢子的萌发生长；降低导致成熟的合成反应（如蛋白质、色素的合成）；抑制某些酶的活动（如琥珀酸脱氢酶、细胞色素氧化酶）；减少挥发性物质（如乙烯）的产生；抑制叶绿素的分解和果蔬的脱绿。

各种水果可以忍耐的 CO_2 浓度不同。大多数水果可忍耐 5% 以上的 CO_2，如草莓、甜莓在高达 15%～20% 的 CO_2 气体中，会延长其贮藏期。但有些水果，如葡萄，仅能忍受 2% 的 CO_2 气体，超出此范围将会出现 CO_2 伤害。故应通过实验确定对各种水果最合适的 CO_2 含量。

3. 乙烯和其它气体的作用

乙烯是水果成熟过程中的产物之一，而它又会促进水果的进一步成熟。在痕量浓度下，它就可以发挥其催熟作用。不同水果产生内源乙烯的能力相差很大，见表 3-1。显然，水果自身产生的乙烯量越少，在贮藏过程中对乙烯的耐受力越差，反之越强。

表 3-1 不同水果内源乙烯的产生量

乙烯产生率/[μl/(kg·h), 20℃]	水 果 品 种
极低：0.01～0.1	樱桃, 葡萄, 草莓, 柠檬, 石榴
低：0.1～1.0	蓝莓, 猕猴桃, 菠萝, 柿子
中等：1.01～0.0	香蕉, 无花果, 甜瓜, 芒果, 西红柿, 油桃
高：10.0～100.0	苹果, 鄂梨, 番木瓜, 桃, 梨, 李子, 杏
极高：>100.0	鸡蛋果, 美果榄

应该根据各种水果对乙烯的敏感程度，将贮藏环境中的乙烯控制在一定范围内。如猕猴桃，在贮藏环境中乙烯浓度超过 0.02×10^{-6} 时，就会很快变软变熟，最好能把环境中的乙烯全部清除；而苹果则可以忍耐高达 0.3% 的乙烯浓度（3000×10^{-6}）。但是研究表明，清除贮藏环境中的乙烯有助于保持苹果的硬度，为了提高贮藏品质，同样可以利用除乙烯设备将贮藏环境中的乙烯浓度控制在 1.0×10^{-6}。

乙烯的活性和产生量与氧气浓度有关：当氧气浓度低于 8% 时，乙烯的活性会受到抑制；当氧气浓度为 2.5% 时，乙烯的产生量仅为正常气体环境中的一半。但在另一方面，乙烯也会部分地消除低氧环境的保鲜作用。向贮藏在氧气浓度为 0.5%～5% 的青香蕉中添加乙烯，会启动香蕉的成熟过程。

某些水果因品种特性的缘故，除受氧气、二氧化碳、乙烯等气体影响贮藏外，还会受其它气体的影响。如葡萄，在贮存时充以适量的 SO_2 气体，能收到更好的防腐保鲜效果；又如贮藏过程中积累的乙醛、乙醇等气体，浓度过高时可使果蔬受到伤害，但适量的乙醛能减少草莓在贮藏中的腐败；另外，在现有气调环境中加入 CO 能更有效地防止水果的腐坏。这些气体影响水果贮藏品质的机理尚在研究探索之中，在商业气调贮藏中的应用目前还不多见。

4. 气体指标

果蔬气调贮藏时选择合适的 O_2 和 CO_2 及其它气体的浓度及配比是气调成功的关键。根据控制气体种类的多少可分为以下几种。

（1）双指标　指的是对常规气调成分的 O_2 和 CO_2 两种气体或其它两种气体成分均加以调节和控制的一种气调贮藏方法。依据 O_2 和 CO_2 浓度多少的不同又有三种情况：$O_2+CO_2=21\%$，$O_2+CO_2>21\%$，$O_2+CO_2<21\%$。

普通空气中含 O_2 约 21%，CO_2 仅为 0.03%。一般生命体在正常生活中主要以糖为底物进行有氧呼吸，呼吸商约为 1。所以，贮藏产品在密封容器内，呼吸消耗掉的 O_2 与释放出的 CO_2 体积相等，即二者之和近于 21%。如果把气体组成定为两种气体之和为 21%，例如 10% 的 O_2、11% 的 CO_2，或 6% 的 O_2、15% 的 CO_2，管理上则很方便。只要把产品封闭后经一定时间，当 O_2 浓度降至要求指标时，CO_2 也就上升到了要求的指标。此后，定期地或连续从封闭贮藏环境中排出一定体积的气体，同时充入等量新鲜空气，这就可以较稳定地维持这个气体配比。这是气调贮藏发展初期常用的气体指标。它的缺点是：如果 O_2 较高（$>10\%$），CO_2 就会偏低，不能充分发挥气调贮藏的优越性；如果 O_2 较低（$<10\%$），又可能因 CO_2 过高而发生生理伤害。将 O_2 和 CO_2 控制于相接近的指标（二者各约 10%），简称高 O_2 高 CO_2 指标，可用于一些果蔬的贮藏，但其效果多数情况不如低 O_2 低 CO_2 好。这种指标对设备要求比较简单。

$O_2+CO_2<21\%$ 是国内外果蔬产品贮藏中广泛应用的气调指标。在我国习惯上把气体含量在 $2\%\sim5\%$ 称为低指标，$5\%\sim8\%$ 称为中指标。一般来说，低 O_2 低 CO_2 指标的贮藏效果较好，但这种指标所要求的设备比较复杂，管理技术要求较高。

（2）多指标　多指标不仅控制贮藏环境中的 O_2 和 CO_2，同时还对其它与贮藏效果有关的气体成分如乙烯、CO、甲烷等进行调节。这种气调方法贮藏效果较好，但调控气体成分的难度提高，需要在传统气调基础上增添相应的设备，投资增大。

（3）单指标　单指标指仅控制贮藏环境中的某一种气体如 O_2、CO_2 或 CO 等，而对其它气体不加调节。如为了简化管理，或者有些贮藏产品对 CO_2 很敏感，则可采用单 O_2 指标，CO_2 用吸收剂全部吸收。O_2 单指标必然是一个低指标，因为当无 CO_2 存在时，O_2 影响植物呼吸的阈值大约为 7%，O_2 单指标必须低于 7%，才能有效地抑制呼吸强度。对于多数产品来说，单指标的效果不如多指标，但比双指标可能要优越些，操作也比较简便，容易推广。需要注意的是，单指标法对被控制的气体浓度要求较高，一旦气体浓度低于或超过规定的指标就有伤害发生的可能。

（4）其它气体指标　气调贮藏经过几十年的不断研究、探索和完善已经有了新的发展，研制出了一些有别于传统气调的方法，为生产实践提供了更多的选择。

① 贮前高 CO_2 处理的效应　人们在实践生产中发现，刚采摘的苹果大多对高 CO_2 和低 O_2 的忍耐性较强。在气调贮藏前给以高浓度 CO_2 处理，有助于加强气调贮藏的效果。将采后的果实放在 $12\sim20℃$ 下，CO_2 浓度维持 90%，经 $1\sim2$ 天可杀死所有的甲壳虫，而对苹果没有损伤。经 CO_2 处理的金冠苹果贮藏到 2 月份，比不处理的硬度高 9.81N 左右，风味也更好些。

② 贮前低 O_2 处理　在贮藏之前，将苹果放在 O_2 浓度为 $0.2\%\sim0.5\%$ 的条件下处理 9 天，然后继续贮藏在 $CO_2:O_2$ 为 $1.0:1.5$ 的条件下，对于保持苹果的硬度和绿色，以及防

止褐烫病和红心病，都有良好的效果。由此看来，低 O_2 处理或贮藏，可能形成气调贮藏中加强果实耐藏力的有效措施。

20℃下将桃子在超低氧（<1%）配合高浓度 CO_2（30%）的 CA 条件下贮藏 24h 或 48h 后转入空气中，不仅可以有效地抑制或延缓果实软化、减少乙烯的生成，而且能避免低温冷藏对果实造成的冷害和品质风味的下降。杏经 1.0%～3.0% 的 CO_2 预处理后转入空气中贮藏可以明显地减少硬度的降低和褐腐病的发生。

（5）贮藏温度　气调贮藏条件下的果蔬产品，即使温度较高，也可以取得与单纯低温冷藏同样的贮藏效果。如绿色番茄在 20～28℃ 进行气调贮藏的效果，约与在 10～13℃ 下普通冷藏相仿。正因为如此，气调贮藏对热带、亚热带水果特别有意义。因为这类水果通常不耐低温，在冻结点之上，某一特定温度（一般为 5～15℃，随品种而异）之下就会发生冷害。另外，有些植物组织在 0℃ 附近对 CO_2 敏感，易发生 CO_2 伤害，较高的贮藏温度可以避免这些不利影响。但不能由此认为气调贮藏就可以不必注意温度管理，表 3-2 表明气调贮藏的黄瓜在不同温度下的情况。

表 3-2　不同温度对气调贮藏黄瓜的影响

温度/℃	30 天后状况
20	绿色好瓜占 25%，其余为半绿或完全变黄，但无烂瓜
10～13	绿色好瓜率为 95%
5～7	全部为绿色，但 70% 发生冷害，出现病斑或腐烂

对延缓呼吸、延长果蔬贮藏寿命作用最大的因素是降低温度。贮藏温度根据贮藏产品的种类和品种来定，并同时考虑其它因素，确定可忍受的最低温度。原则上，应在保证产品正常代谢不受干扰破坏的前提下，尽量降低温度，并力求保持其稳定。特别是在接近零度的范围内，温度稍微变动都会对呼吸产生刺激作用。通常气调的温度比同一品种的机械冷藏温度稍高 0.5～1℃。

（6）O_2、CO_2 和温度的互作效应　气调贮藏中的气体成分和温度等诸条件，不仅个别地对贮藏产品产生影响，而且诸因素之间也会发生相互联系和制约，这些因素对贮藏产品起着综合的影响，即互作效应。气调贮藏必须重视这种互作效应，贮藏效果的好与坏正是这种互作效应是否被正确运用的反映。如在气调贮藏中，低 O_2 有延缓叶绿素分解的作用，配合适量的 CO_2 则保绿效果更好，这就是 O_2 与 CO_2 两个因素的正互作效应。当贮藏温度升高时，就会加速产品叶绿素的分解，也就是高温的不良影响抵消了低 O_2 及适量 CO_2 对保绿的作用。

要取得良好贮藏效果，O_2、CO_2 和温度必须有最佳的配合。而当一个条件发生改变时，另外的条件也应随之做相应的调整，这样才可能仍然维持一个适宜的综合贮藏条件。不同的贮藏产品都有各自最佳的贮藏条件组合，但这种最佳组合不是一成不变的。当某一条件因素发生改变时，可似通过调整另外的因素而弥补由这一因素的改变所造成的不良影响。因此，同一个贮藏产品在不同的条件下或不同的地区，会有不同的贮藏条件组合，都会有较为理想的贮藏效果。

（7）相对湿度　气调库的相对湿度是影响贮藏效果的另一因素。在果蔬气调贮藏中，保持较高的相对湿度，可以降低产品与周围大气之间的蒸气压力差，减弱蒸发作用，从而减少产品的水分损失，保持机体新鲜壮实的外观，保持较强的抗病力，同时减少干耗所带来的损失。在普通冷藏中，由于大多数真菌不耐 90% 以下的相对湿度，水果冷藏库中的相对湿度

一般控制在 $85\% \sim 90\%$ 之间，但在气调贮藏中，低氧高二氧化碳的环境会进一步抑制微生物的活性，故可适当提高相对湿度，使之维持在 $90\% \sim 95\%$ 左右。由普通冷库改建的气调库大多满足不了气调要求的湿度，这是因为制冷剂的蒸发温度较低和蒸发面积较小的缘故。如果充分地增大制冷剂的蒸发面积则可保持库房中较大的相对湿度，这也是解决气调加湿的理想途径。

（8）风速　在气调包装情况下，包装袋内部的气体基本处于静止状态，无须考虑气流运动的影响，但是在气调库中，一般采用冷风机冷却果品，为了减小水果干耗，应该把风速限制在一定范围内。可以采用双速风机，在冷却阶段风速大一些，冷却速度快；库温降低到设计值时，可减小风速，以减少水果的干耗。

五、气调贮藏对食品的影响

1. 气调贮藏对果蔬采后生理的影响

（1）对果蔬呼吸作用的影响　气调贮藏对果蔬有抑制呼吸、降低呼吸强度、推迟呼吸跃变启动、延长呼吸跃变历程、甚至不出现跃变上升作用。低 O_2 抑制呼吸主要是抑制呼吸过程中最后一步电子的氧化，抑制与电子传递链和氧化磷酸化相伴而生的 ATP 的产生，从而降低代谢活性。CO_2 则主要是影响糖酵解和三羧酸循环中的酶，但也有人认为 CO_2 对呼吸的影响是通过对乙烯的调节而产生的。

（2）对果蔬新陈代谢的影响　果蔬中的许多营养物质，如糖类、有机酸、蛋白质和脂肪等，它们在生物体呼吸代谢过程中，作为呼吸底物，经一系列氧化还原反应而被逐渐降解，并释放出大量的呼吸热。如上所述，由于气调抑制了果蔬的呼吸作用，减少了呼吸底物的消耗，因而可减少生物体内营养物质的损失。

气调贮藏可影响一系列酶系统，如有关有机酸、碳水化合物、脂肪酸或其它贮藏物质代谢的酶类，调节果蔬成熟过程和促进衰老的酶类等。气调贮藏可抑制成熟酶的活性，如油梨成熟期间纤维素酶、酸性磷酸化酶和多聚半乳糖醛酸酶的活性，在 $2.5\% O_2$ 气调贮藏时只是空气中贮藏的 $50\% \sim 60\%$。高 CO_2 低 O_2 对多酚氧化酶活性有抑制作用，可以阻止组织的褐变，在许多果蔬线粒体上均发现高 CO_2 能抑制琥珀酸脱氢酶的活性，引起琥珀酸的积累。另外，长期气调贮藏也抑制与糖酵解和三羧酸循环有关的酶。

高 CO_2 低 O_2 可能引起无氧呼吸，导致乙醇和乙醛含量的升高。低 O_2 也可引起亚甲基硫醇的积累及其它非乙烯、非呼吸挥发物的升高。调节气体还影响挥发酯的产生，低 O_2 常常抑制一些果蔬特有风味化合物的产生。

另外，气调对细胞膜的变化也有影响，人们发现 O_2 参与脂肪酸的过氧化和自由基的形成，CO_2 则可能是作用与呼吸代谢有关的线粒体膜。

（3）对乙烯的影响　气调可阻止乙烯的产生，能降低乙烯的产生量，有人认为低 O_2 和高 CO_2 延迟成熟主要是对乙烯作用的抑制。低 O_2 抑制乙烯产生的主要原因是 ACC（乙烯的前体）生成乙烯这步是需氧过程，低 O_2 抑制了 ACC 向乙烯的转化。高 CO_2 抑制乙烯的形成是在受体特定位置上与乙烯相竞争的结果。另外，CO_2 对乙烯的合成的影响也可能与 CO_2 影响 pH 值有关，CO_2 使 pH 值升高，从而调节乙烯生成过程中酶的活性。不过大部分研究者认为，CO_2 对乙烯的抑制是通过对腺苷蛋氨酸（SAM）活性的抑制引起的。

（4）能延缓果实的后熟　果品贮藏的目的之一就是延缓后熟，缓解集中上市的矛盾。桃是跃变型果实，冷藏的果实存在着失水严重、果肉衰败及风味劣变等问题，采用 $0\mathbb{C}$ 冷藏结合 $1\% O_2 + 5\% CO_2$ 或 $2\% O_2 + 5\% CO_2$ 进行贮藏，其效果比普通冷藏延长 1 倍；在 $0\mathbb{C}$ 下，结合 3%CO_2＋3% O_2 或 6% CO_2＋3% O_2 贮藏中华猕猴桃果实，可显著地延缓果实的后熟衰老；利用沼气 CO_2 含量高、本身无毒的特点对柑橘进行气调贮藏处理，结果柑橘在贮藏 5 个月后好果率达 92.4%，果实失重仅有 5.2%～6.3%。

（5）其它　总的来说，气调贮藏对果蔬采后代谢的影响是全面的，适宜的气体条件有利于保持果蔬的营养成分、延缓果蔬叶绿素含量及硬度的下降、减缓果蔬向品质劣化的方向发展。所有的这些气调贮藏的益处都可以从气调对果蔬的基础代谢的影响方面去考虑。

2. 气调贮藏对果实品质的影响

（1）对果实硬度的影响　将猕猴桃果实于 0℃ 下，结合 2%～6% O_2 和 4% CO_2 冷藏6～8.5 个月，其果实硬度保持在 8.9kgf/cm^2 以上，好果率达 90%～95%，干耗小于 2%，显著优于对照处理。

（2）对果实贮藏期生理病害的影响　鸭梨果实进行贮藏 120～150 天后，与对照果 [12℃ 入库，一周后每 3 天降 1℃，到（0±0.5）℃] 相比，7%～10%O_2＋0% CO_2 气调处理的果心褐变指数显著下降，说明缓慢降温结合 7%～10% O_2＋0%CO_2 处理可显著降低果实黑心病的发生。

（3）对果实维生素 C 含量的影响　用 0℃ 冷藏，6% CO_2＋3% O_2 贮藏猕猴桃果实，发现果实的维生素 C 含量与果实后熟进程有关，随着果实后熟软化，维生素 C 含量降低，而气调贮藏果实维生素 C 含量显著高于 0℃ 冷藏处理。

（4）对果实风味及可溶性固形物影响　气调贮藏可以明显减缓苹果果实贮藏过程的呼吸作用，保持果品品质及风味。用 5% O_2 和不同浓度 CO_2 在低温下贮藏桃，大量测定数据表明气调贮藏果实的可溶性固形物含量比普通冷藏果实的要高。

3. 气调贮藏对果实外观、失重和腐烂等影响

苹果在 5～10℃ 高温气调贮藏替代冷藏，其效果明显优于冷藏，且能明显节约能源。其主要表现为：第一，改善果实外观，利用 9℃ 结合 2%O_2＋7.5% CO_2 处理，在 126～155 天内，果实果皮新鲜，未发现虎皮病；而对照果（冷藏）则果皮绿黄，果柄稍有干枯，且有虎皮病；第二，减轻果实失重，贮藏 90 天后，对照果失重率为 2.69%，而 9℃ 结合 2%O_2＋7.5% CO_2 气调处理果实的失重率仅为 0.54%。对板栗进行硅窗气调贮藏实验，此方法有效降低果实失重和腐烂率，经过 120 天气调贮藏，失重率为 3%，腐烂率为 3.52%，分别比对照降低了 91.46% 和 90.76%。

4. 气调贮藏对微生物生长繁殖的影响

微生物在低氧环境中，其生长繁殖受到抑制，在 O_2 浓度为 6%～8% 的环境中，有些霉菌停止生长或发育受阻。某些病害的发展也与 O_2 浓度有关，如苹果的虎皮病随 O_2 浓度的下降而减轻。高浓度 CO_2 也能抑制贮藏果蔬的某些霉菌发芽和生长，但 CO_2 浓度高时回对果蔬产生毒害作用。

第二节　气调贮藏的方法

一、气调贮藏的一般方法

气调贮藏的操作管理主要是封闭贮藏环境和调气两部分，调气部分是创造并维持产品所要求的气体环境。封闭环境是杜绝外界空气对所要求的气体环境的干扰。目前国内外气调贮藏的方法主要有两大类：一类是塑料薄膜封闭气调法，一类是气调库贮藏法。

1. 塑料薄膜封闭气调法

塑料薄膜封闭气调贮藏是用塑料薄膜作封闭材料，能达到气调贮藏的气密性要求，价格低廉，可在冷藏库、通风贮藏库、土窑洞内进行贮藏，还可以在运输中应用，使用方便，便于推广。20世纪60年代以来，国内外对塑料薄膜封闭气调贮藏法进行了广泛的研究，已达到实用阶段，并向自动调气方向发展，这是气调贮藏果蔬的一个革新。塑料薄膜封闭气调贮藏可以分为塑料薄膜大帐贮藏法、塑料薄膜小包装法、硅橡胶窗气调法和松扎袋口法。

(1) 塑料薄膜大帐贮藏法　又称垛封法，贮藏产品用通气的容器盛装，码成垛。首先垛底先铺垫底塑料薄膜，其上面摆放垫木，使盛装产品的容器垫空。将盛装果蔬的筐或箱码成垛，码好的垛子用塑料帐子罩上，帐子底边和垫底薄膜四周边相互重叠卷起，并埋入垛四周的小沟中，或用砂袋等其它重物压紧，使帐子密闭。也可以用活动贮藏架在装架后整架封闭。比较耐压的一些产品可以散堆到帐架内再进行封帐。

塑料薄膜帐是用厚 $0.12 \sim 0.25 cm$ 的聚乙烯或聚氯乙烯制成，封闭垛码成长方形，每垛贮量为 $500 \sim 1000 kg$，多者可达 $5000 kg$ 以上，视果蔬种类、贮期长短以及贮藏期间是否需要开垛挑选果蔬产品而定。贮藏期间需要开垛检查的，贮量不宜过大，应使产品迅速检查完毕立即重新封垛，以提高贮藏效果。帐的两端设通气袖口（用塑料薄膜制成），其中一侧靠近帐顶设充气袖口，另一侧靠帐底的下部设抽气袖口，供充气及垛内气体循环时插入管道所用。帐壁中间部位设取气孔，以便进行取气样进行分析和充入气体消毒剂，平时不用时把气口封闭。为防止帐顶和四壁塑料薄膜上的凝结水滴在果蔬产品上，侵蚀果蔬产品，影响贮藏效果，应设法使塑料薄膜封闭帐悬空，不要贴紧果蔬垛。也可在垛顶部与帐顶之间加衬一层吸水层，还可将帐顶做成屋脊形，以免结水滴到产品上。垛封法在果蔬贮藏期间的管理除按果蔬温度要求控制温度外，主要是对气体成分的控制管理采用自然降氧、快速降氧和半自然降氧管理方法。

① 自然降氧法　自然降氧法就是在密封的塑料帐内，利用果蔬自身的呼吸作用，使 O_2 浓度降低，CO_2 浓度升高，当 O_2 浓度或 CO_2 浓度达到所要求标准时，就进行人工控制，用揭帐的方法进行放风，以提高 O_2 浓度，降低 CO_2 浓度。对过多的 CO_2 气体也可以用消石灰进行吸收，使果蔬在比较适宜的气体成分条件下进行贮藏。

② 快速降氧法　快速降氧法就是将塑料帐内的空气抽出一部分后，再充入适量的氮，使 O_2 浓度很快调节和控制到最适宜的范围，使果蔬在塑料帐内很快达到所要求的 O_2 浓度，快速降氧法对抑制果蔬的呼吸强度，延迟果蔬的后熟作用效果明显，可以延长果蔬的贮藏期限。

③ 半自然降氧法　半自然降氧法就是将自然降氧法和快速降氧法相结合应用的一种方法。先将密封的塑料帐内的气体抽出一部分，再充入氮，然后再依靠果蔬自身呼吸的调节，使 O_2 和 CO_2 达到所要求的指标。利用这种方法调节气体成分贮藏效果，不如快速降氧法，但优于自然降氧法。

(2) 塑料薄膜小包装法　也称袋封法，将塑料薄膜压制成袋，将果实装入袋内，扎紧袋口，即成为一个密闭的贮藏场所。塑料袋可以直接堆放在冷藏库或通风贮藏库内架上，也可以将袋放入筐（箱）内，再将果筐（箱）堆码成垛进行贮藏。还有将果筐装入塑料袋内，再扎紧袋口，然后放在库内贮藏。其管理有定期放风和不放风两种方法。

① 定期放风法　利用厚 $0.06 \sim 0.08 mm$ 的聚乙烯薄膜做封闭袋，根据贮藏量确定袋子大小。一般采用 $100 cm \times 75 cm$ 或 $100 cm \times 80 cm$，每个袋子可装果蔬 $15 \sim 20 kg$。全库封闭袋

子很多，不能每个袋子都测定 O_2 及 CO_2，要设代表袋，代表袋的数量一般为总袋数的 1%，定期检查测定代表袋的气体组成，并计算平均值。由于靠袋内果蔬呼吸作用，将袋内的 O_2 降低，CO_2 逐渐增加。当气体成分超过要求指标，达到规定的氧的低限或 CO_2 高限时，整批袋子都要打开袋口进行放风，换入新鲜空气，再扎口封闭，继续进行贮藏。

② 不放风法　选用薄膜厚度为 $0.03\sim0.05mm$，装量约几千克，扎口或热合封口，即所谓"小包装"，因为塑料薄膜很薄，有比较好的透气性，在不太长的时间内，可以维持适当的低氧和较高的 CO_2 而不致达到有害的程度，因此，不必进行调气或放风。这种方法适用短期贮藏、长途运输或零售。

近几年以高压聚乙烯为基材，添加多种改性树脂和助剂生产多种保鲜袋，该袋具有一定透气性，可以控制 O_2 及 CO_2 适当比例，还具有吸湿性，完全可似达到果蔬所要求贮藏条件。

（3）硅橡胶窗气调贮藏　硅橡胶窗气调贮藏是近年来果蔬贮藏中的新技术。在用较厚的塑料薄膜（如 $0.23mm$ 聚乙烯）做成的袋（帐）上嵌上一定面积的硅橡胶，就做成一个有气窗的包装袋（或硅窗气调帐）。这种硅橡胶膜具有特殊的性能，硅橡胶膜有比聚氯乙烯薄膜和聚乙烯膜大得多的透气性能，且对 O_2 和 CO_2 的透气性是不同的，故帐内果蔬呼吸所放出的过多 CO_2，可以通过硅橡胶薄膜扩散到外面去，同时贮藏环境中的 O_2 也能透过硅橡胶薄膜而进入内部来填补果蔬呼吸作用消耗掉的 O_2，因此，贮藏一定时间之后，袋内的 CO_2 和 O_2 进出达到动态平衡，其含量就会自然调节到一定范围，使帐内或袋内 O_2 和 CO_2 达到果蔬贮藏所要求的适宜的浓度。利用硅窗进行果蔬贮藏效果比一般气调方法效果要好些，主要是硅窗内 O 和 CO_2 浓度比例比较稳定，同时也减少了繁琐的人工调气管理工作。

（4）松扎袋口法　这种贮藏方法与塑料薄膜小包装法基本相同，所不同的是在产品装袋后扎口时，需用直径约 $20cm$ 的圆棒放在口袋处一同捆扎，扎好后拨出圆棒，再将所留圆孔处的袋口揉一下，使袋口的空隙成自然状态。袋内 O_2 及 CO_2 指标的控制完全靠袋口这个自然的通气口调节。这种方法常用于贮藏菠菜、芹菜等。

2. 气调库贮藏法

一般气调冷藏库主要由库房、冷藏系统、气调设备、气体净化系统、压力平衡装置等组成。

（1）气调冷藏的库房和冷藏系统　气调冷藏库的库房和冷藏设备与机械冷藏库基本相同，但气调冷藏库要求有很高的气密性，防止漏气，确保库内气体组成的稳定，并在库内气压变化时库体要能承受一定的压力。

① 气密性　气密性好是气调贮藏的首要条件，关系到气调库质量的高低和产品贮藏的效果，选择气密层所用材料的原则有材质均匀一致，具有良好的气体阻绝性能；材质的机械强度和韧性大，当有外力作用和温变时不会撕裂、变形、折断或穿孔；性质稳定、耐腐蚀、无异味、无污染，对食品安全；能抵抗微生物的侵袭，易于清洗和消毒；可连续施工，能把气密层制成一个整体，易于查找漏点和修补；黏结牢固，能与库体黏为一体。

② 气密性测试　气调库在使用前，必须对其气密性进行测试，气密性能检验以气密标准为依据。具体方法是：用一个风量为 $3.4m^3/min$ 离心鼓风机和一倾斜式气压计与库房连接，关闭所有门洞，开动风机，加压使库内压力超过正常大气压力达到 $294Pa$ 以上时停止加压，当压力下降至 $294Pa$ 时开始计时，根据压力下降速度判定库房是否符合气密要求。压力自然下降 $30min$ 后仍然维持在 $147Pa$ 以上者，气密优秀；$30min$ 后压力在 $107.8\sim$

147Pa 之间者表明库房气密良好；30min 后压力不低于 39.2Pa 者则为合格；而压力在 39.2Pa 以下者则为气密性不符合要求。美国采用的标准与 FAO 略有不同，其限度压力为 245Pa，而非 FAO 的 294Pa，判断合格与否的指标是半降压时间（即库内压力下降一半所需的时间），具体的要求是 30min（或 20min），即半降压时间大于 30min（或 20min）即为合格，否则就不合格。

气调库应具有一定的气密性，但是并非要求绝对密封，这在实际生产中也是难以实现的。根据气调贮藏中气体成分和贮藏工艺的要求，在能够稳定达到气调指标的基础上，以尽量节约投资、降低运行成本和便于操作为原则。从技术上来说，库内贮藏物体消耗的 O_2 多于漏入的 O_2，就可认为气密性良好。一般的经验标准是，向库房充气或抽气而造成 10mmH$_2$O（1mmH$_2$O＝9.80665Pa）的正压或负压，压力变化越快或压力回升所需时间越短，气密性就越差，30min 内不恢复到零即为合乎要求。气密性达不到要求的气调库要查找泄漏部位，并进行补漏，通常采用现场喷涂密封材料的方法补漏。

（2）气调设备　气调设备是指为气调贮藏环境创造适宜条件的设备。其主要功能是降低贮藏环境中 O_2 浓度，清除由于果蔬产品呼吸造成贮藏环境中过高的 CO_2。降低贮藏环境中 O_2 浓度主要向贮藏环境中注入氮气的方法，从而稀释 O_2 浓度。清除过多的 CO_2 主要采取化学的方法。气调库的气调设备主要有能降 O_2 浓度的氮气发生器、CO_2 脱除器等。

为了调节气调贮藏库里的气体成分，气调贮藏常需要消耗大量的氮，工业上目前由液化空气分馏而制备氮和氧，分别贮存在压缩气体钢瓶中，这种氮可用于果蔬气调贮藏。另外也有使用氮的发生器，工业原理是利用某些燃料烧掉空气中的 O_2，剩余部分气体主要是氮。还有一种分子筛式降氧机，即用孔径小于 0.5nm 的焦炭分子筛作吸附剂。各种气体在分子筛微孔中的扩散速度不同，混合气体通过焦炭分子筛时，O_2 及 CO_2 和乙烯易在分子筛内扩散并被吸附，O_2 则通过分子筛而挑出，吸附了 O_2、CO_2 和乙烯的分子筛可以通过新鲜空气进行脱除再生而重新使用。所以这种设备同时兼有气体净化作用。

CO_2 的脱除过去常用消石灰吸收，对少量贮藏产品可以使用，而大型的气调库中就不能使用。活性炭吸附脱除 CO_2 是目前国内外较为常用的方法，此外可用水和氢氧化钠溶液脱除 CO_2。

如何解决乙烯在气调系统内的积累问题，是世界范围内高度重视并正在研究的问题，至今没有理想的设备。目前，常使用活性炭、高锰酸钾溶液或高锰酸钾制成的黏土颗粒和高温催化方式脱除乙烯。O_3 和紫外线也能氧化破坏乙烯。

（3）气体净化系统　果蔬的气调贮藏须从封闭的贮藏环境中不断地除去过多的 CO_2 以及乙烯等挥发性物质，这些物质可借助气体净化系统来清除，有以下两种方法。

① 湿式系统　这种系统主要是一个氢氧化钾和氢氧化钠溶液淋雨层，使空气中的 CO_2 为碱液所吸收，净化后的空气重新回到贮藏库内，控制气流速度，可以保持库内稳定的 CO_2 含量。

② 干式系统　净化器内旋转的是固体吸收剂，常用的是消石灰和活性炭。气调库内的气体流经吸收剂孔隙，CO_2 被吸除，净化后的空气再回到库里。

（4）压力平衡装置　气调冷藏库内常常会发生气压的变化（正压或负压），如吸除 CO_2 时，库内就会出现负压。为保证库房的气密性，保障气调库的安全运行，保持库内压力的相对平稳，库房设计和建造时必须设置压力平衡装置，如气压袋和压力平衡器。气压袋常做一个软质不透气聚乙烯袋子，体积约为贮藏容积的 1%～2%，设在贮藏室的外面，用管子与贮藏室相通。贮藏室内气压发生变化时，袋子膨胀或收缩，因此可以始终维持贮藏室外气压基本平衡。但这种设备体积大、占地多，现多改用水封栓压力平衡器，保持 10mm 厚的水封层，贮藏库内外气压差超过 $10mmH_2O$（$1mmH_2O=9.80665Pa$）时便起自动调节作用。

（5）其它设备　包括湿度调节系统，气体循环系统，温、湿度测定和自动记录仪，O_2、CO_2 分析及自动记录仪等。

因为气调库冷凝系统的冷却管不断结霜致使气调库相对湿度降低。解决这一问题的办法：一是提高冷却管的温度，缩小它与贮藏库的温差，以减小冷却管结霜程度，这就要求加强贮藏库的隔热性能并尽量减少库内的其它热源；另一方面是在库内备有加湿器，可以库内喷水，以提高空气的湿度。气体循环系统由气泵和进出气管道组成，使贮藏库内各部位的温度和气体成分趋于均匀一致。

（6）气调库的管理　所谓气调库的管理主要是指在整个贮藏过程中调节控制好库内的温度、相对湿度、气体成分和乙烯含量，并做好产品的质量监测工作。气调库的管理在库房的消毒、商品入库后的堆码方式、温湿度的调节和控制等与机械冷藏相似，但也存在一些不同。

① 库房准备　在入库前 7～10 天即开始降温，至产品入贮之前使库温稳定保持在 0℃左右，为贮藏做好准备。

② 入库品种、数量和质量　气调贮藏法多用于产品的长期贮藏。无论是外观或内在品质都必须保证原料产品的高质量，入贮后才能长期贮藏并获得良好的品质。因此，要选择优良的品种，配套的采后商品化处理技术如预冷等，充分发挥气调的效果，获得高质量的贮藏产品，取得较高的经济效益。

鲜活产品入库贮藏应尽可能做到按种类、品种、成熟度、产地、贮藏时间要求等分库。如果一个品种不能充满贮藏室要以其它品种补足时，也应贮入相同采收期和对贮藏条件有相同要求的品种。绝不分允许将不同种类、不同品种的水果或蔬菜混放在同一间贮藏室内，以免释放的乙烯及其它有害气体影响贮藏品质。

果蔬入库时不宜一次装载完毕，因果蔬释放的田间热和呼吸热，加上库门长时间开放引入外界的大量热量，会使库温升高并使库温在很长时间降不下来，影响贮藏效果。因此，要求分批入库，每次入库量不应超过库容总量的 20%，库温上升不应超过 3℃。对已经通过预冷处理的果蔬，可以酌情增加每次的入库数量。以苹果入库为例，如果贮藏室的温度达到 7℃ 时，即应停止入库，待温度降低后再继续入库。入库时机房应正常运转，送冷降温。

合理堆码，以利气体流通。要达到均匀降温的目的，在产品与墙壁和产品与地坪间需留出 20～30cm 的空气通道，在产品与库顶之间所留空间一般应在 80cm 以上（视库容大小和结构而定）。此外，在产品的垛与垛之间也应留出一定的间隙，以利通风降温。堆垛的方向应与空气流通方向一致。如果库房体积不大，也可以不分垛。库内还应留有适当宽度的通道，以利工作人员和载重车出入。因蒸发器附近的温度过低时常会产生低温伤害，堆码时要距蒸发器一定的距离。堆码时除留出必要的通风和通道之外，应尽可能地将库内装满，减少库内气体的自由空间，从而加快气调速度，缩短气调时间，使果蔬在尽可能短的时间内进入气调贮藏状态。

③ 温度的管理　气调贮藏期间温度的管理与机械冷藏相同。果品在入库前应先预冷，以散去田间热。入贮封库后的 2～3 天内应将库温降至最佳贮温范围之内，并始终保持这一

温度，避免产生温度波动。

④ 湿度管理　为了延缓产品由于失水而造成的变软和萎蔫，除核果、干果、洋葱等少数品种外，大部分易腐果蔬产品贮藏的相对湿度以保持在 $85\%\sim95\%$ 为好。气调贮藏中推荐的相对湿度应以既可防止失水又不利于微生物的生长为度。

要想保持气调库中适当的相对湿度，必须有良好的防潮层，避免渗漏。同时，蒸发器必须有足够的冷却面积，使蒸发器与产品之间的温差尽可能缩小。因此，只有在机械制冷的精确控制之下，才能保持较高的相对湿度。当蒸发器表面与库温温差加大时，相对湿度值就会下降。另一个保持湿度的方法是采用夹套库或薄膜大帐，这种结构和成本比普通库要高，操作也比较麻烦，但在商业上仍不失为一个良好的保湿途径。当然，塑料薄膜小包装或在库内加水增湿也不乏用处。在气调贮藏中增湿的另一个方法是设置加湿器，该设备有离心式、超声波式等结构，但目前用的较多的是超声波加湿器，它利用高频振荡原理将水雾化，然后送入库内增加空气湿度。

相对湿度管理的重点是管好加湿器及其监测系统。贮藏实践表明，加湿器以在入贮一周之后打开为宜，开动过早会增加鲜果霉烂数量，启动过晚则会导致水果失水，影响贮藏效果，开启程度和每天开机时间的长短，则视监测结果而定，一般以保证鲜果没有明显的失水同时又不致引起染菌发霉为宜。

现代化的气调库由于气密材料能气密隔热防潮，气调库长期处于密闭状态，一般不进行通风换气，能保持库内较高的湿度，有时还会出现相对湿度偏高的现象。如果出现高湿情况，则要除湿，除湿最简单的方法是通风，或用吸湿剂如 CaO 吸收水分。

⑤ 气体成分管理　气调贮藏的核心是气体成分的调节。根据产品的生物学特性、温度与湿度的要求决定气调的气体组分后，采用相应的方法进行调节，使气体指标在尽可能短的时间内达到规定的要求，并且在整个贮藏过程中维持在合理的范围内。

a. 快速制氮降氧运行　在进库果蔬达到设计贮藏量且冷却至最适贮藏温度后，应迅速封库制氮降氧，使果蔬尽早进入气调贮藏状态。若库内形成规定的气调浓度所用时间拖长，会影响果蔬的贮藏期。考虑到在降氧的同时也应使二氧化碳的浓度尽快升高到所规定的浓度，以及库内二氧化碳浓度的升高要依靠果蔬的呼吸，所以在封库降氧时，通常将库内空气的氧含量从 21% 快速降到比所规定的氧浓度高出 $2\%\sim3\%$，再利用果蔬的呼吸来消耗这部分过量的氧气，同时做好运行记录。利用气调设备快速降氧时，应根据果蔬入库的先后顺序，降好一间再降另一间，不必等到所有库房全部装完后再降，否则会引起入库早的果蔬降氧延误。

另一种调节气体成分的方法是采用将不同气体按配比指标要求人工预先混合配制好后通过管道分批输送入气调库，从贮藏库输出的气体经处理调整成分后再重新输入分配管道注入气调库，形成气体的循环。运用这种方法调节气体成分时，指标平稳、操作简单、效果好。

b. 二氧化碳的脱除　当库内气体中的二氧化碳的浓度比规定值高出 $0.5\%\sim1.0\%$ 时，可用二氧化碳脱除机或碳分子筛制氮机，使库内气体中的二氧化碳浓度降至所需求的范围内。

c. 氧气的补充　气调库中贮藏的果蔬呼吸时会消耗氧气，使库内气体中的氧浓度降低，当库内气体中的氧浓度低于允许范围的下限时，应采取通风换气（如开启气调门中间的小门），向库内输入部分新鲜空气的方法；或者利用气调系统中的补空气管向库内输送空气。

d. 稳定运行　气调库内形成规定的气调工况后，便可认为进入了稳定状态。但由于库内果蔬的呼吸、库房的气密性等因素的影响，库内形成的气调工况不可能绝对地保持稳定，这个阶段的主要任务就是使气调库在允许的范围内相对处于稳定状态。

按照气调贮藏技术的要求，温度波动的范围应控制在 $\pm 0.5℃$ 以内，氧气、二氧化碳的浓度最好能控制在 $\pm 0.3℃$ 的允许波动范围内，乙烯浓度控制在允许值以下，相对湿度应保持在 $85\%\sim95\%$ 之间。

e. 气体成分分析和校正　各个气调间应装有两处取样的地方，一处供日常测试取样，另一处供校核纠正用。对气调库中的气体成分每天最少应检测一次，每星期最少应校正一次，每年对气调系统所有管线至少要做一次压力测试。气调库运行前和运行期间，测氧仪和二氧化碳检测仪应经常进行校核（如用奥氏气体分析仪），确保使用仪器的测试准确度，避免因检测失误而造成的损失。

⑥ 质量检测　从产品入库到出库，始终做好贮藏产品的质量检测是非常重要的。保持气调贮藏参数的基本稳定，仅仅是为产品创造了一个良好的外部贮藏条件，质量检测必不可少。在气调贮藏期，除了经常从气调门上的观察窗，用肉眼观察产品的外在变化、从取样孔取出样品检测外，还应定期进库检查。在气调库贮藏的初期，每月进库检查一次；取样检查时，应将产品切开，以便了解产品内部的变化。并将一部分样品放置于常温条件下，了解产品的变化情况。根据检测的数据调整贮藏期限，并不断地总结以丰富气调贮藏的经验。

除了产品质量安全性外，工作人员的安全性不可忽视，由于气调库的气体浓度对人的生命安全是有危险的，氧气浓度越低危险越大。因此，工作人员应在有安全保证的情况下进入库内，平时气调库应上锁以保证人员安全。

⑦ 出库　在果蔬等鲜活产品出库之前，首先要解除库内的气调环境，移动气调库密封门交换库内外的空气，待氧含量回升到 $18\%\sim20\%$ 时，有关人员才能进库。气调果蔬最好一次性尽快出库，如果一次发运不完，也应分批出库。在销售期间仍应保持冷藏要求的低温高湿度条件，直至货物出库完毕才能停机。因货物出库期间人员和货物频繁地进出库房，使库温波动加剧，此时更应经常开启密封门，使库内外空气交流。在密封门关闭的情况下，容易产生内外压力不平衡，将会威胁到库体围护结构的安全性。

(7) 气调库的分类　按库内气体调节的方式不同，可分为两类。

① 普通气调库　是 20 世纪 60 年代以前普遍采用的形式。主要依靠产品自身呼吸来调节气体成分，用送风机和二氧化碳洗涤器来控制浓度。特点：速度慢、库气密性要求高，不宜贮藏期出库或观察，适宜整进整出产品，费周低。

② 机械气调库　又分为两类，一类是充气式气调库，利用氮气发生器产生一定浓度的氧和二氧化碳，持续地送入库内。此法速度快，气密性要求不太高，贮藏期可以观察和出入，费用最高。另一类是再循环式气调库，在充气式的基础上发展起来的。该库主要特点是将库内的气体通过循环式气体发生器处理，去掉其中的氧，然后再输入库内。此法速度快，气密性要求高，贮藏期可随时出库或观察。

二、减压贮藏

减压贮藏即在一定的减压状况下进行果品贮藏。减压贮藏的原理是降低贮藏环境的气压，使空气中各种气体组分的分压都相应地降低，实际上创造了一个低氧气分压的条件，从而起到类似于气调贮藏的作用。通常的贮藏是在常压下，即一个大气压或 760mmHg（1mmHg=133.322Pa）的压力下贮藏，减压贮藏则是在不到一个大气压的情况下贮藏。对于果蔬而言，减压处理能够促进产品组织的气体成分向外扩散，这是减压贮藏最重要的作用。减压处理不仅大大加速组织内乙烯、乙醛、乙醇及其挥发性芳香物质向体外的扩散，延缓产品的后熟与衰老进程，还有防止组织软化和色变，减轻冷害和一些贮藏生理病害的作用。例如苹果在减压下贮藏，果肉硬度与果酸保持较好，生理性病害的发生受到抑制。

减压贮藏的优点是十分明显的，但其实用性还欠佳。因为要维持库内 0.1 个大气压，就要有相应的设备与建筑条件。如库壁用钢筋水泥墙，其厚度至少在 30cm 以上，建筑费用颇高，同时耗能大，设备昂贵，维修保养费较多。国内关于减压贮藏技术在食用菌贮藏保鲜上的研究报道较少，而且由于其技术要求较高，该技术目前还处于试验阶段。现在比较容易推广的减压贮藏法是用塑料薄膜进行果品小包装，扎紧口袋，在袋上装气嘴抽气，使薄膜紧贴果面，试验表明贮藏效果较好。

三、动态气调贮藏

考虑到在采后，果实从不完全成熟到成熟、衰老的不同阶段对 O_2 和 CO_2 的要求不同，在不同贮藏阶段给予果实不同的 O_2 和 CO_2 含量，以使贮藏效果更好。动态气调贮藏是指在不同的贮藏时期控制不同的气体指标，以适应果实从健康向衰老不断变化的过程中对气体成分适应性也在不断变化的特点，从而得到有效的延缓代谢过程、保持更好的食用品质的效果。随贮藏时间的延长，逐步提高贮藏环境中 CO_2 含量可保持较高的果实硬度和含酸量，降低呼吸强度，减少各种损耗。

四、双变气调贮藏

双变气调贮藏是通过对我国的薄膜气调贮藏经验进行总结和深入研究，在 1990 年前后提出的一种气调贮藏方法。其核心内容是气调具有某种程度的降温效应，通过用高 CO_2 气调部分地替代降温作用，贮藏初期温度可以是 $10\sim15\,^\circ\!\mathrm{C}$；此后随着温度降低，气调处理的 CO_2 浓度也随之降低。

在总结我国北方农村各地简易气调贮藏基础上，我国提出"双变气调贮藏"这一不同于传统气调的理论，并在苹果贮藏的实际推广应用中取得了良好的效果。双变气调技术是在贮藏初期利用较高的自然温度与果实本身呼吸作用迅速建立起的高 CO_2（10%～15%）和低 O_2 条件。这样，高 CO_2 代替低 O_2，不需预冷，在较高温度下，可克服或削弱 CO_2 对果实的伤害，发挥出 CO_2 对成熟、衰老的抑制作用。同时，贮藏期间随温度的下降，利用薄膜或硅窗橡胶的透气性控制 CO_2 浓度相应下降，形成温度、CO_2 双因子（双相）变动。双变气调贮藏效果优于冷藏，与标准气调接近，且节约大量设备、投资、能耗，经济效益显著，适合我国国情。

五、地下贮藏

我国地下贮藏粮食历史悠久，几千年前，人们就用口小底大的袋状地窖贮粮。特别是新中国成立以来，由于国家贮粮任务大，地上房式仓仍不能满足需要，逐渐推行地下仓库。如今河南、山东、江苏、云南、吉林等省都建有地下粮仓。四川重庆还利用人防洞贮藏粮食，都取得了良好的效果。在国外，中东地区在几百年前就利用地窖贮藏粮食。在地中海附近一些地区，粮食地下贮藏也颇盛行。特别是阿根廷在二战期间建立的第一座现代化地下粮仓，其规模、形式、结构与原始地窖完全不同。尽管当地的气温高、湿度大，所贮小麦、玉米经过七年仍情况良好，此后许多国家纷纷相仿，建造地下粮仓。

1. 地下粮仓的性能

（1）温度低而稳定 地下仓温度变化与地上仓不同。地上仓是气温影响仓温，仓温影响粮温；地下仓则为气温影响地温，地温影响仓温，仓温影响粮温。地温的变化随地层深度而不同。地下仓越深，地温年变幅越小。因此地下仓以深些为宜。据测温记录，7m深的地下仓，其粮温还有一定幅度的年变化，12m深的地下仓，全年处于基本稳定状态。

（2）湿度的变化 一般说，地下仓湿度往往偏高。但如果防潮结构良好，即可保持仓内干燥。除此之外，在管理方面，与仓内湿度增高关系很大。即不应经常开仓，更要注意开仓时仓内外的温差。因为地下仓在夏季仓温比气温低，冬季仓温比气温高，而且温差很大，夏季开仓时，仓外高温、高湿空气进入仓内，或者冬季开仓时，仓外低温空气进入仓内，都可能导致堆面或仓壁结露，增加粮食水分。因此在温差过大时不宜开仓，应经常保持密闭，以使仓内湿度稳定。

（3）防虫效果好 水分为11%~13%的小麦贮入地下粮仓，两周之后仓内CO_2浓度增至15%，以后逐渐增至20%，而O_2含量则相应减少；贮藏一个月后，足以杀死成虫；四个月后就可杀死所有虫期的害虫，包括虫卵。

（4）粮食品质良好 地下仓处于低温低氧环境，粮食生命活动减低，干物质损失较少。特别是生活力的保持，远比地上仓库贮藏效果好。据报道，地下贮藏六七年的小麦、玉米、大豆，其发芽率皆在90%以上；而在地上仓库经过两年贮藏，其发芽率大为减少，基本上不能作种用。

2. 地下仓的形式

地下仓的形式多种多样，依其埋设情况可分为三种（图3-2）。

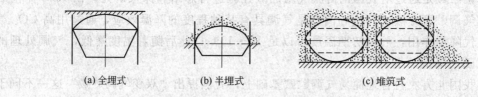

(a) 全埋式　　　(b) 半埋式　　　　　(c) 堆筑式

图3-2 地下仓按埋设情况分类

（1）全埋式 其全部工程处在地平线以下，仓顶盖土的表面与地平线相近或接近。

（2）半埋式 即部分仓体处于地平线一下，部分处于地平线以上。

（3）堆筑式 即在地平线以上堆筑而成，实际是不在地下挖筑的，因其性能近于地下仓，而不同于一般地上仓，故列为地下仓的一种形式。

以其形状分，又可分为平式、竖筒式、喇叭式。

（1）平式仓 也称窑洞式，基本上类似民间窑洞和人防洞，下部两侧砌直墙，上部做成

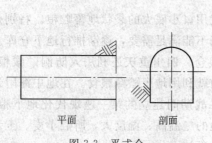

平面　　　　剖面

图3-3 平式仓

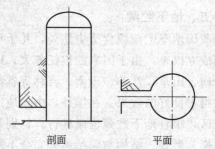

剖面　　　　平面

图3-4 竖筒式仓

圆拱。见图 3-3。

（2）竖筒式仓　即将平式仓立起来，上设入粮口，下设平筒及出仓口，仓顶为钢筋混凝土球面壳，用砖砌筒壁，下部砌一块半砖厚，上部砌半砖厚。见图 3-4。

（3）喇叭式仓　也成地下土圆仓。直径上部大，下部逐渐减小，筒壁有一定坡度，形同喇叭。仓的底部有斜底、平底、锥形底、盆底，见图 3-5。此为目前地下仓较好的形式。

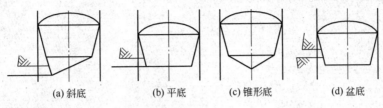

(a) 斜底　　　(b) 平底　　　(c) 锥形底　　　(d) 盆底

图 3-5　喇叭式仓

3. 地下仓的管理

（1）干仓进粮　地下仓为空仓时，也应严格密闭，保持仓内低温、低湿。如果仓内湿度大，粮食入仓前必须对空仓进行文火烘烤，使仓内水气和仓壁干砖吸收的水分散发出去，然后进粮。烘烤温度不宜超过 30℃，过高易使沥青软化，导致防潮层脱落。

（2）干粮进仓　粮食水分应在安全水分以下，越干越好，而且粮食应冷凉之后进仓。新收粮食，须通过后熟之后进仓。

（3）粮面覆盖　地下仓如果没有装满粮食，粮面要覆盖，否则仓内空间太大，上层粮食容易返潮。粮食装满仓时，仓内空间很小，可以不覆盖。覆盖物可用席子、草苫或塑料膜。受潮时可以取出晒干再用。

（4）粮情检查　粮食处于低温、低湿情况下，可不必经常开仓检查，以免开仓导致结露。一个月、三个月甚至半年检查一次均可。开仓检查时，应选择仓内温差小时进行。进仓时务必谨慎，以防中毒。因为密封的地下仓内 CO_2 浓度可能相当高。检查部位以表层、靠仓壁以及覆盖物交接处为重点。

（5）仓外管理　必须保证仓顶排水良好，任何时候都不能积水。仓顶如果不是水泥而是一般泥土堆成，尤须注意蚁洞、鼠洞，经常查看。仓顶不能有深粗根的草木生长。

【复习思考题】

1. 简述气调贮藏的原理。
2. 影响气调贮藏保鲜效果的因素是什么？
3. 气调贮藏的一般方法有哪些？
4. 气调库管理应注意哪些方面的问题？
5. 简述气调贮藏对果蔬采后生理的影响。
6. 为什么要对气调冷藏库进行气密性测试？
7. 气调库的气调设备有哪些？其应用原理是什么？
8. 为什么利用硅窗进行果蔬贮藏的效果比一般气调方法效果要好？
9. 使用塑料薄膜大帐贮藏法须注意哪些问题？
10. 在进行地下贮藏时什么时候不宜开仓，为什么？

【参考文献】

[1]　路茜玉. 粮油贮藏学. 北京：中国财经出版社，1999.

[2] 沈月新. 食品保鲜贮藏手册. 上海：上海科学技术出版社，2006.

[3] 曾庆孝. 食品加工与保藏原理. 北京：中国农业出版社，1993.

[4] 张有林. 果品贮藏保鲜技术. 北京：中国轻工业出版社，2000.

[5] 周山涛. 果蔬贮运学. 北京：化学工业出版社，1998.

[6] 张平真. 蔬菜贮运保鲜及加工. 北京：中国农业出版社，2002.

[7] 崔成东等. 实用果蔬保鲜与加工技术. 哈尔滨：黑龙江科学技术出版社，2004.

[8] 林海. 果品的贮藏与保鲜. 北京：金盾出版社，2001.

第四章　食品低温保藏

学习目标

　　1. 掌握低温对酶活性的影响；掌握影响微生物低温下活性降低的影响因素。

　　2. 掌握食品在冷藏过程中发生的变化及冷藏食品回热的目的。

　　3. 掌握冷冻食品加工前的原料选择和预处理方法、常用包装材料的性质及常用的解冻处理方法。

　　4. 了解冷冻干燥的原理及冻干食品的干燥工艺处理。

　　5. 掌握冷藏库围护及冷藏库中设备的工作原理。

　　6. 掌握冷藏运输设备、冷藏销售设备的类型及特点。

第一节　低温防腐的基本原理

　　食品腐败变质最主要的因素是微生物和酶的作用。微生物来自食品外部，酶主要来自食品内部。食品低温保藏就是从这两个主要方面起作用的。

一、低温对酶活性的影响

　　酶是一种具有催化活性的蛋白质，又是一种扩散的胶体。它能促使化学变化的发生而不消耗它自身。酶也具有蛋白质的一般特性，即具有高分子量、两性电解质、不耐热等。

　　任何一种酶都有一定的最适温度范围，在这种适宜的温度范围内，酶可呈现最大的活性。在室温下，温度每增高 $10℃$ 时，酶的活性便可增加一倍，这样一直继续到 $40\sim50℃$，如再继续加热，酶的活性会显著地下降，通常在 $80\sim100℃$ 时，酶的催化性质会完全消失。因此，温度对酶的活性影响很大，高温可导致酶的活性丧失，低温处理虽然会使酶的活性下降，但不会完全丧失。一般来说，温度降低到 $-18℃$ 才能比较有效地抑制酶的活性，但温度回升后酶的活性会重新恢复，甚至较降温处理前的活性还高，从而加速果蔬的变质。故对于低温处理的果蔬往往需要在低温处理前进行灭酶处理，以防止果蔬质量降低。

　　食品中酶的活性的温度系数（Q_{10}），大约为 $2\sim3$，其含义是温度每降低 $10℃$，酶的活性会降低至原来的 $1/3\sim1/2$。不同来源酶的温度特性有一定的差异，来自动物（尤其是温血动物）性食品中的酶，酶活性的最适温度较高，温度降低对酶的活性影响较大，而来自植物（特别是在低温环境下生长的植物）性食品的酶，其活性的最适温度较低，低温对酶的影响较小。

二、低温对微生物的影响

　　腐败微生物广泛散布于自然界中，它们常通过空气、水、土壤、手、器皿和设备等渠道进入肉、蛋、鱼、乳、果、蔬等原料和制品。从微生物生长的角度看，不同的微生物有一定的温度习性。一般而言，温度降低时，微生物的生长速率降低，当温度降低到 $-10℃$ 时，大多数微生物会停止繁殖，部分出现死亡，只有少数微生物可缓慢生长。

　　冷冻时低温抑制微生物生长繁殖的原因主要是：低温导致微生物体内代谢酶的活力下

降，各种生化反应速率下降；低温还导致微生物细胞内的原生质浓度增加，影响新陈代谢；低温导致微生物细胞内外的水分冻结形成冰结晶，冰结晶会对微生物细胞产生机械刺伤，而且由于部分水分的结晶也会导致生物细胞内的原生质浓度增加，使其中的部分蛋白质变性，而引起细胞丧失活性，这种现象对于含水量大的营养细胞在缓慢冻结条件下容易发生。但冻结引起微生物死亡仍有不同说法。

影响微生物低温下活性降低的因素有以下几点：①温度：温度愈低对微生物的抑制愈显著，在冻结点以下温度愈低水分活性愈低，其对微生物的抑制作用愈明显，但低温对芽孢的活力影响较小。②降温速率：在冻结点之上，降温速率愈快，微生物适应件越差；水分开始冻结后，降温的速率会影响水分形成冰结晶的大小，降温的速率慢，形成的冰结晶大，对微生物细胞的损伤大。③水分存在状态：结合水多，水分不易冻结，形成的冰结晶小而且少，对细胞的损伤小。④食品的成分：pH值愈低，对微生物的抑制越强。食品中一定浓度的糖、酸、蛋白质、脂肪等对微生物有保护作用，使温度对微生物的影响减弱。此外贮藏过程的温度变化也会影响微生物在低温下的活性，温度变化频率大，微生物受破坏速度快。

三、低温对其它变质因素的影响

1. 蛋白质

食物中的蛋白质是很不稳定的，它是同时具有酸性又具有碱性的两性物质。蛋白质的水溶液温度在$52\sim54℃$之间时，具有胶体性质，是胶体状溶液。如果温度降低冷冻时，蛋白质则从溶液中结块沉淀，成为变性蛋白质。蛋白质的沉淀作用可分为可逆性和不可逆性两种。

可逆性沉淀：碱金属和碱土金属的盐（如Na_2SO_4、$NaCl$、$MgSO_4$等）能使蛋白质从水溶液中沉淀析出，其原因主要是这些无机盐夺去了蛋白质分子外层的水化膜。被盐析出来的蛋白质保持原来的结构和性质，用水处理后又复溶解。在一定条件下，食品冷加工后所引起的蛋白质的变化是可逆性的。

不可逆性沉淀（又称为变性作用）：在许多情况下，由于各种物理和化学因素的影响，致使蛋白质溶液凝固而变成不能再溶解的沉淀，这种过程称为变性。这样的蛋白质称为变性蛋白质，变性蛋白质不能恢复为原来的蛋白质，所以是不可逆的，并失去了生理活性。

总之，蛋白质的变性在最初阶段是可逆的，但在可逆阶段后即进入不可逆变性阶段。酶也是一种蛋白质，当其变性时即失去活性。

2. 淀粉

普通淀粉大致由20％的直链淀粉和80％的支链淀粉构成，这两种成分形成微小的结晶，这种结晶的淀粉叫β-淀粉。淀粉在适当温度下，在水中溶胀分裂形成均匀的糊状溶液，这种作用叫糊化作用。糊化的淀粉又称为α-淀粉。食品中的淀粉是以α-淀粉的形式存在的。但是在接近0℃的低温范围内，糊化了的α-淀粉分子又自动排列成序，形成致密的高度晶化的不溶性淀粉分子，迅速出现了淀粉的β化，这就是淀粉的老化。老化的淀粉不易为淀粉酶作用，所以也不易被人体消化吸收。水分含量在30％～60％的淀粉容易老化，含水量在10％以下的干燥状态及在大量水中的淀粉都不易老化。

淀粉老化作用的最适温度是2～4℃。当贮存温度低于一20℃或高于60℃时，均不会发生淀粉老化现象。因为低于一20℃时，淀粉分子间的水分急速冻结，形成了冰结晶，阻碍了淀粉分子间的相互靠近而不能形成氢键，所以不会发生淀粉老化的现象。

第二节 食品冷藏

一、冷藏工艺

冷藏食品因种类不同，所采用的工艺有所不同。现以水果、蔬菜为例介绍食品的冷藏工艺。

1. 采收、分级和包袋

(1) 采收 果蔬采收的工作直接影响到原料的品质和运输、贮藏等环节。为了保证冷加工产品质量，果蔬要达到最适宜的成熟度方可采收。果实的成熟过程大体可分为绿熟、坚熟、软熟和过熟四期。绿熟期果实已充分长成，但尚未显出色彩，仍为绿色（绿色品种除外），果肉硬，缺乏香味和风味，肉质坚密而不软。适于贮藏、运输和加工。

到了软熟期，果实色、香、味已充分表现，肉质变软，适于食用和加工，但不宜贮藏和运输。过熟的果实，组织细胞解体，失去食用和加工价值。蔬菜一般以幼嫩为好，果菜类宜在坚熟和软熟期采收，土豆和洋葱则宜在充分长成后再采收。有后熟能力的果蔬，如苹果、梨、柑橘、番茄等可在成熟度七八成时采收，香蕉可更早一些。

(2) 分级 果蔬分级的主要目的是使之达到商品标准化。制定果蔬商品标准应从国家的整体利益出发，同时也要考虑生产者和消费者的实际要求，并以现有的生产技术水平为基础，使分级标准在经济和技术上发挥积极作用。果蔬的分级办法有两种，即品质分级与大小分级。

(3) 包装 包装的好坏与果蔬的运输和销售、减少损耗、保持新鲜、延长贮存期有着密切关系。目前，应特别重视包装的改进，以利于国际市场上的竞争力。果蔬的包装容器多用纸箱和木箱等，这类容器比较坚固耐压，容量固定，适于长途运输。

所有包装容器内最好有衬纸，以减少果蔬的擦伤。果实装入容器时要仔细排列，使互相紧挨着，不晃动也不挤压。对于苹果、梨等包装处理，在寒冷地区运输时还有防冻作用。填充物应干燥、不吸水、无臭气、质轻，如纸条、锯屑、刨花等均可。

总之，果蔬的包装应符合科学、经济、牢固、美观、适销的原则。

2. 入库前的准备工作和合理堆码

对于长期保藏的果蔬，应在产地进行冷却，充分散发"田间热"，并在冷却状态下运到冷库冷藏。实践证明，果蔬在采收后冷却得愈快，则后熟作用和病害发展过程愈慢。在我国北方地区，昼夜温差很大，可采取自然冷却方法，即将采收后的果蔬堆放在田间、村下或临时搭盖的栅内，利用夜间冷空气冷却降温。

目前，大都不在产地冷却，而是将果蔬包装后直接运往冷库进行冷却和冷藏。这就要求在果蔬入库前要进行抽验整理工作，剔除那些不能长期贮藏的果蔬。经过挑选，质量好的水果如要长期冷藏，应逐个用纸包裹，然后装箱、装筐。果蔬不论是箱装还是筐装，最好采用"骑缝式"或"并列式"（每层垫木条）的堆垛方式。在冷藏的过程中，还应经常对果蔬质量进行检查，从冷藏间内各个不同部位抽验，对不能继续进行冷藏的果蔬应及时剔除，以防止大批腐烂。

3. 贮藏温度和湿度

(1) 贮藏温度 降低冷藏温度，能使果蔬的呼吸作用、水分蒸发作用减弱，营养成分的消耗降低，微生物的繁殖数目减少，可使果蔬的贮藏期延长。一般来说，果蔬的冷藏温度在

0℃左右，但由于果蔬的种类、品种不同，对低温的适应能力也是各不相同的。就水果来讲，生长在南方或是夏季成熟的水果，适宜较高温度贮藏，不适当的低温易产生生理病害。因此，果蔬的冷却贮藏应根据不同品种控制其最适贮藏温度。

（2）贮藏湿度　果蔬中含有大量的水分，这是维持其生命活动和保持其新鲜品质的必要条件。果蔬在贮藏过程中逐渐蒸发失水，一般来说如果质量损失达到 5％，新鲜度就会明显地下降。果蔬水分蒸发量主要取决于贮藏的条件，其中湿度条件与蒸发作用关系甚大。湿度过高可减少水分的蒸发，但微生物繁殖旺盛，果蔬容易腐烂；湿度过低虽然微生物的危害小，但会造成因干燥而引起质量下降。所以在果蔬贮藏时，不仅要保持最适温度，同时要保持最适湿度。

4. 变温贮藏

为了提高贮藏质量，减少果蔬在冷藏过程中发生生理病害的可能，在贮藏中对某些品种采用变温贮藏的方法来防止。例如鸭梨采收后直接放入 0℃冷库迅速降温，易发生黑心病，黑心病率达 40.7％左右。如果将鸭梨先放在 15℃的库内预藏 10 天左右，再在 6℃温度条件下贮藏一段时间，然后每隔半个月降低 1℃，一直降到 0℃贮藏。结果表明，采用上述逐步降温的方法，对防止鸭梨黑心病的发生有良好的效果。

5. 通风换气

果蔬的贮藏环境中若氧供应量不足，或果实本身衰老，对贮藏环境不适应时就进行缺氧呼吸。缺氧呼吸时除产生二氧化碳外，还产生乙醇、乙醛等中间产物，这些中间产物在果蔬中积累达到一定程度，便会引起果蔬细胞中毒，造成生理病害，加速果蔬的衰老和死亡。因此，果蔬在贮藏中，过多地进行缺氧呼吸是极为不利的。在贮藏果蔬的冷库内，一般都装有换新鲜空气的管道，及时地把冷库中过量的二氧化碳气体排出，换进适量的新鲜空气、但果蔬冷库的通风量因品种不同而异，如柑橘的通风换气量推荐值为 $1.6m^3/(h \cdot t)$，洋山芋为 $1m^3/(h \cdot t)$。

6. 异味的控制

异味的控制一般多用通风、活性炭吸附和空气洗涤等方法，这些是最常用的。用活性炭除去异味时，应用专门加工的高性能活性炭。因为活性炭最易吸附有机物气体和高相对分子质量的蒸气，它与极性吸附剂硅胶不同，它与水分没有特殊的亲和力。活性炭除异味时的需要量应按污染的程度和异味气体的浓度来确定，一般 1kg 活性炭可供净化 $6 \sim 30m^3$ 的冷藏间使用一年。去除异味的其它方法是用臭氧，但臭氧的效果仍存在争议。另外，还有的推荐用二氧化硫、雾化次氯酸钠水溶液或醋酸水溶液等，清洗除去冷藏间的地坪和设备上的臭味。

7. 出库前的升温

果蔬从冷库中直接取出，表面常常会结露，尤其是夏天，结露的量更多，俗称"发汗"。再加上有较大温差，会促使果蔬呼吸作用大大加强，很容易使果蔬变软和腐烂。同时某些包装材料，如纸板箱也可能受凝结水的损害。因此为了防止结露，果蔬在出库前要进行升温。果蔬在升温时，空气温度应比果蔬温度高 $2 \sim 3.5℃$，相对湿度在 75％～80％，当果蔬温度上升到与外界气温相差 $3 \sim 5℃$时才能出库。

二、食品在冷藏过程中的质量变化

食品在冷藏时，虽然温度较低，但还是会发生一系列的变化。所有的变化中，除肉类在冷却过程中的成熟作用外，其它变化均会使食品的品质下降。

1. 水分蒸发

食品在冷却时，不仅食品的温度下降，而且食品中汁液的浓度会有所增加，食品表面水分蒸发，出现干燥现象。当食品中的水分减少后，不但含造成质量损失（俗称干耗），而且使植物性食品失去新鲜饱满的外观，当减重达到 5％时，水果、蔬菜会出现明显的凋萎现象。肉类食品在冷却贮藏中也会因水分蒸发而发生干耗，同时肉的表面收缩、硬化，形成干燥皮膜，肉色也有变化。鸡蛋在冷却贮藏中，因水分蒸发而造成气室增大，使蛋内组织挤压在一起而造成质量下降。

为了减少水果、蔬菜类食品冷却时的水分蒸发量，要根据它们各自的水分蒸发特性，控制其适宜的湿度、温度及风速。

2. 冷害

在冷却贮藏时，有些水果、蔬菜的品温虽然在冻结点以上，当贮藏温度低于某一界限温度时，果蔬正常的生理机能遇到障碍，失去平衡，这种现象称为冷害。冷害症状随品种的不同而各不相同，最明显的症状是表皮出现软化斑点和核周围肉质变色，像西瓜表面凹进、鸭梨黑心病、马铃薯发甜等。

另有一些水果、蔬菜，在外观上看不出冷害的症状，但冷藏后再放到常温中，就丧失了正常的促进成熟作用的能力，这也是冷害的一种。例如香蕉，如放入低于 11.7℃的冷藏室内一段时间，拿出冷藏室后表皮变黑成腐烂状，俗称"见风黑"。而生香蕉的成熟作用能力则已完全失去。一般来讲，产地在热带、亚热带的果蔬容易发生冷害。

应当强调指出，需要在低于界限温度的环境中放置一段时间冷害才能显现，症状出现最早的品种是香蕉，像黄瓜、茄子一般则需要 10～14 天的时间。

3. 移臭（串味）

有强烈香味或臭味的食品，与其它食品放在一起冷却贮藏，这香味或臭味就会传给其它食品。例如洋葱与苹果放在一起冷藏的臭味就会传到苹果上去。这样，食品原有的风味就会发生变化，使食品品质下降。有时，一间冷藏室内放过具有强烈气味的物质后，室内留下的强烈气味会传给接下来放入的食品。如放入洋葱后，虽然洋葱已出库，但其气味会传给随后放入的苹果。要避免上述这种情况，就要求在管理上做到专库专用，或在一种食品出库后严格消毒和除味。另外，冷藏库还具有一些特有的臭味，俗称冷藏臭，这种冷藏臭也会传给冷却食品。

4. 生理作用

水果、蔬菜在收获后仍是有生命的活体。为了运输和贮存的便利，果蔬一般在收获时尚未完全成熟，因此收获后还有个后熟过程。在冷藏过程中，水果、蔬菜的呼吸作用、后熟作用仍在继续进行，体内各种成分也不断发生变化。例如淀粉和糖的比例，糖、酸比，维生素C 的含量等，同时还可以看到颜色、硬度等的变化。

5. 成熟作用

刚屠宰的动物的肉是柔软的，并具有很高的持水性，经过一段时间放置后，就会进入僵硬阶段，此时肉质变得粗硬，持水性也大大降低。继续延长放置时间，肉就会进入解硬阶段，此时，肉质又变软，持水性也有所恢复。进一步放置，肉质就进一步柔软，口味、风味也有极大的改善，达到了最佳食用状态。

对于这一系列的变化，使肉类变得柔嫩，并具有特殊的鲜、香风味的变化过程称为肉的成熟。由于动物种类的不同，成熟作用的效果也不同。对猪、家禽等肉质原来就较柔嫩的品种来讲，成熟作用不十分重要。但对牛、绵羊、野禽等，肉的成熟作用就十分重要，它对肉质的软化与风味的增加有显著的效果，提高了它们的商品价值。但是，必须指出的是，成熟作用如果过度，肉质就会进入腐败阶段。一旦进入腐败阶段，肉类的商品价值就会下降甚至失去。

6. 脂类的变化

冷藏过程中，食品中所含的油脂会发生水解、脂肪酸的氧化、聚合等复杂的变化，其反应生成的低级醛、酮类物质会使食品的风味变差、味道恶化，使食品出现变色、酸败、发黏等现象。这种变化非常严重时，就被人们称之为"油烧"。

7. 淀粉老化

淀粉老化作用的最适温度是 2～4℃。例如面包在冷藏时，淀粉迅速老化，味道就变得很不好吃。又如马铃薯放在冷藏陈列柜中贮存时，也会有淀粉老化的现象发生。

8. 微生物的增殖

食品中的微生物若按温度划分可分为低温细菌、中温细菌、高温细菌。在冷藏状态下，微生物特别是低温微生物的繁殖和分解作用并没有被充分抑制，只是速度变得缓慢了一些，其总量还是增加的，如时间较长，就会使食品发生腐败。

低温细菌的繁殖在 0℃ 以下变得缓慢，但如果要它们停止繁殖，一般来说温度要降到 −10℃ 以下，对于个别低温细菌，在 −40℃ 的低温下仍有繁殖现象。

9. 寒冷收缩

宰后的牛肉在短时间内快速冷却，肌肉会发生显著收缩现象，以后即使经过成熟过程，肉质也不会十分软化，这种现象叫寒冷收缩。一般来说，宰后 10h 内，肉温降低到 8℃ 以下，容易发生寒冷收缩现象。但这温度与时间并不固定，成牛与小牛，或者同一头牛的不同部位的肉都有差异，例如成牛肉温低于 8℃，而小牛则肉温低于 4℃ 易发生寒冷收缩现象。按照过去的概念，肉类宰杀后要迅速冷却，但近年来由于冷却肉的销售量不断扩大，为了避免寒冷收缩的发生，国际上正研究不引起寒冷收缩的冷却方法。

三、冷藏食品的回热

冷藏食品的回热就是在冷藏食品出冷藏室前，保证空气中的水分不会在冷藏食品表面冷凝的条件下，逐渐提高冷藏食品的温度，最后达到使其与外界空气温度相同的过程。实际上，回热就是冷却的逆过程。

如果冷藏食品不进行回热就让其出冷藏室，当冷藏食品的温度在外界空气的露点温度以下时，附有灰尘和微生物的水分就会冷凝在冷藏食品的冷表面上，使冷藏食品受到污染。冷藏食品的温度回升后，微生物特别是霉菌会迅速生长繁殖。同时由于食品温度的回升，食品内的生化反应加速，食品的品质会迅速下降甚至腐烂。当然，如果出冷藏室后的食品立即食用，则可免去回热处理。

为了保证回热过程中食品表面不会有冷凝水出现，最关键的问题是要求与冷藏食品的冷表面接触的空气的露点温度必须始终低于冷藏食品的表面温度。否则，食品表面就会有冷凝水出现。

在回热过程中，为了避免食品表面出现冷凝水，暖空气的相对湿度不宜过高；但为了减少回热过程中食品的干耗，暖空气的相对湿度也不宜过低。

为了避免回热过程中空气中的水分冷凝在食品表面，在实际应用时，当食品温度回升到比外界空气温度低 3～5℃ 时即可。

来氧化。

（3）耐水性　速冻食品的包装材料需防止水分渗透以减少干耗。但不透水的包装材料由于环境温度的改变，容易在材料上凝结雾珠，使透明度降低，故使用时需考虑环境温度。

（4）耐光性　放在超市冻藏陈列柜中的速冻包装食品经常受荧光灯照射，因此选用的包装材料及印刷颜料必须耐光，否则包装材料的色彩恶化会使其商品价值下降。

2. 冻制食品常用的包装材料

冻制食品的包装材料按用途可分为：内包装、中包装、外包装材料。内包装材料有聚乙烯、聚丙烯、聚乙烯与玻璃纸复合、聚酯复合、铝箔、聚乙烯与尼龙复合等。中包装材料有涂蜡质盒、塑料托盘等。外包装有瓦楞纸箱、耐水瓦楞纸箱等。按性质可分为：薄膜包装、硬塑包装和纸包装材料。

（1）薄膜包装材料（一般用于内包装）

对薄膜包装材料的要求：①耐低温，在$-30\sim-18℃$下必须保持弹性；②耐高温，能耐$100\sim110℃$的温度；③不移位性，材料的味不能移到食品上；④热封口性，易热封并有一定的密封强度；⑤不透气性，特别是氧气透过率要低；⑥透明性，能透过包装材料清晰地看清食品；⑦耐油性；⑧印刷性，易印刷，色彩能吸引顾客；⑨价格合适。

常用的薄膜包装材料：①聚乙烯（缩写PE），速冻食品大多用它包装，包装内冷冻雾气少，低温下有一定的柔软性；②聚丙烯（缩写PP），它防湿性好，气密性比聚乙烯稍高，耐低温性可达$-40℃$，与玻璃纸有同样的印刷效果，广泛用于食品包装；③聚酯（缩写PET），它耐热性好，适用于蒸煮袋装食品，易耐低温，但耐碱性较差，透气性适用于真空包装的食品。

（2）硬塑包装材料（一般用于制托盘或容器）

① 聚氯乙烯（缩写PVC），有硬质和半硬质两类，亦可制成薄膜。聚氯乙烯薄膜透气性好、成本低、透明度和光泽性都较好，但耐低温性差。聚氯乙烯分有毒和无毒两种，选用时须注意。

② 聚碳酸酯（缩写PC），耐低温性好，但耐水、油、酸、碱的性能较差。

③ 聚苯乙烯（缩写PS），为速冻食品包装中最常用的容器材料，能耐水、油和碱，且不会成为培养细菌的基质。

（3）纸包装材料　具有容易回收处理、耐低温性极好、印刷性好，包装加工容易（用手即可包成任意形状）、保护性好（被保护物有一定强度）、价格低、开封容易（内容物取出容易）、遮光性好等特点。但纸防潮性差、防气性差（即香气、臭气都能透过）、透明性差等缺点，目前在速冻食品中应用较少。

3. 速冻食品的特种包装

（1）充气包装　充气包装的顺序是抽气、充气。主要充入CO_2、N_2等气体。这些气体能防止冻肉的脂肪氧化和微生物繁殖。充入气体的种类与数量不同，取得的效果也不同。不管充入何种气体或混合气体，含氧量都应控制在0.5%以内。

（2）真空包装　真空包装是抽去袋内的空气，袋内由于氧气减少抑制了细菌繁殖，从而延长速冻食品的保质期。

四、冻制食品的贮藏条件

（1）速冻食品温度$\leqslant-18℃$。

（2）冻藏温度$\leqslant$（18±1）℃。

（3）空气流速为自然循环，为 $0.05\sim0.15\text{m/s}$。

（4）相对湿度≥95％。

（5）食品冻藏期限见表4-1。

表 4-1　冻制食品的冻藏期

食 品 种 类	冻藏期/月		
	－18℃	－25℃	－30℃
糖水桃、杏或樱桃（酸或甜）	12	18	24
柑橘类或其它浓缩汁	24	≥24	≥24
芦笋	15	≥24	≥24
花椰菜	15	24	≥24
芽甘蓝	15	24	≥24
胡萝卜	18	≥24	≥24
菜花	15	24	≥24
玉米棒	12	18	24
豌豆	18	≥24	≥24
油炸土豆	24	≥24	≥24
菠菜	18	≥24	≥24
牛肉白条	12	18	24
适烤的小牛肉、带骨小牛肉	9	10～12	12
适烤的牛肉、牛排（包装）	12	18	24
牛肉末（包装、未加盐）	10	≥12	≥12
小牛肉白条	9	12	24
小羊肉白条	9	12	24
适烤的小羊肉、带骨小羊肉	10	12	24
猪肉白条	6	12	15
适烤的猪肉，带骨猪肉	6	12	15
咸肠	2～4	6	12
猪油	9	12	12
去内脏的禽类、鸡和火鸡（包装）	12	24	24
可食用的内脏	6	9	12
小虾	6	12	12
小虾（真空包装）	12	15	18
鲜奶油	6	12	18
冰淇淋	6	12	18

五、冻制食品的解冻方法

解冻方法大致分为两种：一种是从外部借助对流换热进行解冻，如以空气、水进行加热解冻；另一种是在食品的内部加热解冻，如利用高频电和微波解冻。具体方法有如下几种。

1. 空气解冻

空气解冻又称为自然解冻，是一种最简便的解冻方法。该方法是依靠空气把热量传递给冻品，使冻品升温、解冻。空气解冻的速度取决于空气流速、空气温度以及食品与空气之间的温差等多种因素。此法多用于畜胴体的解冻。一般温度为 $14\sim15$℃，相对湿度为95％～98％，风速 2m/s 以下，风向有水平、垂直，或可换向送风。

2. 液体解冻

液体解冻的介质主要是水或稀的盐水，也是一种较广泛的解冻方法。液体解冻的速度比空气快得多，在流水中更快，如在水温 10℃、流速在 5.1m/s 的流水中解冻，其解冻速度是静止水的 $1.5\sim2$ 倍。

存在的问题有：食品中的可溶性物质流失；食品吸水后膨胀；被解冻水中的微生物污染等。因此，适用于鱼类、带皮的速冻水果、有包装的食品等。利用水解冻，可以采用静水解冻、流水解冻和喷淋解冻，水温一般不超过20℃。

3. 电解冻

电解冻包括不同频率的电解冻和高压静电解冻。不同频率的电解冻包括低频（50～60Hz）解冻、高频（1～50MHz）解冻和微波（915MHz或2450MHz）解冻。低频解冻是将冻结食品视为电阻，利用电流通过电阻时产生的焦耳热，使冰融化。由于冰结食品是电路中的一部分，因此，要求食品表面平整，内部成分均匀，否则会出现接触不良或局部过热现象。一般情况下，首先利用空气解冻或水解冻，使冻结食品表面温度升高到−10℃左右，然后再利用低频解冻。高压静电（电压5000～100000V，功率30～40W）强化解冻是一种有开发应用前景的解冻新技术。目前日本已用于肉类解冻上。据报道，在解冻质量和解冻时间上远优于空气解冻和水解冻，解冻后，肉的温度较低（约−3℃）；在解冻控制上和解冻生产量上又优于微波解冻和真空解冻。

4. 真空解冻

真空解冻是利用真空室中水蒸气在冻结食品表面凝结所放出的潜热解冻。它的优点是：①食品表面不受高温介质影响，而且解冻快；②解冻中减少或避免了食品的氧化变质；②食品解冻后汁液流失少。它的缺点是解冻食品外观不佳，且成本高。

5. 加压解冻

加压解冻是将解冻食品放入耐压的铁制容器内，通入压力为2～3kgf/cm² 的压缩空气，容器内温度为15～20℃，在加压容器内使空气流动，风速1～1.5m/s之间，由于压力和风速使表面的传热系数改善。缩短了解冻时间，如冻鱼的解冻速度为室温25℃时解冻速度的5倍。这是由于加压解冻时压力升高其冰点也升高，同时单位容器内的空气密度增大，提高了食品和空气的换热速度。因此，解冻速度比一般的空气解冻快。

第四节　食品冷冻干燥贮藏

一、冷冻干燥食品的特点

冷冻干燥是利用冰晶升华的原理，将已冻结的食品物料置于高真空度的条件下，使其中的水分从固态直接升华为气态，从而使食品干燥。冷冻干燥技术早期用于医药领域，目前，已成功运用于食品工业。冻干食品与其它方法干燥的食品相比具有以下特点。

1. 冻干食品的优点

（1）能保持食品组织结构、营养成分和风味物质基本不变，特别是生理活性成分保留率最高。

（2）外观不干裂、不收缩，维持食品原有的外形和色泽。

（3）产品无表面硬化，组织呈多孔海绵状，复水性能好，食用方便，浸泡即可复原。

（4）质量轻，耐保藏，对环境温度没有特别的要求，在避光和抽真空充氮包装时，常温条件下可保持2年左右，其贮存、销售等经常性费用远远低于非冻干食品。

2. 冻干食品的缺点

（1）冻干食品的生产需要一整套高真空设备和低温制冷设备，设备的投资费用较大。

（2）冷冻干燥的时间一般较长，要不停地供热，还要不停地抽真空，致使设备的操作费用较高。

二、冷冻干燥工艺

冻干食品的生产因原料的种类、状态及对产品要求的不同，所采用的工艺又有所不同。现以水果、蔬菜为例介绍冷冻干燥的工艺。

1. 果蔬冷冻干燥的工艺流程

2. 果蔬冷冻干燥的操作要点

（1）原料的选择 一般选取优质水果、蔬菜原料进行冷冻干燥，水果要达到食用成熟度，蔬菜以鲜嫩为佳。

（2）预处理 预处理是指升华干燥前的所有处理，原料预处理和常规的果蔬干燥及果蔬速冻制品生产过程的预处理大致相同，如需进行挑选、清洗、去皮、切分、烫漂、冷却等处理。清洗干净的水果、蔬菜根据食用的需要，可切成片、条、丝、块等形状，切片后物料的表面积增大，有利于干燥时水分的蒸发。水果一般不进行烫漂，而对于蔬菜原料，烫漂工艺是必须的，因为高温烫漂使酶被破坏，防止加工和贮藏时色变的发生，同时减少了原料中的含水量，降低干燥成本。另外，有些制品如胡萝卜粉、番茄粉、花椒粉、姜粉、大蒜粉等，可将原料经过粉碎、冻结或先冻结、后粉碎，然后冷冻干燥。

预冻结是把经前处理后的原料进行冷冻处理，它是冻干的重要工序。由于果蔬在冷冻过程中会发生一系列复杂的生物化学及物理化学变化，因此预冷冻的好坏将直接影响到冻干果蔬质量。冷冻过程中重点考虑的是被冻结物料的冻结速率对其质量和干燥时间的影响。速冻产生的冰晶较小，慢冻产生的冰晶较大；大的冰晶有利于升华，小的冰晶不利于升华；小的冰晶对细胞的影响较小，冰晶越小，干燥后越能反映出产品原来的组织结构和性能。但冻结速率高，所需的能耗也高。应综合考虑，选择一个最优的冻结速率，在保证冻干食品质量的同时，使所需的冷冻能耗最低。

烫漂的蔬菜或粉碎的蔬菜可采用自冻法将物料温度冻结到−30℃以下。水果一般采用预冻法进行冻结，这样，可保持水果的组织形态。

（3）升华干燥 升华干燥是冻干食品生产过程中的核心工艺。要控制好工艺条件。

① 装载量 干燥时冻干机的湿重装载量（即单位面积干燥板上被干燥的质量）是决定干燥时间的重要因素。被干燥食品的厚度也是影响干燥时间的因素。

冷冻干燥时，物料的干燥由外层向内层推进，因此，被干燥物料较厚时，需要较长的干燥时间。在实际干燥时，被干燥物料均被切成 15～30mm 的均一厚度。单位面积干燥板所应装载的物料量，应根据加热方式及干燥食品的各类而定。在采用工业化大规模装置进行干燥时，若干燥周期为 6～8h，则干燥板物料装载量为 5～15kg/m²。

② 干燥温度 冷冻干燥时为缩短干燥时间，必须有效地供给冰晶升华所需要的热量，因此设计出各种实用的加热方式。干燥温度必须是控制在以不引起被干燥物料中冰晶融解、已干燥部分不会因过热而引起热变性的范围内。因此，在单一加热方式中，干燥板的温度在升华旺盛的干燥初期应控制在 70～80℃，干燥中期在 60℃，干燥后期在 40～50℃。

③ 干燥终点的判断 干燥终点可用下列特征来判定：物料温度与加热板温度基本趋于一致并保持一段时间；泵组（或冷阱）真空计与干燥室真空计趋于一致，并保持一段时间；干燥室真空计冷阱温度基本上回复到设备空载时的指标并保持一段时间；对有大蝶阀的冻干

机，可关闭大蝶阀，真空机基本不下降或下降很少。以上四个判定依据，既可单独使用，亦可组合或联合使用。

（4）后处理　后处理包括卸料、半成品分拣、压缩等工序。

卸料首先应破坏干燥室内的真空，然后立即移出物料，在一个相对湿度50％以下、温度22～25℃、尘埃少的密闭环境中卸料，并在相同的环境中进行半成品的分拣及包装。

冻干后的物料一般都具有庞大的表面积，吸湿性非常强，为了运输、贮藏和携带方便，往往要进行压缩处理。不同的产品要求压缩前的水分含量各不相同。生产上常用增湿法来调节和控制制品压缩前的水分含量，一般有自然吸湿法和喷水吸湿法两种。

（5）包装与贮藏　冻干食品要在低温、隔氧、干燥、避光的环境下贮存。为此，冻干食品包装前，最好压缩处理，然后采用真空包装和充氮包装。冻干食品常用的包装材料为PE袋及复合铝铂袋，PE袋常用作大包装用，复合铝铂袋常用作小包装用。外包装通常都选用牛皮瓦楞纸板箱，用PE袋作内包装时，为强化其隔绝氧、水、汽的作用，常用双层，必要时还可采用铁罐包装。不论采用何种包装材料，均需采用抽真空充氮，并添加除氧剂及干燥剂。

冻干食品应贮存在阴凉、干燥处，如有条件，最好放置在低温低湿的环境中。常温下保质期通常为2年，采用铁罐包装时可适当延长。

第五节　食品冷藏库

食品冷藏库是用人工制冷的方法对易腐食品进行加工和贮藏，以保持食品食用价值的设备，是冷藏链的一个重要环节。冷藏库对食品的加工和贮藏、调节市场供应、改善人民的生活等发挥着重要的作用。

一、食品冷藏库的类型
1. 按使用性质分类
（1）生产性冷库　凡设有屠宰加工生产的冷藏库均称为生产性冷库，或生产性兼分配性冷库，或生产性兼中转性冷库。

生产性冷库主要建在距货源较近（鲜活货源运转距离一般小于100km）或货源较集中地区，作为肉、禽、蛋、鱼、果蔬加工厂的冷藏车间使用，是生产企业加工工艺中的一个重要组成部分，应用最为广泛。由于它的生产方式是从事大批量、连续式的冷加工，加工后的食品在此进行冷冻加工并短期冷藏贮存后，运往其它地区的分配性冷库或者直接出口，故要求建在交通便利的地方。它的特点是冷冻加工能力较大，冷藏贮存量较小，有一定容量的周转用冷藏库。在鱼类生产性冷库中，为了供应渔船用冰，设有较大制冰能力和冰库。商业系统对1500t以上的生产性冷库也要求配备适当的制冰能力和冰库。

（2）分配性冷库　一般建在大中城市和工矿企业的消费区、海岸（转运港口），设有少量的冻结加工能力，它主要贮存经过生产性冷库转运来未经过冻结加工的食品，调节淡旺季生产，保证市场供应。有些分配性冷库建于口岸或水陆交通枢纽，主要用于冷冻食品的中转运输，这种冷库一般配有适量的制冰能力。其特点是冻结量小，冷藏量大，而且要考虑多种食品的贮藏。由于冷藏量大，进出货比较集中，因此要求库内运输流畅，吞吐迅速。

（3）零售性冷库　一般是建在较大的副食商店、菜场、工矿企业内，仅用于为消费者直接服务的一种冷库。特点是库容量小，贮存时间短，品种多，堆货率比较低，库温随使用要求不同而不同。在库体结构上，大多采用装配式组合冷库，随着生活水平的提高，其占有量将越来越多。

（4）综合性冷库　这类性质的冷库兼有生产性、分配性两种冷库的特点，既有较大的冷藏容量以容纳大量货物进行较长期的贮存，满足市场的供应和调拨，又设有相当大的冷却冻结设备，满足收购进来的货物的冷却，冻结加工。

2. 按容量分类

目前，冷藏库容量规模的划分尚未统一，我国商业系统冷藏库按容量可分为四类，见表4-2。

表4-2　冷藏库的容量分类法

规　模　分　类	容量/t	冻结能力/(t/天)	
		生产性冷藏库	分配性冷藏库
大型冷藏库	10000 以上	120～160	60～80
大中型冷藏库	5000～10000	80～120	40～60
中小型冷藏库	1000～5000	40～80	20～40
小型冷藏库	1000 以下	20～40	<20

3. 按设计温度分类

可分为高温冷藏库（－2℃以上）和低温冷藏库（－15℃以下）两种。对于室内装配式冷藏库，按我国 ZBX 99003—86 专业标准分类，见表4-3。

表4-3　装配式冷库的分类

冷库种类	L级冷库	D级冷库	J级冷库
冷库代号	L	D	J
库内温度/℃	－5～5	－18～－10	－23

4. 按冷藏库层数和所处位置分类

（1）多层冷库　冷库层数在两层以上，均称为多层冷库。

（2）单层冷库　仅有一层的冷库。

（3）山洞冷库　即利用山洞作为冷库的。

（4）地下冷库　即修建在地表以下的冷库。

二、冷库的装备

1. 围护结构

（1）地坪结构　地坪是冷库围护结构的一部分，可分为以下两类。

① 高温冷藏间用的地下室地坪或一层地坪　在地下水位较低（－4m以下）土质良好的地区建造多层冷库时，常采取将高温库房布置于地下室的方案，这种做法既节约了用地，又不用另外采取地下土壤防冻措施。高温冷藏间大都用于贮藏鲜蛋果蔬，库温控制在0℃，因而不会出现地坪冻鼓。高温间处在一层时，其地坪做法较为简单，在大中型冷库的一层高温冷藏间，其地坪一般只要在靠外墙4～6m的范围做隔热层，其余只做普通地坪。这种构造方案是经济可行的。但当冷风机机座直接设在地坪上时，机座下必须做隔热层，如果考虑到鲜蛋库采取－2.5～－2℃库温的情况，则一层地坪也必须做隔热层。

② 低温冷藏间的地坪　这种地坪的构造一般由承重结构层、面层、隔热层、防潮层组成。在库温较低的条件下，地坪的隔热层不足以防止地坪下土壤的冻结，只能延长土壤被冻

结的时间，因此如何采取经济合理的地坪防冻措施是设计低温冷藏间地坪必须考虑的问题。目前各地冷库采用的地坪防冻方法有架空地坪、在实铺地坪下埋设通风管进行自然或机械通风等方法。

（2）墙体　冷库墙体是冷库建筑中的重要组成部分。冷库外墙除了隔绝风雨的侵袭，防止温度变化和太阳辐射等影响外，还要求具有较高的隔热与防潮性能。冷库外墙均为自承重结构，它只承受自重和风力影响，而不担负冷库任何部分的荷载。

冷库隔热外墙由围护墙体、隔气防潮层、隔热层和内保护层（或内衬墙）组成。冷库内墙分为隔热的内墙和无隔热的内墙，在同温楼层及同温库内，或相邻两个冷间的温差＞4℃时采用隔热内墙。

（3）屋盖　屋盖是冷库的水平外围护结构，它的作用除了避免日晒和防止风沙、雨雪对库内的侵袭外，还起着隔热和稳定墙身的作用。冷库屋盖一般有护面层、结构层、隔热层、防潮层四部分组成。

2. 装配式冷库的基本构造

装配式冷库中由于采用了新型建筑材料，构造就更为简单，它由外围结构、围护结构和地下结构三部分组成。其中地下结构和围护结构中的地坪与土建库基本相似。外围结构及装配式冷库的外套，由钢结构架、屋面板和外围板（均为彩色波纹钢板）构成。其作用主要是保持里面的围护结构免受风吹日晒雨淋。围护结构指设在外围结构内的库体，包括墙、顶和地坪，是装配式冷库的关键结构。墙、顶均采用彩钢夹心保温板，这是一种新型的复合建筑板材，其两个面层为不足1mm的彩色（或镀锌）波纹钢板或铝合金板，芯材为热导率极小的硬质聚氨酯泡沫塑料或聚苯乙烯泡沫塑料。由于钢（铝）板的蒸汽渗透率为零，其本身就是极佳的隔气防潮层。彩钢板的装配有承插型、对接型、钩扣型等多种形式。彩钢板的模数最宽可达1200mm，最长可达15m，最厚为200mm。由于装配式冷库具有防潮、气密、隔热性好、轻巧美观、坚固耐用、建筑材料可规格化、专业化生产、施工便捷等优点，越来越受欢迎。

3. 冷藏门

冷藏门也是冷库围护结构的重要组成部分。门扇构造类似彩钢夹心保温板，面层材料除彩色钢板外，有的还用不锈钢或玻璃钢。里面增加了钢龙骨，以增强门的坚固性。按门的开启形式，分为旋转门和推拉门；按开启方式分为手动门和自动门；按门扇结构分为单扇门和双扇门；按用途分为普通门和供通行吊运轨道（冻结间用）的特殊门等。冷藏门在围护结构中最容易损坏和泄漏冷量，其质量好坏不仅影响冷库的降温和保温效果，还直接影响冷库的使用寿命。为减少开门时的冷量损失和库内霜、冰的额外生成量，通常在冷藏门上方设置可以隔断库内外热湿交换的空气幕。

三、制冷设备

一个完整的制冷系统至少要有制冷压缩机、冷凝器、节流阀、蒸发器四大部件组成才能实现制冷。其中，制冷压缩机是制冷装置中的核心设备，通常称为制冷主机。冷凝器和蒸发器属于换热设备，节流装置属于节流设备，以上是系统中的主要设备。高压贮液器、汽液分离器、油分离器、空气分离器等属于附属设备。

1. 制冷压缩机

在蒸气压缩式制冷循环中，制冷压缩机是实现制冷循环的"心脏"，起着压缩和输送制冷剂的作用。

根据压缩机的工作原理，压缩机分为容积型和速度型两大类。容积型压缩机是通过可变的工作容积来完成气体的压缩和输送过程，它又分为活塞式和回转式两种。活塞式（又称往复式）压缩机是活塞在气缸内做往复运动，在食品的冷藏应用中，活塞式压缩机是应用最广泛的一种；而回转式压缩机是转子在气缸内做旋转运动，主要有螺杆式压缩机、滚动转子式压缩机和涡旋式压缩机。速度型压缩机是通过高速旋转的叶轮对在叶轮流道里连续流动的制冷剂蒸气做功，使其压力和流速升高，然后再通过扩压器使气体减速，将动能转换为压力能，进一步增加气体的压力，从而完成气体的压缩和输送过程。目前常用的是离心式压缩机。离心式压缩机多用于大冷量的空调和化工制冷场合。

2. 冷凝器与蒸发器

（1）冷凝器　冷凝器是蒸气压缩式制冷系统中的主要设备之一。作为一个制冷系统向外放热的热交换器，压缩机排出的高温高压制冷剂蒸气进入冷凝器后，将热量传递给冷却介质——水或空气，自身冷却凝结为液体。按冷却介质和冷却方式的不同，冷凝器可分为水冷式、空气冷却式（或称风冷式）和蒸发式三种类型。

① 水冷式冷凝器　冷凝温度较低，对压缩机的制冷能力和运行的经济性都比较有利，因而制冷系统大多采用这种冷凝器，所使用的冷却水一般都经过冷却水塔循环使用。常用的水冷式冷凝器有立式壳管式冷凝器、卧式壳管式冷凝器、套管式冷凝器等形式。

② 空冷式冷凝器　特别适用于缺水地区，仅用于小型氟里昂制冷系统。

③ 蒸发式冷凝器　是以水和空气作为冷却介质，主要是利用部分冷却水的蒸发带走制冷剂气体冷凝过程放出的热量。蒸发式冷凝器传热效率高，耗水量很少，特别适用于缺水地区，但对水质要求高，应进行软化处理。

（2）蒸发器　蒸发器是制冷系统中另一个重要的热交换设备。在蒸发器中，经节流降压后的制冷剂液体在较低的温度下蒸发沸腾，变为蒸气，同时吸收被冷却介质的热量，使被冷却介质的温度降低。因此蒸发器是制冷系统中制取和输出冷量的地方。根据被冷却介质的种类，蒸发器可分为两类：

① 冷却液体的蒸发器　这种蒸发器用来冷却盐水或水等载冷剂，再由载冷剂去冷却物体。如壳管式蒸发器、立管式蒸发器、板式蒸发器。

② 冷却空气的蒸发器　制冷剂在管子内蒸发直接冷却管外的空气。根据被冷却空气的流动情况，它又可分为两种：a. 靠空气自然对流冷却，统称为冷却排管，广泛用于冷库冷藏间。b. 用风机强制冷却，称为冷风机。冷风机广泛用于冷藏库的冻结间、冷却间和冷却物冷藏间。根据安装位置的不同可分为落地式和吊顶式。冷风机主要由四部分组成：蒸发盘管、轴流风机、淋水管组和盛水盘。

3. 节流装置

节流装置的种类很多，常见的有手动节流阀、浮球节流阀、热力膨胀阀和毛细管。

手动节流阀在运行时，操作人员需频繁地手动调节节流阀门，从而控制制冷剂流量，以适应负荷的变化。手动节流阀现已大部分被自动控制节流阀所取代，只有氨制冷系统还在使用。

浮球节流阀适用于具有自由液面的蒸发器，起着节流降压和控制液面的作用，是一种自动调节的节流阀。

热力膨胀阀广泛用于氟里昂制冷系统，它不仅起着节流阀的作用，还能自动调节送往蒸发器的制冷剂流量，而且使蒸发器出口的制冷剂气体保持一定的过热度，从而既能保证蒸发器传热面积得以充分利用，又可以防止压缩机出现湿冲程。

毛细管是最简单的节流装置，无运动部件，不易发生故障，运行可靠，无自动调节供液量的能力，多用于蒸发温度变化范围不大，且工况一般又比较稳定的小型制冷装置（如家用冰箱）。

4. 辅助设备

在蒸气压缩式制冷系统中，为保证制冷装置的正常运转、提高运行的经济性和保证操作的安全可靠，还设有以下一些辅助设备。

（1）气液分离器　在制冷系统中，为了避免含有液体的湿蒸气被压缩机吸入，使压缩机产生湿冲程，所以在进压缩机之前应通过气液分离器将其中所含的液体成分分离出来，保证进入压缩机的是干燥的饱和蒸气。

其原理是当蒸发器的气体进入液体分离器时，因突然降低了运动速度和运动方向改变，密度较大的液体就下沉在分离器的底部，而密度较小的气体被压缩机吸走。

（2）贮液器　高压贮液器的作用是用于贮存由冷凝器凝结下来的高压液态制冷剂，以保证冷凝器的传热面积充分发挥作用；供应和调节系统的循环液量，以适应变化的工况；起液封作用，防止高压侧气体窜到低压侧造成事故。低压贮液器装在制冷系统的低压侧，用以收集低压制冷剂液体并供液给蒸发器，常见为用于氨泵供液系统中的低压循环贮液筒。

（3）油分离器　为防止从压缩机带出的润滑油大量进入系统，从而造成冷凝器和蒸发器积油，影响传热效果，另外会使压缩机失油，所以在压缩机与冷凝器间设置润滑油分离器。常见形式有过滤式、离心式、填料式和洗涤式。过滤式是利用金属网格对气流的减速和过滤而分油；离心式是利用气流旋转把油滴甩在筒壁上而分离；填料式是利用气流经过填料（如不锈钢丝）时的减速和过滤而分油；洗涤式是利用高温高压的氨蒸气进入氨液下面，放热冷却并经洗涤而分油。而分离出来的油则通过回油管回压缩机曲轴箱。

（4）集油器　在氨制冷系统中，氨液与润滑油是不混合的且润滑油重于氨，在氨制冷系统中，润滑油沉聚于容器的最低处。为了不影响容器的热交换性能，必须经常地或定期地把润滑油从油分离器、蒸发器、贮液器等放出，放入集油器内。集油器的作用在于使润滑油能处在低压下放出，既安全可靠又能减少制冷剂的损耗。

（5）空气分离器　设置空气分离器目的是，用来驱除不凝性气体。空气分离器的工作原理都是采用降温的方法，使混在不凝性气体中的制冷剂凝结成液体回收，然后将不凝性气体排出，减少制冷剂的损耗。常见空气分离器有四重管式和立式盘管式空气分离器。

（6）过滤器　过滤器用于清除系统中的金属碎屑、焊渣、氧化皮等机械杂质。分气体过滤器和液体过滤器两种。气体过滤器装在回气管路上，防止机械杂质进入压缩机汽缸。液体过滤器设在节流阀、热力膨胀阀或电磁阀等自控阀的前面，防止污物堵塞或损坏阀件。

（7）干燥器　干燥器只用于氟里昂制冷系统。因为氟里昂不溶解于水或极有限地溶解。系统中有水存在时，会引起制冷剂分解，金属腐蚀，产生污垢，冷冻油乳化；另外还会在通过膨胀阀时结冰，发生"冰塞"，阻碍正常的制冷循环。故在贮液器的出液管路中、节流阀前设干燥器，利用其中的干燥剂吸附制冷剂液体中的水分。

第六节　冷　藏　链

食品冷藏链随着科学技术的进步、制冷技术的发展而建立起来；是以冷冻工艺学为基础，以制冷技术为手段，在低温条件下的物流现象。

一、食品冷藏链的概念

食品冷藏链是指从生产到销售，用于易腐食品收集加工、贮藏、运输、销售直到消费前的各种冷藏工具和冷藏作业过程的总和。

目前食品冷藏链的组成可分为：食品的冷冻加工、冷冻贮藏、冷冻运输和冷冻销售四个方面。

（1）食品的冷冻加工包括畜禽屠宰后的冷却与冻结，水产品捕捞后的冷却与冻结，果蔬采摘后预冷与速冻果蔬的加工，各种冷冻食品的加工等。主要涉及冷却装置与冻结装置。

（2）食品的冷冻贮藏包括食品的冷却贮藏与冻结贮藏，果蔬的气调贮藏。主要涉及各类冷藏库、冷藏柜、家用电冰箱等。

（3）食品的冷冻运输包括地区之间的中、长途运输及短途市内运输。主要涉及铁路冷藏火车、冷藏汽车、冷藏船、冷藏集装箱等低温运输工具。

（4）冷冻销售包括冷冻食品的批发及零售等，由生产厂家、批发商和零售商共同完成。早期，冷冻食品的销售主要由零售商的零售车及零售商店承担。近年来，城市中超级市场的大量涌现，已使其成为冷冻食品的主要销售渠道。超市中的冷藏陈列柜，兼有冷藏和销售的功能，是食品冷藏链的主要组成部分之一。

二、食品冷藏链的设备

1. 食品冷藏链运输设备

冷冻运输设备是指在保持一定低温的条件下运输冷冻食品所用的设备，是食品冷藏链的重要组成部分。不同的冷冻运输设备有不同的使用条件，对其提出的要求也不尽相同。一般来说，冷冻运输设备应满足如下的要求：具有一定的制冷能力；具有隔热处理的壳体；能根据运输食品的种类，调节、控制设备内的温度；制冷装置在设备内占用空间要少；运输成本要低。从某种意义上说，冷冻运输设备是可以移动的小型冷藏库。冷冻运输设备有冷藏火车、冷藏汽车、冷藏船等。

（1）冷藏汽车　根据制冷方式，冷藏汽车可分为机械制冷、液氮制冷、干冰制冷及蓄冷板制冷等多种形式。

① 机械制冷冷藏汽车　这种冷藏汽车带有蒸气压缩式制冷机组，通常安装在车厢前端，称为车首式制冷机组。大型货车的制冷压缩机配备专门的发动机（多数情况下用汽油发动机，以便利用与汽车发动机同样的燃油）。小型货车的压缩机与汽车共用一台发动机。压缩机与汽车共用一台发动机时，车体较轻，但压缩机的制冷能力与车行速度有关，车速低时，制冷能力小。通常用 40km/h 的速度设计制冷机的制冷能力。为在冷藏汽车停驶状态下驱动制冷机组，有的冷藏汽车装备一台能利用外部电源的电动机。

机械制冷冷藏汽车的优点是：车内温度比较均匀稳定，车内温度可调，运输成本较低。其缺点是：结构复杂、易出故障，维修费用高；初期投资高；噪声大；大型车的冷却速度慢，时间长，需要融霜。

② 液氮制冷冷藏汽车　液氮制冷装置主要由液氮容器、喷嘴及温度控制器组成。液氮容器通常装在车厢内，大型车的液氮容器装在车体下边。液氮容器进行真空——多层隔热处理。车厢内部从前到后沿车厢顶部居中布置一条液氮管路，其上装有若干喷嘴。根据厢内温度，恒温器自动地打开或关闭液氮通路上的电磁阀，调节液氮的喷射，使厢内温度维持在规定温度±2℃范围内。由于车厢内空气被氮气置换，长途运输冷却果蔬时，可能对果蔬的呼

吸作用产生一定影响。

液氮冷藏车的优点是：装置简单，初投资少；降温速度快，外界气温 35℃ 时，20min 可使车厢内温度降至 −20℃；无噪声；液氮制冷装置的重量大大低于机械制冷装置的重量。其缺点是：液氮成本高；运输途中浓氮补给困难，长途运输时必须装备大的液氮容器或几个液氮容器，减少了有效载货量。

③ 干冰制冷冷藏汽车　车厢中装有隔热的干冰容器，可容纳 100kg 或 200kg 干冰。干冰容器下部有空气冷却器，用通风机使冷却后的空气在车厢内循环。吸热升华的气态二氧化碳由排气管排出车外。车厢中不会积蓄二氧化碳气体。

干冰制冷冷藏车的优点是：设备简单，投资费用低，很少出故障，维修费用少，无噪声。其缺点是：车厢内温度不够均匀，冷却速度慢，时间长；干冰的成本高。

④ 蓄冷板制冷冷藏车　蓄冷板中装有预先冻结成固体的低温共晶溶液，外界传入车厢的热量被蓄冷板中的共晶溶液吸收，共晶溶液由固态转变为液态。

常用的低温共晶溶液有乙二醇、丙二醇的水溶液及氯化钙、氯化钠的水溶液。一般来说，共晶溶液的共晶点应比车厢规定的温度低 2～3℃。蓄冷板内共晶溶液的冻结过程就是蓄冷板的蓄冷过程。当拥有的蓄冷板冷藏车数量很多时，一般设立专门的充冷站，利用停车时间或夜间使蓄冷板蓄冷。蓄冷板可多块同时蓄冷。如果没有专门的充冷站，也可利用冷库冻结间使蓄冷板蓄冷。此外，有的蓄冷板冷藏汽车上装有小型制冷机，停车时利用车外电源驱动制冷机使蓄冷板蓄冷。

蓄冷板冷藏车的优点是：设备费用比机械式制冷少；可以利用夜间廉价的电力为蓄冷板蓄冷，降低运输费用；无噪声；故障少。其缺点是：蓄冷板的块数不能太多，蓄冷能力有限，不适于长途运输冷冻食品，蓄冷板减少了汽车的有效容积和载货量，冷却速度慢。

⑤ 保温汽车　没有制冷装置，只在壳体上加设隔热层，这种汽车不能长途运输冷冻食品，只能用于市内由批发商店或食品厂向零售商店配送冷冻食品。

（2）冷藏火车

① 用冰制冷的冷藏火车　这种冷藏火车的冷源是冰。这种冷藏火车分为带冰槽与不带冰槽两种。不带冰槽的冷藏火车主要用来运输不怕与冰、水接触的冷冻水产品。带冰槽的冷藏火车主要用来运输不宜与冰、水直接接触的冷冻食品。冰制冷的冷藏火车若车厢内要求维持 0℃ 以下的低温，可用冰盐混合物代替纯冰，车厢内温度最低可达 −8℃。

② 干冰制冷的冷藏火车　若食品不宜与冰、水直接接触，也可用干冰代替水冰。可将干冰悬挂在车厢顶部或直接将干冰放在食品上。运输新鲜水果、蔬菜时，为了防止水果、蔬菜发生冻害，不要将干冰直接放在水果、蔬菜上，二者要保持一定的间隙。

用干冰冷藏运输新鲜食品时，空气中的水蒸气会在干冰容器表面上结霜。干冰升华完了后，容器表面的霜会融化成水滴落到食品上。为此，要在食品表面覆盖一层防水材料。

③ 机械制冷的冷藏火车　机械制冷的冷藏火车有两种。一种是每一节车厢都备有自己的制冷设备，而且用自备的柴油发电机驱动制冷压缩机。这种冷藏火车，可以单辆与一般货物车厢编列运行，制冷压缩机由内备的柴油发电机驱动；也可以由 5～20 辆冷藏火车组成机械列，由专用车厢装备的列车柴油发电机统一发电，向所有的冷藏车厢供电，驱动各辆冷藏火车的制冷压缩机。另一种冷藏火车的车厢只装有制冷机组，没有柴油发电机。这种冷藏火车不能单辆与一般货物列车编列运行，只能组成单一机械列运行，由专用车厢中的柴油发电机统一供电，驱动压缩机。若停运时间较长，可由当地电网供电。

机械冷藏车的优点是：①使用制冷机，可以在车内获得与冷库相同水平的低温；②内部备有电源，便于实现制冷、加温、通风、循环、融霜的自动化；③在运行过程中不需要加冰，可以缩短运输时间，加速货物送达，加速车辆周转。

（3）冷藏船　冷藏船是水上冷藏运输的主要交通工具，冷藏船主要用于渔业，尤其是远洋渔业。船上都装有制冷设备，船舱隔热保温。冻鱼贮藏舱的温度保持在−18℃以下，冰鲜鱼冷藏船的温度为+2℃左右。现在国际上的冷藏船分三种：冷冻母船、冷冻运输船、冷冻渔船。冷冻母船是万吨以上的大型船，它有冷却、冻结装置，可进行冷藏运输。冷冻运输船包括集装箱船，它的隔热保温要求很严格，温度波动不超过±0.5℃。冷冻渔船一般是指备有低温装置的远洋捕鱼船或船队中较大型的船。冷藏船包括带冷藏货舱的普通货船与只有冷藏货舱的专业冷藏船，此外还有专门运输冷藏集装箱的船。

（4）冷藏集装箱　冷藏集装箱出现于20世纪六七十年代后期，是能保持一定低温，用来运输冷冻加工食品的特殊集装箱。冷藏集装箱具有钢质轻型骨架，内、外贴有钢板或轻金属板，两板之间充填隔热材料。常用隔热材料有玻璃棉、聚苯乙烯、发泡聚氨酯等。冷藏集装箱的冷却方式很多，多数利用机械制冷机组，少数利用其它方式（冰、干冰、液化气体等）。

冷藏集装箱的优点是：更换运输工具时，不需要重新装卸食品，不会造成食品反复升温；集装箱装卸速度很快，使整个运输时间明显缩短，降低了运输费用。

2. 食品冷藏链销售设备

冷藏陈列柜作为食品冷藏链销售设备是菜市场、副食品商场、超级市场等销售环节的冷藏设施，也是食品冷藏链建设中的重要一环。目前对商业冷冻陈列销售柜的要求：具有制冷设备，并有隔热处理的围护结构；能很好地展示食品的外观；具有一定的贮藏容积；日常运转与维修方便；安全、卫生、无噪声；动力消耗少。

根据陈列销售柜的结构形式，可分为卧式敞开式、立式多层敞开式、卧式封闭式、立式多层封闭式。

（1）卧式敞开式冷冻陈列销售柜　这种销售柜上部敞开，开口处有循环冷空气形成的空气幕，防止外界热量侵入柜内。对食品影响较大的是由开口部侵入的热空气及辐射热。当为冻结食品时，内外温差很大，辐射热流较大。当食品为冷却食品时，由于内外温差小，辐射换热影响较小。当室内空气流速大于0.3m/s时，侵入销售柜内的空气量会明显增加，影响销售柜的保冷性能。美国有关资料建议，室内空气速度应小于0.08m/s。

（2）立式多层敞开式冷冻陈列销售柜　与卧式冷冻销售柜相比，立式多层陈列销售柜的单位占地面积的内容积大，商品放置高度与人体高度相近，便于顾客购货。但密度较大的冷空气易逸出柜外。因此，在冷风幕的外侧，应再设置一层或二层非冷却空气构成的空气幕，较好地防止冷空气与柜外空气的混合。销售冷却食品时，柜内外空气密度差小。

由于立式销售柜的风幕是垂直的，外界空气侵入柜内的数量受外界空气流动速度影响较大。外界空气的温度、湿度直接影响到侵入柜内的热负荷。为了节能，要求柜外空气温度在25℃以下，相时湿度在55%以下，空气流速在0.15m/s以下。

（3）卧式封闭式冷冻陈列销售柜　这种销售柜在开口处设有双层或三层玻璃构成的滑动盖，玻璃夹层中的空气起隔热作用。在箱体内壁外侧（即靠隔热层一侧）埋有冷却排管。通过围护结构传入的热流被冷却排管吸收，不会传入柜内。通过滑动盖传入柜内的热量有辐射热和取货时侵入柜内的空气带入的热量。这些热量通过食品由上而下地传递至箱体内壁，再由箱体内壁传给冷却排管。因此，自上而下温度逐渐降低，这与敞开式销售柜内的温度分布正好相反。

（4）立式多层封闭式冷冻陈列销售柜 紧靠立式多层封闭式冷冻陈列销售柜柜体后壁，有冷空气循环用风道，冷空气在风机作用下强制地在柜内循环。柜门为双层或三层玻璃，玻璃夹层中的空气具有隔热作用。由于玻璃对红外线的透过率低，虽然下柜门很大，但传入的辐射热并不多，直接被食品吸收的辐射热就更少。

家用冰箱虽然不属于食品冷藏链销售设备，但它作为冷冻食品冷藏链的终端，是消费者食用前的最后一个贮藏环节。食品冷藏链作为一个整体家用冰箱是一个不可缺少的环节。冷冻食品和冻结食品贮存于家用冰箱中，由于细菌繁殖受到抑制，可较长时间地保持食品原有的风味和营养成分，延长保鲜时间。

【复习思考题】

1. 引起食品腐败变质的根本原因是什么？
2. 食品在冷藏过程中会发生哪些变化？
3. 冷藏食品回热的目的？
4. 冻制食品内包装材料有哪些？
5. 冻制食品的解冻方法有哪些？
6. 简述食品冻结冷藏的一般条件？
7. 冷冻干燥食品有哪些特点？
8. 冻结速度对升华干燥效果有何影响？
9. 食品冷藏库分为哪几个类型？它们各有什么特点？
10. 冷藏库中墙体的作用是什么？
11. 什么是食品冷藏链？
12. 我国主要的冷藏运输设备有哪些？
13. 冷藏链对食品展示柜有何要求？

【参考文献】

[1] 隋继学. 制冷与食品保藏技术. 北京：中国农业大学出版社，2005.
[2] 毛永年. 制冷设备维修工. 北京：机械工业出版社，2003.
[3] 赵晋府. 食品技术原理. 北京：中国轻工业出版社，2002.
[4] 刘学浩，张培正. 食品冷冻学. 北京：中国商业出版社，2002.
[5] 冯志哲. 食品冷藏学. 北京：中国轻工业出版社，2001.

第五章 食品干燥保藏

食品干燥保藏是指在自然条件或人工控制条件下使食品中水分降低至足以使食品在常温下长期保存而不发生腐败变质的水平，并保持这一低水平的过程，简称食品干藏。干燥方法包括自然干燥（如晒干、风干等）和人工干燥（如空气对流干燥、真空干燥、冷冻干燥等）。

食品干藏是一种古老的保藏技术。人类很早就利用自然干燥来干燥谷类、果蔬和鱼、肉制品等，如《圣经》中记载利用日光将枣、无花果、杏及葡萄干等晒成干果；《齐民要术》中记载用阴干的方法加工制造肉脯；《本草纲目》中记载用晒干的方法制桃干。我国古书中也常出现"焙"字，即人工干燥法，如用热水处理蔬菜，再风（晒）干或将蔬菜放在烘房的架子上进行人工干燥。1875年，有人将片状蔬菜堆放在室内，通入40℃热空气进行大批量生产；1878年德国人研制第一台辐射干燥器，1882年真空干燥器诞生。20世纪初，热风脱水蔬菜已大量工业化生产。到21世纪，一种集方便、保健、纯天然为一体的高品质绿色脱水食品——低温脱水食品已在市场上出现，它既保持了新鲜蔬菜和水果的组织结构，又有较强的复水性。目前，国内外较流行的低温脱水食品有以下几类：脱水蔬菜类、脱水水果类、速溶饮品、食用粉类、鱼肉蛋类。

第一节 干燥贮藏原理

一、水分和微生物的关系

食品的腐败变质与食品中的水分含量具有一定的关系，但仅知道食品中的水分含量却无法估价食品的安全和稳定性，因为低水分含量的食品并非具有更高的稳定性，如花生油的水分含量仅为0.6%时也会变质，而淀粉的水分含量高达20%也不易变质。直到20世纪50年代末，出现了水分活性的概念，解释了上述现象，并证明水分活性是决定食品品质和稳定性的重要因素之一。Scott对食品水分活度的严格定义是：

$$A_w = f/f_0$$

式中，f 为溶剂的逸度（逸度是溶剂从溶液中逃脱的趋势）；f_0 为纯溶剂的逸度；

在食品中一般用一个近似式表示，即 $A_w \approx P/P_0$

式中，P 为食品表面测定的蒸汽压；P_0 为相同温度下纯水的饱和蒸汽压。

一般地，根据水分含量和水分活度，可将食品分为三类：

① 高湿食品　水分含量>50%，$1.0 < a_w < 0.85$；

② 中湿食品　15%<水分含量<50%，$0.6 < a_w < 0.85$；

③ 低湿食品　水分含量<15%，$a_w < 0.6$

高湿食品腐败主要是由于细菌，中湿食品腐败主要是由于霉菌和酵母，而在低湿食品上，微生物一般不生长，但霉菌在水分低至 12％以下甚至 5％时还能生长，有时水分即使低至 2％，若温度适宜，霉菌也能生长，所以引起干制品腐败变质的微生物是霉菌。食品中的微生物生长与水分活度的关系见表 5-1。

表 5-1　食品中微生物的生长与水分活度

a_W 范围	在 a_W 的低限下不能生长的微生物	食　品
1.00～0.95	假单胞菌、埃希氏菌、变形菌、志贺氏菌、克雷伯氏菌、芽孢杆菌、魏氏杆菌、一部分酵母	极易腐败的新鲜食品、水果、蔬菜、肉、鱼和乳制品罐头、熟香肠和面包。含约 40％（质量分数）蔗糖或 7％ NaCl 的食品
0.95～0.91	沙门氏菌、副溶血性弧菌、沙雷氏菌、乳杆菌、球菌、赤酵母、红酵母、部分霉菌	奶酪、咸肉和火腿、某些浓缩果汁。含约 55％（质量分数）蔗糖或含 12％ NaCl 的食品
0.91～0.87	多酵母、微球菌	发酵香肠、蛋糕、干奶酪、人造黄油及含 65％（质量分数）蔗糖或含 15％ NaCl 的食品
0.87～0.80	大部分霉菌、金黄色葡萄球菌、拜耳酵母、德巴利酵母	大多数果汁浓缩物、甜冻乳、巧克力糖、枫糖浆、果汁糖浆、面粉、大米、含 15％～17％水分的豆类、水果糕点、火腿、软糖
0.80～0.75	大部分嗜盐细菌	果酱、马莱兰、橘子果酱、杏仁软糖、果汁软糖
0.75～0.65	嗜旱霉菌	含 10％水分的燕麦片、牛扎糖块、勿奇糖（一种软质奶糖）、果冻、棉花糖、糖蜜、某些干果、坚果、蔗糖
0.65～0.60	高渗酵母、少数霉菌	含 15％～20％的干果，某些太妃糖和焦糖、蜂蜜
0.5	微生物不增殖	含约 12％水分的酱，含约 10％水分的调味料
0.4	微生物不增殖	含约 5％水分的全蛋粉
0.3	微生物不增殖	含约 3％～5％水分的曲奇饼、脆饼干、面包硬皮等
0.2	微生物不增殖	含 2％～3％水分的全脂乳粉，含约 5％水分的脱水蔬菜、含约 5％水分的玉米片、家庭自制的曲奇饼、脆饼干

由表 5-1 可见，任何一种微生物都有其适宜生长的水分活度范围，即最低水分活度 a_W。大多数细菌的最低 a_W 为 0.91，大多数霉菌的最低 a_W 为 0.8，大多数耐盐细菌的 a_W 为 0.75，耐旱霉菌和耐高渗透压酵母的最低 a_W 为 0.60～0.65。当 a_W 低于 0.5，微生物不增殖。环境因素会影响微生物生长所需的 a_W 值，如营养成分、氧气分压、二氧化碳浓度、温度和抑制物等因素愈不利于生长，微生物生长的最低 a_W 值愈高，反之亦然。

二、干制对微生物的影响

干制食品中污染的微生物的来源主要有两种：食源性微生物和食品干制过程中污染的微生物。干制食品中污染的微生物处于休眠状态，一旦环境适宜，食品物料吸湿，微生物会重新恢复活动。因此干燥过程并没有将微生物全部杀死，干燥制品也并非无菌。尤其自然干燥、冷冻升华干燥等一些低温干制方法制得的干制食品很难达到无菌要求。因此，为减少微生物污染，食品干制过程必须加强卫生控制，降低其对食品的腐败变质作用，减少对人体健康构成威胁的可能。

食品干藏过程中微生物的活动取决于干藏条件，如食品的贮藏温度、湿度、水分活度、微生物的种类等。如葡萄球菌、肠道杆菌、结核杆菌在干燥状态下能保存活力几周到几个月，干酵母可保存活力达两年之久，干燥状态的细菌芽孢、菌核、厚膜孢子、分生孢子可存活一年以上，黑曲霉孢子可存活达 6～10 年以上。各种微生物的存活能力直接影响干制品的货架期，因此，控制干制品的贮藏条件，将其贮藏在通风良好、清洁、干燥的环境中，可以减少微生物污染的可能性。

三、干制对酶的影响

食品中的酶的来源主要有：内源性酶、微生物分泌的胞外酶及加工过程中添加的酶。水分活度同样影响酶的活性。随着食品 a_w 的减少，酶活性也减小，通常 a_w 为 0.75～0.95 的范围内酶活性最大；在 a_w 小于 0.65 时，酶活性减弱；若要抑制酶活性，a_w 应控制在 0.15 以下，即对应的食品的含水量应降至 1% 以下，这样会严重影响干制食品的风味、色泽、复水性、甚至产品的质构。

为控制干制品的酶活性，一般选择湿热法钝化酶的活性，即在湿热条件下，100℃瞬间破坏酶的活性。若选择干热法，即使用 204℃ 的高温热处理也难于钝化酶的活性。为检验干制品中残留的酶活性，可以过氧化物酶或接触酶作为指示酶。

四、对干制原料及其预处理和贮藏的要求

1. 原料的选择

干制蔬菜制品的原料来源广泛，选择时应注意原料的质地和成熟度。一般选择干物质含量高、肉质厚、组织致密、粗纤维少、新鲜饱满、色泽好的蔬菜，这样干制品的废弃物少、风味佳。不同种类的蔬菜，脱水加工时对成熟度要求也各异，例如黄花菜应在花蕾长 10cm、开花前采收；青豌豆乳熟时采收；食用菌开伞前采收；红辣椒、干姜老熟时采收。

对于干制的水果原料，要求干物质含量高，纤维素含量低，风味良好，核小皮薄，成熟度在 8.5～9.5 成。大多数果品都是极好的脱水加工原料，如苹果、梨、桃、杏、葡萄、柿、枣、荔枝、龙眼等，但对个别果品又有特殊要求，如苹果，要求肉质致密、单宁含量少；梨要求巨细胞少、香气浓；葡萄要求含糖量 20% 以上、无核。

对于动物性食品物料一般应选择屠宰后或捕获后新鲜状态的对象进行干制。

2. 原料的预处理

预处理包括整理分级、洗涤、去皮、切分、护色等过程。对于蔬菜和水果在脱水前要杀青——灭酶，因为所有蔬菜、水果几乎都含有氧化酶和过氧化酶，在切断、压碎、过滤等操作中，这些酶都会引起不良反应，对果蔬的色、香、味及营养成分等都造成损害。具体方法是：将物料在 95～100℃ 的热水中浸渍几分钟，或喷以饱和水蒸气，加热完毕后，随即浸入 5～10℃ 的冷水中迅速冷却。

水果主要采用硫黄熏蒸，即在密闭条件下燃烧待脱水食品量 0.1%～0.4% 的硫黄，产生的二氧化硫气体溶于食品的水分中可形成亚硫酸；或用 0.2%～0.6% 的亚硫酸盐或酸性亚硫酸盐溶液喷射浸泡。对于蜡质果皮的水果如李子、葡萄等，为保证脱水速度，脱水前可用 0.5%～1.0% 的氢氧化钠沸腾液浸果 5～20s，再予水洗。对于果肉组织含有较多气体的苹果、桃等，可先用单甘酯类的表面活性剂浸泡，再脱水，这样可以提高脱水速度。

肉类、鱼类及蛋中含 0.5%～2.0% 的肝糖会导致脱水时褐变，可用原料量 5%～10% 的酵母或葡萄糖氧化酶进行处理，将肝糖分解除去然后脱水，则可防止褐变。

3. 干制原料的贮藏要求

为获得品质良好的干制品，原料贮藏时要注意环境的清洁卫生，并有防尘以及防止昆虫、啮齿动物和其它动物侵袭的措施。贮藏期间要注意选择合适的贮藏条件，保持好原料的

鲜度。

第二节　食品干制的原理

一、干制过程中的湿热转移

食品物料的干制过程是传热与传湿同时进行的过程，即外界的热量不断由外层向次内层、内层传递，而食品中的水分不断由内层、次内层向外层传递的过程。因此，湿热转移是食品干制的核心问题。影响湿热转移的因素主要有两个方面：干制的条件和待干制的食品的性质，现分别作以介绍。

1. 干制条件的影响

（1）干燥介质的温度　干燥介质的温度越高，与食品间温差愈大，干燥的速度越快。若以空气为加热介质，则温度的作用是有限的。原因是食品内水分以水蒸气状态从它表面外逸时，将在其周围形成饱和水蒸气层，若不及时排除掉，将阻碍食品内水分进一步外逸，从而降低水分的蒸发速度。但空气温度愈高，它在饱和前所能容纳的蒸汽量也愈多，因此提高食品附近空气温度将有利于容纳较多的水分蒸发量。但过高的温度会引起食品发生不必要的化学和物理反应，所以干燥温度不宜过高，必须控制在一个合适的范围内。

（2）空气流速　加速干燥表面空气流速，不仅有利于发挥热空气的高携湿能力，还能及时将积累在物料表面附近的饱和湿空气带走，以免阻止物料内水分的进一步蒸发。同时与物料表面接触的热空气增加，有利于进一步传热，加速物料内部水分的蒸发，因此，空气流速愈快，食品干燥也愈迅速。由于物料脱水干燥过程有恒速与降速阶段，而降速阶段不受外部条件控制，因此空气流速一般仅影响恒速阶段。

（3）空气相对湿度　空气的相对湿度反映空气的干燥程度，即空气在干燥过程中所能携带的水蒸气的能力，以及空气中水蒸气的分压。显然空气的相对湿度地显著影响着干燥速率。一般地，空气愈干燥，干燥速度也愈快。因为空气的相对湿度越小，食品表面与干燥空气之间的蒸汽压差越大，其吸湿能力就越强。

（4）大气压力和真空度　气压影响水的平衡关系，大气的压力越低，水的沸点也越低。若干燥温度不变，气压降低，则沸腾愈加速。若在真空下干燥时，空气的气压减小，水的沸点也就相应下降。如仍采用和大气压力下干燥时相同的加热温度，则可加速内部水分的蒸发，使干制品具有疏松的结构。麦乳精就是在真空室内用较高的加热温度干燥成质地疏松的成品。对于热敏性食品物料的脱水干燥，低温加热与缩短干燥时间对制品的品质极为重要。

2. 食品性质的影响

（1）物料的表面积　水分子由食品内部向表面散逸的距离决定了食品干燥的速度。为了加速湿热交换，被干燥湿物料常被分割成薄片或小条（粒状），使水分子扩散到表面的距离缩短，同时增加了物料与加热介质相互接触的表面积，为物料内水分外逸提供了更多途径及表面，加速水分蒸发和物料的干燥过程。食品表面积愈大，料层厚度越薄，干燥效率愈高。

（2）食品营养组分的位置及微结构　食品是多营养成分的物料。各种成分在物料中分布的位置及其微结构对干燥速率都有显著的影响。比如：许多纤维性食物都具有方向性，一块肉其肥瘦组成不同的部位将有不同的干燥速率，特别是水分迁移需通过脂肪层时，对速率影响更大。因此，肉类干燥时，将肉层与热源相对平行，避免水分透过脂肪层，就可获得较快的干燥速率。在芹菜的纤维结构中，水分沿着长度方向比横穿细胞结构方向的干燥要快得多。食品成分在物料中的位置对干燥速率的影响也存在于乳状食品，油包水型乳浊液的脱水速率慢于水包油型乳浊液。

（3）细胞结构　天然动植物组织是具有细胞结构的活性组织，在其细胞内及细胞间维持着一定的水分，具有一定的膨胀压，以保持其组织的饱满与新鲜状态。当动植物死亡，其细胞膜对水分的可透性加强。尤其受热（如漂烫或烹调）时，细胞蛋白质发生变性，失去对水分的维系作用。因此，经热处理的果蔬与肉、鱼类的干燥速率要比其新鲜状态时快得多。但细胞破碎会引起干制品可接受性、复水性下降，使干制品质量变差。

（4）溶质的类型和浓度　食品中溶质的类型和浓度对干燥速率有较大的影响，尤其是增加黏度和减少水分活度的溶质，如糖、淀粉、蛋白质、胶类物质与水作用，抑制水分子的流动性，进而降低干燥速率。另外，像糖、盐等溶质浓度高时会发生表面硬化现象而阻碍水分的转移速率。

总之，影响食品干燥速率的因素很多，每种因素对干燥速率的影响都不是绝对的，在实际生产中，要综合考虑食品物料的特点及其各因素的影响，确定合适的干制条件，既能最大限度地提高干燥速率又可以保持食品的高品质。

二、食品干制过程的特性

食品干燥过程的特性可由干燥曲线、干燥速率曲线和食品温度曲线的变化反映出来，由干燥过程中水分含量、干燥速率、食品温度的变化组合在一起全面地表达，如图 5-1。干燥曲线是食品含水量与干燥时间的关系曲线；干燥速率曲线是干燥过程中干燥速率与干燥时间的关系曲线，反映食品干制过程中任何时间内水分减少的快慢或速度大小；食品温度曲线是表示干燥过程中食品温度和干燥时间的关系曲线，可反映干制过程中食品本身温度的高低，对于了解食品质量有重要的参考价值。

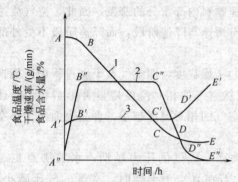

图 5-1　食品干制过程曲线示意图
1—干燥曲线；2—干燥速率
曲线；3—食品温度曲线

1. 食品含水量曲线

图 5-1 中干燥曲线由 *ABCDE* 线段组成。当潮湿食品被置于加热的空气中进行干燥时，首先食品被预热，食品表面受热后水分就开始蒸发，但此时水分的下降较缓慢（*AB*）；随着温度的传递，则食品中的自由水蒸发和内部水分迁移快速进行，水分含量几乎是直线下降（*BC*）；当达到较低水分含量（*C* 点）时，水分下降减慢，此时食品中水分主要为多层吸附水，水分的转移和蒸发则相应减少；当水分减少趋于停止或达到平衡（*DE*）时，最终食品的水分含量达到平衡水分，食品的干燥过程停止。

2. 干燥速率曲线

干燥速率是水分子从食品表面向干燥空气散逸的速率。图 5-1 中曲线 2 所示就是典型的干燥速率曲线，由 *A″B″C″D″E″* 组成。食品被加热，水分开始蒸发，干燥速率由小到大一直上升，随着热量的传递，干燥速率很快达到最高值（*A″B″*），达到速度最大（*B″* 点）时，水分从表面扩散到空气中的速率等于或小于水分从内部转移到表面的速率，干燥速率保持稳定不变，因此称为恒速干燥阶段（$B''C''$）。在此阶段，干燥所去除的水分大体相当于物料的非结合水分。

干燥速率曲线达到 C'' 点，对应于食品第一临界水分（C）时，物料表面不再全部为水分润湿，干燥速率开始减慢，由恒速干燥阶段到附带干燥阶段的转折点 C''，称为干燥过程的临界点。干燥过程跨过临界点后，进入降速干燥阶段（$C''D''$）。该阶段开始汽化物料的结合水分，干燥速率随物料含水量的降低，迁移到表面的水分不断减少而使干燥速率逐渐下降。此阶段的干燥机理已转为被内部水分扩散控制。

当干燥速度下降到 D'' 点时，食品物料表面水分已全部变干，原来在表面进行的水分汽化则全部移入物料内部，汽化的水蒸气要穿过已干的固体层而传递到空气中，使阻力增加，因而干燥速率降低更快。在这一阶段食品内部水分转移速率小于食品表面水分蒸发速率，干燥速率下降是由食品内部水分转移速率决定的，当干燥达到平衡水分时，水分的迁移基本停止，干燥速率为零，干燥就停止（E''）。

3. 食品温度曲线

图 5-1 中食品温度曲线由 $A'B'C'D'E'$ 组成。$A'B'$ 是食品初期加热阶段，温度由室温上升到 B' 点；达到 B' 点，由于热空气向食品提供的热量全部用于水分蒸发，食品物料没有被加热，所以温度维持恒定；达到 C' 点时，由于空气对物料传递的热量大于水分汽化所需要的热量，因而物料的温度开始上升；当干燥达到平衡水分时，干燥速率为零，食品温度则上升到和热空气温度相等（E'）。

三、食品干制工艺的选择原则

食品在干制过程中会发生显著的物理变化、化学变化，产品的营养价值、风味会发生很大变化，如干制品会出现表面硬化、风味改变、营养价值损失等。此外，要根据物料的性质（黏附性、分散性、热敏性等）和对产品的品质要求，考虑投资费用、操作费用等经济因素，合理地选择干制工艺条件。

食品干制工艺条件由干制过程中控制干燥速率、物料临界水分和干制食品品质的主要参数组成。在干制过程中如果所采用的工艺条件能达到最高技术经济指标的要求，即干燥时间最短、动力消耗最低、干制品的品质最好，这样的条件就是最适宜的干制工艺。但在现实生产中，很难实现最理想的干制工艺，为此进行必要的修改后的适宜干制工艺条件称为合理干制工艺条件。

在选用合理工艺条件时主要考虑以下原则：

第一，所选择的干制工艺条件尽可能使干燥速率控制在一个合适的范围内，即让食品表面水分蒸发率尽可能等于食品内部水分扩散速率，同时避免干燥速率过大，引起表面硬化。降低食品的表面水分的蒸发速率而加快食品内部水分扩散速率，可有效地避免或减少这一现象的发生。

第二，在恒速干燥阶段，为了加速蒸发，在保证食品表面的蒸发速率不超过食品内部的水分扩散速率的原则下，允许尽可能提高空气温度。

第三，在降速干燥阶段时，应设法降低表面蒸发速率，使它能和逐步降低的内部水分扩散率一致，以免食品表面过度受热，导致食品品质变化（如糖分焦化等）。

第四，干燥末期干燥介质的相对湿度应根据预期干制品水分加以确定。一般要达到与当时介质温度和相对湿度条件相适应的平衡水分。

第三节　食品干制的方法

一、晒干及风干

晒干与风干都是在自然环境条件下干制食品的方法。晒干是指利用太阳光的辐射能进行干燥的过程。晒干过程物料的温度比较低（低于或等于空气温度），干制所需时间较长。炎热、干燥和通风良好的气候环境条件最适宜于晒干，比如我国北方和西北地区的气候。

1. 晒干

晒干需使用较大的场地。为减少原料损耗、降低成本，晒干应尽可能靠近或在产地进行。为保证卫生、提高干燥速率和场地的利用率，晒干场地宜选在向阳、光照时间长、通风处，并远离家畜厩棚、垃圾堆和养蜂场，场地便于排水，防止灰尘及其它废物的污染。

食品晒干可采用悬挂架式，或用竹（木）片制成的晒盘、晒席盛装的干燥方式。物料不宜直接铺在场地上晒干，以保证食品卫生质量。为了加速并保证食品均匀干燥，晒干时注意控制物料层厚度（不宜过厚），并注意定期翻动物料。晒干时间随食品物料种类和气候条件而异，一般 2～3 天，长则 10 多天，甚至更长时间。晒干是我国长期广泛采用的干制法，不少著名土特产如红枣、柿饼、葡萄干、香蕈、金针菜、玉兰片（笋片）、萝卜干和梅菜（菜干）都是晒干制成。

2. 风干

风干是指利用湿物料的平衡水蒸气压与空气中的水蒸气压差进行脱水干燥的过程。风干包括阴干、晾干。风干方法可用于固态食品物料（如果、蔬、鱼、肉等）的干燥，尤其适于以湿润水分为主的物料（如粮谷类等）干燥。例如新疆地区许多葡萄干也常用风干方法生产，在室温 27℃、相对湿度 35%、风速 1.5～2.6m/s 的条件下经过 30 天阴干即可。阴干产品色泽为漂亮的绿色，风味好，粒更饱满、洁净，含糖较多，品质得到了提高。葡萄干也可以采用晒干法，产品阳面为金红色而阴面为浅绿色，不仅色泽鲜亮，而且悦目。又如我国著名的风味灌肠——正阳楼风干肠，通常采用先日晒至皮干，再风干 3～4 天的方法，制得的产品清香味美，体干而不硬，久食不腻。

二、空气对流干燥

空气对流干燥又称为热风干燥，是最常见的食品干燥脱水方法，在常压下进行，以热空气为干燥介质，采用自然或强制对流循环的方式与食品进行湿热交换，食品可分批或连续地进行加工。常见的设备主要有柜式干燥设备、隧道式干燥设备、输送带式干燥设备等干燥设备。它们的主要特点是具有送风装置、加热装置、湿气排出装置、物料输送装置。方法包括厢式干燥、隧道式干燥、输送带式干燥、气流式干燥、喷雾式干燥，下面分别作以介绍。

1. 厢式干燥法

厢式干燥法根据物料与气流的运动方向，可分为水平气流厢式干燥和穿流气流厢式干燥。前者热风沿物料表面通过，后者热风垂直穿过物料。穿流气流厢式干燥中热空气与湿物料的接触面积大，内部水分扩散距离短，因此干燥速率快，干燥速率为水平气流式的 3～10 倍；但其动力消耗大、易引起物料飞散。因此，要注意选择适宜的风速和料层厚度。料层厚度一般为 10～100mm，气流速度为 1～10m/s。此法适用于水果、蔬菜、香料或价值高的食品原料的干燥，或作为试验设备，研究干制物料的特性。厢式干燥设备的工作原理如图 5-2。

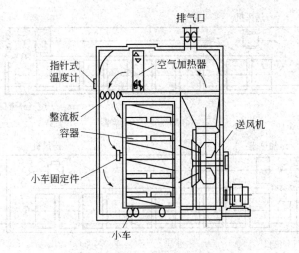

图 5-2 厢式干燥设备原理图

2. 隧道式干燥法

目前，隧道式干燥法是国内外使用的非常广泛的一种方法，其设备实际上是箱式干燥设备的扩大加长，其干燥室为长 10～15m 的长方形，可容纳 5～15 辆装满料盘的小车。根据物料与气流运动方向，可将隧道式干燥脱水设备分为逆流式、顺流式、顺逆组合式（图5-3）。高温低湿空气进入的一端称为热端，低温高湿空气离开的一端称为冷端；湿物料进入的一端称为湿端，干制品离开的一端称为干端。

（1）**顺流式干燥** 在顺流隧道干燥室内，空气流方向和湿物料前进方向一致。顺流隧道式干燥简图见图 5-3(a)。湿物料和高温低湿的空气接触，其水分蒸发非常迅速，容易造成物料表面硬化、收缩，而物料内部易形成多孔性结构或引起干裂。干燥完毕时的空气温度显著降低，湿度增大，使干制品最终水分较高，难以降到 10% 以下。此法较适宜于要求制品表面硬化、内部干裂和形成多孔性的食品干燥，不适于吸湿性较强、最终水分含量要求较低的食品干燥。国外顺流干燥仅用于葡萄干的生产。

（2）**逆流式干燥** 与顺流隧道干燥相反，在逆流隧道干燥室 [图 5-3(b)] 内，在湿端，物料接触的是低温高湿的空气；而在干端，物料接触的是高温低湿的空气。湿物料在入口端与低温高湿空气接触，水分蒸发速率比较慢，但不易出现表面硬化或收缩现象，或收缩较均匀，不易发生干裂。干燥物料在出口端与高温低湿空气接触，由于物料水分含量较低，干燥速率慢，物料温度易上升到热空气的温度，若在此条件下停留时间过长，容易焦化。为了避免焦化，热空气温度不宜过高（一般不超过 66～77℃）。因此，逆流隧道式干燥制品的水分比较低，干制品的平衡湿度可低于 5%。

（3）**顺逆组合式干燥** 顺逆组合式干燥是一种混流式干燥 [图 5-3(c)]。在干燥流程中，顺流干燥阶段比较短，但能将大部分水分蒸发掉，在热量与空气流速合适的条件下，本阶段可去除 50%～60% 的水分，需要较高的空气流速和较大的热量；然后进行逆流干燥，水分蒸发量较少，空气流速可低些，温度也要低一些。混流干燥生产能力高，干燥比较均匀，制品品质较好。这类干燥设备广泛用于果蔬干燥，如干燥洋葱、大蒜等。如脱水卷心菜生产时可将其切成 6～7cm 的细条后，采用两段式隧道干燥脱水。第一段菜中水分较多，可用高温（约 80℃）顺流操作；第二段用较低温度（约 60℃）的逆流操作，此时含水 7%。中止加热后经均湿，在约 50℃ 下干燥至水分含量为 4%。

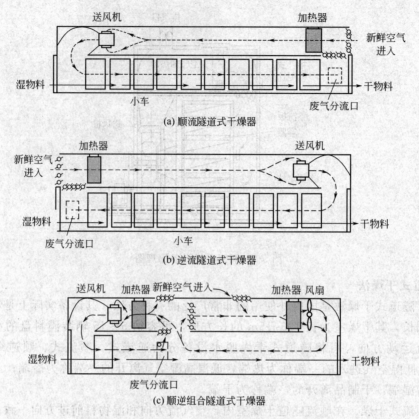

(a) 顺流隧道式干燥器

(b) 逆流隧道式干燥器

(c) 顺逆组合隧道式干燥器

图 5-3 三种不同流程的隧道干燥原理示意图

3. 输送带式干燥

输送带式干燥装置和隧道式干燥设备基本相同,唯一不同的是载料系统是输送带。输送带可由钢丝网或多孔板制成,由两条以上各自独立的输送带串联或并联组成,也可上下平行放置。湿物料由进料装置均匀地散布在缓慢移动的输送带上,它的厚度可达 7.5~15cm,湿物料从最上层的带子加入,随着带子移动,依次落入下一条带子,可使物料实现翻转和混合,不受振动或冲击,破碎少,两条带子方向相反,物料受到顺流和逆流不同方式的干燥(故也称穿流带式干燥),最后干物料从底部卸出。对于膏状物料可在加料部位进行适当成型(如制成粒状或棒状),有利于增加物料的表面积,提高干燥速率;在干燥过程,采用复合式或多层带式可使物料松动或翻转,改善物料通气性能,便于干燥;使用带式干燥可减轻装卸物料的劳动强度和费用;操作便于连续化、自动化,适于生产量大的单一产品干燥,如苹果、胡萝卜、洋葱、马铃薯和甘薯等,以取代原来采用的隧道式干燥。

利用输送带式干燥脱水设备脱水加工时应注意避免湿物料压碎或相互交叠结块,堆成厚薄不一的状况。致使过厚处的物料难以接触到空气而不易脱水,过薄处的物料则易被空气吹散,大量空气尚未发挥作用就经孔眼外逸,造成浪费。而一些软质、多淀粉或多糖的物料开始脱水前最好能先将表面迅速干燥处理,以保持输送带工作表面干净和不发黏。输送带往回走的出料端处常装有自动刮料刷,以便刷去黏附在上面的块片。设备停止使用时应仔细地进行人工清理,必须经常清除掉聚积于干燥设备内各处的碎片和灰尘。或在输送带上喷涂一层食用级矿物油或脱水干燥设备专用蜡,也可以避免轻质物料黏附其上。

图 5-4 所示输送带式干燥设备原理图。第一段逆流带段的空气温度、相对湿度和流速可

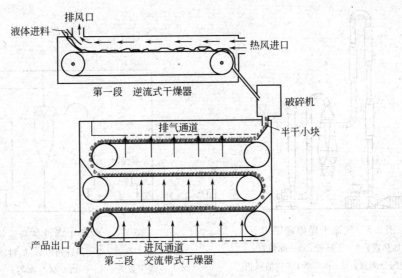

图 5-4　二段输送带式干燥设备原理图

各自分别控制，有利于制成品质优良的制品并获得最高产量，如用双阶段连续输送带式干燥设备干燥蔬菜，第一段第一区段的空气温度可用 93～127℃，第二区段则用 71～104℃；第二段则采用 54～82℃。每种原料的适宜干制工艺条件应事先经试验确定。例如，马铃薯丁脱水干燥，在带式烘干机上，烘干温度首先从 135℃ 逐渐下降到 90℃，时间保持 1h，要求水分降到 26%～35%；然后从 89℃ 逐渐下降到 60℃，约 2～3h，要求水分降低至 10%～15%；从 60℃ 降到 37.5℃，约 4～8h，水分降到 10% 以下。再如干制菜豆，装载量为 3～4kg/m²，摊放，厚度 2cm，温度 60～70℃，完成干燥脱水需 6～7h，制品含水量约 5%。

4. 气流干燥

气流干燥是一种连续高效的固体流态化干燥方法，即利用粉末或颗粒食品物料悬浮在高速热气流中，边输送物料边进行干燥的方法。采用气流干燥法，一般需要先用其它方法将物料干燥到水分低于 35% 或 40%。

气流干燥的基本原理如图 5-5 所示。物料自螺旋加料口 3 进入干燥管 2，空气经加热器 1 加热后与物料混合，并带着物料上升，同时将物料干燥，干燥后的物料由旋风分离器 4 排出，废气则由排气管 5 和抽风机 6 排出。

目前，气流干燥设备在食品行业中常应用于淀粉、面粉、葡萄糖、食盐、味精、切成小碎块的马铃薯及肉丁等食品的干燥。其具有如下特点。

① 干燥强度大　由于气流速率大（10～20m/s），使物料颗粒高度分散，增大了有效的干燥表面积。同时，由于干燥时的分散和搅动作用，使汽化表面不断更新，干燥的传热、传质强度增大，干燥时间短，一般在 0.5～2s，最长为 5s。

② 设备结构简单，占地面积小，处理量大。

③ 适应性广，对散粒状物料，最大粒径可达 10mm；对块状、膏糊状及泥状物料，可选用粉碎机与干燥器串流的流程，使湿物料同时进行干燥和粉碎，表面不断更新，有利于干燥进行。

④ 处理量大　一根直径为 0.7m、长为 10～15m 的气流干燥管，每小时可处理 15～25t 物料。

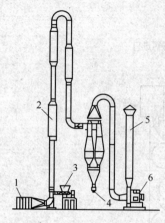

图 5-5 气流干燥原理图
1—加热器；2—干燥管；3—加料口；
4—旋风分离器；5—排气管；6—抽风机

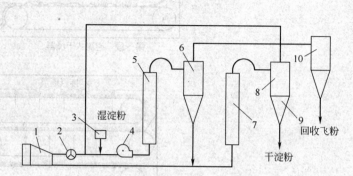

图 5-6 两级干燥设备与流程示意
1—热交换器；2—调解阀；3—加料器；4—风机；
5——级干燥管；6——级旋风分离器；7—二级干燥管；
8—二级旋风分离器；9—卸料器；10—除尘器

⑤ 实现连续化作业，气流干燥设备同时把干燥、粉碎、筛分、输送、包装等工序实现联合操作，若整个过程在密闭条件下进行，可减少物料飞扬、防止污染，并提高干制品的品质和产品得率。

气流干燥器在食品行业中应用广泛，但其耗能较大，可采用两级干燥工艺。图 5-6 为两级干燥工艺的主要结构与流程示意图。它把干燥过程分为一、二两级：一级利用正压气流把湿料干燥至半成品，二级利用负压气流干燥出成品。湿淀粉经加料器加入与从热交换器过来的热空气相结合，由风机输送至一级干燥管进行干燥后，经一级旋风分离器分离再进入二级干燥管进行干燥，最后经二级旋风分离器及卸料器出成品，经二级旋风分离器分离出的高温尾气和部分飞粉又经回风系统返回至一级干燥系统进行二次利用，达到节能之目的，一级干燥废气和极少量粉尘经湿除尘器排出机外。

三、滚筒干燥

滚筒干燥是将液体物料、浆状或泥状物料在缓慢转动和不断加热（用蒸汽加热）的滚筒外壁形成薄膜（膜厚为 0.3～5mm），滚筒转动 300°便完成干燥过程，用固定或往复移动的刮刀把产品刮下，滚筒内部用蒸汽加热，露出的滚筒表面再次与湿物料接触并形成薄膜进行干燥。滚筒干燥可用于液态、浆状或泥浆状食品物料（如脱脂乳、乳清、番茄汁、肉浆、马铃薯泥、婴儿食品、酵母等）的干燥。经过滚筒转动一周，待干燥物料的浓度可从 3%～30% 增加到 90%～98%，干燥时间仅需 2s 到几分钟。因滚筒内部允许使用高压蒸汽，它的表面温度可达 100℃以上，一般高达 140℃左右。滚筒内部也可用循环水或其它液体作为加热介质。

常见滚筒干燥机类型有单滚筒、双滚筒或对装滚筒等。单滚筒干燥机（图 5-7）是由独自运转的单滚筒构成。双滚筒干燥机由对向运转和相互连接的双滚筒构成，如图 5-8 所示，它表面上的物料层厚度可由双滚筒间距离加以控制。对装滚筒干燥机是由相距较远、转向相反、各自运转的双滚筒构成。单滚筒干燥机通常都从底部供料，最简单的取料方式就是将滚筒的一部分浸在供料盘内，并不断加以搅拌以保证供料的均匀性，也可采用溅泼或喷雾的供料方式，并采用刮刀以保证物料层的均匀性。双滚筒干燥机供料方式一般比较简单，无黏性

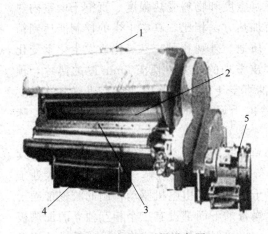

图 5-7　单滚筒干燥设备图
1—加料口；2—滚筒；3—刮刀；
4—出料口；5—电机

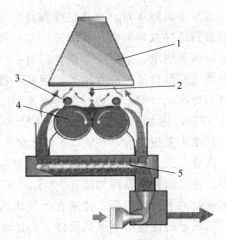

图 5-8　双滚筒干燥机（顶部进料）原理图
1—罩子；2—原料加入位置；3—刮刀；
4—滚筒；5—物料输送器

的液体可从设有喷料孔的管道直接向它下面由双滚筒构成的槽内供料，有黏性或含有大量悬浮物的液体则宜用振动管道供料。对装滚筒干燥机可采用和单滚筒干燥机一样的供料方式，也可在滚筒的上面安装上料液装置。

滚筒干燥方法对热利用效率高，可达 70%～80%；干燥速度快，一般可达 30～70kg $(H_2O)/(m^2 \cdot h)$，物料在滚筒表面停留时间只需几秒钟。但它本身也有局限性，一方面滚筒干燥常用蒸汽作为加热源，压力 0.3～0.7MPa，由于接触加热表面温度较高，这会使制品带有煮熟味和呈不正常的颜色；另一方面。对于含糖量较高的热塑性食品，如水果、果汁，因在高温状态下会发黏并呈半溶化状态，卷曲或黏附在刮刀上，以致难以从滚筒表面上刮下。因此，制品刮下前应先冷却，或附加冷却装置，使它成为脆质薄层，以便于刮下，同时滚筒需要由多孔金属板或金属网制成。例如，用单滚筒干燥机可对大量马铃薯泥脱水干制，温度 145℃，回转速度 0.25～0.45m/s，最终水分可控制在 10%以下。为了保证马铃薯泥铺覆在滚筒机表面上，在它的周边上还装有四根小型辅助性滚轴，成为供料系统的组成部分。

四、真空干燥脱水

真空干燥脱水就是要求在低气压（一般 0.3～0.6kPa）、较低的温度（37～82℃）条件下进行干燥食品。气压愈低，水的沸点也愈低，因此，真空干燥有利于减少热对热敏性成分的破坏和热物理化学反应的发生，制品的色泽、风味较好，孔隙率较高，复水性较好。但其操作费用较高，只适用于价格昂贵的物料或水分要求降得非常低时易受损的物料。

真空干燥系统主要由外界大气压力和内压差可达 $9.6 \times 10^4 Pa$ 的真空室、供热系统、抽空和维持真空度的装置、收集从物料蒸发出来的水蒸气的部件四部分组成。真空室通常装有放食品用的隔板或其它支撑物——加热板，以传导或辐射方式将热量传递给与食品。抽真空和维持真空的装置可用真空泵或蒸汽喷射泵，蒸汽喷射泵是一种吸气设备，高速喷射蒸汽流过其通道侧边上的孔眼时，就可以将来自真空室内的空气和水蒸气带走。冷凝器是收集水蒸气用的设备，可装在真空室外并还必须装在真空泵前，以免水蒸气进入泵内造成污损。用蒸汽喷射泵抽真空时，可同时冷凝从真空室内抽出空气和带入的水蒸气，因而一般不再需要装冷凝器。

真空干燥脱水时，食品温度和脱水速度取决于真空度和物料受热强度。真空干燥室内热量通常借传导或辐射向食品传递。与各种空气对流加热方法相比，真空干燥的控制能达到精确性较高的要求，适宜于那些在高温条件下结构、质地、外观和风味易氧化或发生化学变化而导致变质的食品的脱水加工。例如，将洗净并去皮整理的胡萝卜切成 3mm 厚的薄片，预处理后冷冻至 −12℃，然后在压力为 40～67MPa 的真空干燥脱水箱中加热，胡萝卜的温度低于 57℃，约 12h 后可干至水分含量为 2.5%。冷冻干燥脱水得到胡萝卜干，色、香、味好，且维生素损失少，在 4℃ 下可贮藏一年。

真空带式干燥机是近几年国内发展起来的一种新型接触式真空干燥设备，可以实现连续进料、连续出料，原理如图 5-9 所示。具体过程是待干燥的料液通过输送机构直接进入处于高度真空的干燥机内部，摊铺在干燥机内的若干条干燥带上，由电机驱动特制的胶辊带动干燥带以设定的速度沿干燥机筒体方向运动，每条干燥带的下面都设有三个相互独立的加热板和一个冷却板，干燥带与加热板、冷却板紧密贴合，以接触传热的方式将干燥所需要的能量传递给物料。当干燥带从筒体的一端运动到另一端时，物料已经干燥并经过冷却，干燥带折回时，干燥后的料饼从干燥带上剥离，通过一个上下运动的铡断装置，打落到粉碎装置中，粉碎后的物料通过两个气闸式的出料斗出料。该法的特点是适用于黏性高、易结团、热塑性、热敏性的物料，广泛应用于食品保健品行业，如咖啡、麦乳精、果珍、速溶奶粉、速溶茶等。

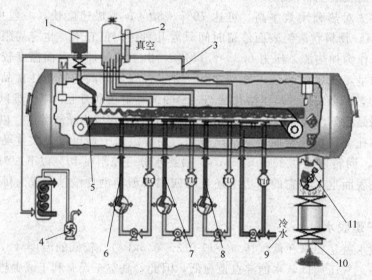

图 5-9　真空带式干燥机

1—加料筒；2—抽真空装置；3—脱气器；4—抽风机；5—传输带；6—一段加热；
7—二段加热；8—三段加热；9—冷却水；10—成品出口；11—收集粉碎装置

五、冷冻干燥

冷冻干燥是指物料在高真空度（压力降低到 266.644～13.332Pa）、水分保持在三相点以下，此时物料内水分直接以冰晶体状态升华成水蒸气，所以冷冻干燥常称为升华干燥。冷冻干燥主要包括冻结和干燥两个过程。首先，被干燥的物料要进行冻结，物料内水的温度必须保持在三相点以下。纯水的三相点温度为 0℃，而绝对压力则为 626.6Pa，如果干燥室内的真空度低于 626.6Pa，温度低于 0℃，物料内纯水形成的冰晶体才能直接升华成水蒸气。物料冻结常用的方法有自冻法和预冻法两种。

1. 自冻法

自冻法就是利用物料表面水分蒸发时从它本身吸收汽化潜热，促使物料温度下降，直至它达到冻结点时物料水分自行冻结的方法。如能将真空干燥室迅速抽成高真空状态，即压力迅速下降，物料水分就会因水分瞬间大量蒸发而迅速降温冻结。此法的优点是可以降低脱水干燥所需的总能耗，缺点是水分蒸发降温过程容易出现物料变形或发泡等现象，因此要合理控制真空室的真空度。对外观形态要求较高的食品物料，干燥会受到限制，一般多适于如芋头、预煮碎肉、鸡蛋等粉末状物料的干燥。

2. 预冻法

预冻法就是脱水前用一般的冻结方法，如高速冷空气循环法、低温盐水浸渍法、低温金属板接触法、液氮或氟里昂喷淋法或制冷剂浸渍法等，将物料预先冻结，为进一步冷冻干燥脱水做好准备的方法。一般蔬菜能在较高温度下形成冰晶体，用此法较为适宜。冻结速度影响制品的多孔性，如孔隙的大小、形状和曲折性，制品的质地及复原性。一般地，冻结速度愈快，物料内形成的冰晶体愈微小，它的孔隙愈小，冷冻干燥速度也愈慢。冷冻速度还会影响原材料的弹性和持水性，缓慢冻结时形成颗粒粗大的冰晶体就会破坏脱水制品的质地并引起细胞膜和蛋白质变性，会对脱水制品复原性产生不利的影响。

物料的冷冻干燥实际上包括升华和解吸两个不同的步骤，它可以在同一干燥室中进行，也可在不同干燥室进行。升华也称初步干燥，是冷冻干燥的主体部分，真空室内的绝对压力（总压力）应保持低于物料内冰晶体的饱和水蒸气压，保证物料内的水蒸气向外扩散。因此冻结物料温度的最低极限不能低于冰晶体的饱和水蒸气（等于真空室内的压力）相平衡的温度。同时干燥过程中产生的水蒸气能及时地从真空室内排除掉。当冰晶体全部升华后，物料中仍有 5％以上被物料牢牢吸附着的水没有冻结，此时必须用比初期干燥较高的温度和较低的绝对压力，才能促使这些水分转移，保证产品的含水量降至能在室温下长期贮藏的水平这就需二次干燥，温度一般控制在 38～65℃，温度过高则易造成营养成分损失、降低产品质量；而温度太低会导致干燥时间增加，加大生产成本解吸所要求的绝对压力低于升华压力。特殊情况下达 13.3～27Pa，甚至更低。

冷冻干燥是食品干燥方法中物料温度最低的干燥。在真空度较高的状态下，可避免物料中成分的热破坏和氧化作用，较高程度保留食品的色、香、味及维生素；干燥过程对物料物理结构和分子结构破坏极小，能较好保持原有体积及形态，制品复水性好；冷冻干燥的设备投资及操作费用较高，生产成本较高，为常规干燥方法的 2～5 倍，但由于干燥制品的优良品质，仍广泛应用于食品工业，如用于果蔬、蛋类、速溶果汁、菜汁、速溶咖啡和茶、低脂肉类及制品、调味品、汤料原料、香料及有生物活性的食品物料干燥。例如，海蓬子粉真空冷冻干燥时预冻温度为－30℃、冷冻温度为－50℃、真空度 50Pa、加热温度 50℃、干燥时间 10h；冷冻产品呈黄绿色，有胡桃样清香味，产品的含水量为 5.0％，维生素 C 的含量为182.3mg/100g。

冻干食品在国际上属高档食品，价格比电加热干燥的食品高。如冻干大蒜片，国际市场的价格为 900～1000 美元/吨，比热风干燥的蒜片价格高 5 倍。冻干食品虽然生产成本利高，但销售价更高。中国是农业大国，利用丰富、廉价的蔬菜、水果、肉品和水产品，加工成为附加值较高冻干食品推向国际市场，其利润是很可观的。图 5-10、图 5-11 分别是冻干设备图和冻干生产线图。

图 5-10　ZDG 系列冻干设备

图 5-11　JDG 型真空冻干生产线

第四节　干制对食品品质的影响

食品在干燥过程发生的变化可归纳为物理变化和化学变化两种影响。

一、干燥对食品物理性质的影响

食品干燥常出现的物理变化有干缩、表面硬化、形成多孔性结构、出现热塑性、溶质迁移，现分别介绍如下。

1. 干缩

干缩是物料干制时最常见、最显著的一种变化。新鲜的食品物料具有良好的弹性和饱满的外观，进行干制时，随着水分的减少，物料的大小（长度、面积和容积）均匀地缩小，质量减少。果品干燥体积为原料的 20％～35％，质量为原料的 6％～20％；蔬菜干制后体积约为原料的 10％左右，质量约为原料的 5％～10％。干制速度对食品的内部结构有很大影响，如快速干制的马铃薯丁具有轻度内凹的干硬表面、为数较多的内裂纹和气孔，而缓慢干制的马铃薯丁则有深度内凹的表面层和较高的密度。上述两种干制品各有其特点，前者复水性好，但包装材料和贮运费用较大，内部多孔易于氧化，贮期较短；后者由于密度大、内部孔洞少，不易氧化，贮期长，复水性差，但包装材料和贮运费用较为节省。

2. 表面硬化

表面硬化是指食品物料表面干燥硬化而内部仍然软湿的现象。食品出现表面硬化现象的原因主要有两方面：一是物料表面与干燥介质间温度差和湿度差大，致使物料内部水分未能及时转移至表面而使表面形成一层干燥薄膜或干硬膜；二是物料中含有高浓度糖分和可溶性物质的溶质，在干燥过程中，溶质在向表面迁移过程中在表面产生结晶，阻塞水分蒸发而出现表面硬化。物料出现表面硬化现象，将大部分残留水分阻隔在食品内，同时还使干燥速率急剧下降，致使产品最终含水量高而不耐贮藏。为避免此现象，可以在干制初期，增大干燥介质的湿度，降低干燥介质与物料表面的温度差。如果物料在干制过程中已出现表面硬化现象，此时可以降低食品表面温度使物料缓慢干燥，或适当"回软"后再干燥，通常能降低表面硬化的程度或减少其发生。

3. 物料内多孔性的形成

物料在干制过程中由于水分迅速蒸发，原来被水分占据的空间由空气填充而成为空穴，干制品内部就形成一定的孔隙使物料成为多孔性制品。真空干燥过程水分外逸迅速，内部形成均匀的水分外逸通道和空隙，从而制成多孔性制品。多孔性食品复水迅速，口感好是其主要优点，如膨化的燕麦片。但物料形成多孔性结构，易使食品发生氧化，缩短保质期。

4. 热塑性的出现

不少含糖量高的食品具有热塑性，在温度升高时会软化甚至有流动性，而冷却时变硬，具有玻璃体的性质，如糖浆、糖分及果肉成分高的果蔬汁就属于这类食品。当将其在平锅或输送带上干燥时，水分虽已全部蒸发掉，残留固体物质却仍像保持水分那样呈热塑性状态，黏结在上面难以取下，而冷却时它会硬化成结晶体或无定形玻璃态而脆化，此时就便于取下。为此，大多数输送带式干燥设备内常设有冷却区。

5. 溶质的迁移

食品物料含有一些水溶性成分，如糖、盐、有机酸、可溶性含氮物等，在干制过程中，随着水分由物料内部向表面迁移，这些成分也向表面迁移，当脱水速度很快时，会导致表面硬化现象的发生；当脱水速度较慢时，由于这些成分在表面积聚，使溶质浓度升高，在此浓度差的推动下，溶质由物料表面向内部扩散，使溶质重新分布。溶质分布的均匀程度取决于干制工艺条件。

二、干制对食品化学性质的影响

食品经过干燥过程，除发生上述物理变化外，还会发生化学变化，这些变化对干制品及其复水后的品质，如色泽、风味、质地、黏度、复水率、营养价值和贮期都会产生影响。这种变化因食品种类、干燥工艺而异。

1. 营养成分

食品经过干燥过程，与新鲜食品相比较，其营养成分会发生变化或减少。

（1）碳水化合物　水果含有较丰富的碳水化合物，果糖和葡萄糖在高温下易于分解，高温加热碳水化合物含量较高的食品，极易焦化；而缓慢晒干过程中初期的呼吸作用也会导致糖分分解，还原糖还会和氨基酸反应而产生褐变。动物组织内碳水化合物含量低，除乳蛋制品外，碳水化合物的变化不至于成为干燥过程中的主要问题。

（2）蛋白质　高温加热易使蛋白质发生变性，蛋白质含量较高的干制品复水后，其外观、含水量及硬度等均不能恢复到新鲜状态。另外，组成蛋白质的氨基酸与还原糖发生美拉德反应，使干制品发生褐变。

（3）脂肪　食品中的油脂在高温干制过程中极易发生氧化作用，若事先添加抗氧化剂则能有效地控制脂肪氧化。脂肪含量及不饱和度高的干制品在贮藏过程中也易发生氧化作用。贮藏温度越高，氧分压越高，与紫外线、铜、铁等金属离子接触，这些因素都会加速脂肪氧化。

（4）维生素　干燥过程会造成部分水溶性维生素被氧化。维生素损耗程度取决于干制前物料预处理条件及选用的脱水干燥方法和条件。

① 维生素 A　乳制品中维生素含量将取决于原乳内的含量及其在加工中可能保存的量。滚筒或喷雾干燥能较好地保存维生素 A。

② 硫胺素　硫胺素对热敏感，故硫熏及干燥处理时常会有所损耗。预煮处理时蔬菜中硫胺素损耗量高达 15%，而未经预处理其损耗量可达 75%。通常干燥肉类中硫胺素会有损失，高温干制时损失量比较大。

③ 核黄素　核黄素对光敏感。乳中核黄素的损耗与硫胺素的损耗情况大致相同。肉类中核黄素损耗较少。

④ 胡萝卜素　胡萝卜素因易氧化而遭受损失，在日晒加工时损耗极大，在喷雾干燥时

则损耗极少。加工时未经酶钝化的蔬菜中胡萝卜素损耗量可达 80%，即使用最好的干燥方法它的含量可下降 5%。

⑤ 抗坏血酸　抗坏血酸既对热不稳定又易氧化，故它在干制过程中会全部损耗掉。水果晒干时，抗坏血酸损耗极大，但升华干燥就能将其大量地保存下来。蔬菜中的抗坏血酸在缓慢晒干过程中会损耗掉。牛乳干燥时抗坏血酸也有损耗。若选用冻干法，抗坏血酸的损耗量极少，与原料乳的含量大致相同。

⑥ 维生素 D　干燥导致维生素 D 大量损耗，所以乳制品需强化维生素 D。

2. 色素

食品的天然色泽主要由胡萝卜素、花青素、叶绿素、血红素（肉类）等色素提供，这些色素对光、热不稳定，受加工条件的影响而发生变化。若干燥过程温度越高，处理时间越长，类胡萝卜素、花青素的变化量也越多。湿热条件下叶绿素将失去镁原子而呈橄榄绿，微碱性条件能控制镁的转移，但难以改善食品的其它品质。硫处理也会促使花青素褪色，应加以重视。

干制品变色的另一个原因是发生酶促褐变或非酶褐变。植物组织中含有多酚或其它如鞣质、酪氨酸等物质，干制时，组织内氧化酶能将此类物质氧化成有色色素。因此，干燥前需进行酶钝化处理以防止变色。可用预煮或巴氏杀菌对果蔬进行热处理，或用硫处理也能破坏酶的活性。脱水干制过程中常见的非酶褐变反应主要包括焦糖化反应和美拉德反应。前者常出现于水果脱水干制过程中。硫熏处理水果既可以抑制酶促褐变，还能延缓美拉德反应。美拉德褐变反应在水分下降到 20%～25% 左右最迅速，水分下降到 1% 以下时，褐变反应速度可减慢到甚至长期贮存时也难以觉察的程度；低温贮藏也可有效减缓褐变反应速度。采用真空干燥特别是连续式的真空干燥可显著地改善果干以及果浆或果汁一类粉状水果制品的品质，对生产晶态果粉特别适宜。

3. 风味

食品经过干燥过程，其风味会发生改变，主要原因有两个：一是食品中的风味成分大多是挥发性的，在干燥过程中，这些风味成分会减少或发生变味的现象。如牛乳失去极微量的低级脂肪酸特别是硫化甲基，虽然它的含量仅亿分之一，但其制品却已失去鲜乳风味。二是干燥过程会导致食品成分发生化学变化，而出现变味问题。例如奶油中的脂肪形成 δ-（＋）内酯时会产生太妃糖的风味。蛋、乳类蛋白质含量高的食品经高温干燥过程会分解产生硫化物，影响制品风味。

为减少风味物质的损耗，通常采用以下三种措施：一是从干燥设备中回收或冷凝外逸的芳香成分，再加回到干制食品中，以便尽可能保持它的原有风味；二是从其它来源取得香精或风味制剂再补充到干制品中，如饮料中添加果味香精；三是干燥前在某些液态食品中添加树胶和其它包埋物质将风味物微胶囊化以防止或减少风味损失，如果珍等固体饮料。

第五节　干制品的包装和贮藏

一、包装前干制品的处理

1. 分级除杂

为保证产品质量的稳定性，按照标准，将干制品分为合格品、半成品（含水量超标）以及废品三个等级，剔除过湿、过大、过小、结块及碎屑，也可以放在输送带上进行人工挑选或使用振动筛等分级设备进行筛选分级，将其分别堆放。金属杂质常用磁铁吸除。

2. 均湿处理

均湿处理又称回软、发汗或水分平衡，即干燥产品经冷却后立即堆集在密闭室内或容器中，进行短期贮藏，使水分在干制品内部及干制品间进行扩散和重新分布。经过不同方法制得的干制品或不同批次的干制品含水量不均匀，经过均湿处理，可使产品中的水分均匀一致，含水量均衡，呈适宜的柔软状态，便于产品处理和包装运输。均湿处理一般采用的方法是仓储干燥，即采用底部装有假底或金属网的仓库，脱水蔬菜均湿时间一般需要1~3天。

3. 灭虫

果蔬在脱水期间或干制品贮存期间常有虫卵混杂其间，所以果蔬干制品和包装材料在包装前应经过灭虫处理，否则会造成产品大量损失。常见的虫害有蛾类、甲类、菌甲、壁虱类等。常用的灭虫方法有物理法和化学法。物理法包括低温灭虫法和高温灭虫法。低温灭虫法采用的最有效的温度必须在-15℃以下；高温灭虫法对于根菜类和果菜类脱水制品可用75~85℃热空气处理10~15min；耐热性弱的叶菜类脱水制品可用65℃热空气处理1h。化学法主要采用烟熏法，常用二硫化碳、甲基溴等，其用量见表5-2。

表5-2 灭虫剂用量

烟熏剂	用量	熏蒸时间/h	允许残留量/×10⁻⁶	
二硫化碳	100g/m³	24		
氯化苦	17g/m³	24		
二氧化硫	200g/m³	4~12	<0.05g/kg(不同产品略有区别)	
甲基溴	17g/m³	24	无花果、葡萄干	150
			海枣干	100
			苹果干、杏干、桃干、梨干	30
			李干	20
甲酸甲酯或乙酸乙酯	1ml/3kg	—		

4. 压块

蔬菜经过脱水加工后，呈蓬松状，体积大，不利于包装和运输，因此，需要经过压缩，一般称为压块。干制品的压块是指在不损伤（或尽量减少损伤）制品品质下将干燥品压缩成密度较高的块砖。经压缩的干制品可有效地节省包装与贮运容积；降低包装与贮运过程总费用；成品包装更紧密，包装袋内含氧量愈低，有利于防止氧化变质。

蔬菜干制品一般在水压机中用块模压块，蛋粉可用螺旋压榨机装填，流动性好的汤粉可用制药厂常用的轧片机轧片。压块时一般压力为7MPa，维持3min。一般蔬菜在脱水的最后阶段温度为60~65℃，这时可不经回软而立即压块，否则，转凉变脆后压块还须稍喷蒸汽，以减少破碎率。喷蒸汽的干菜，压块后还需再进行脱水处理。这个脱水阶段所需时间较长，如果仍用热空气烘干，将使产品中的维生素C遭到不必要的损失。因此，最好是与干燥剂一起贮放，让干燥剂吸收菜干中的水分。生石灰可作干燥剂。如压块后的含水量在6%左右时，与等量的生石灰在常温下存放2~7天，则菜干含水量可降低到5%以下。

二、干制品的包装

干制品的包装宜在干燥、清洁和通风良好的环境中进行，门、窗应装有纱网，以防室外灰尘和害虫侵入。对干制品的包装要求如下：

① 包装容器能防止制品吸湿回潮及外界空气、灰尘、虫、鼠和微生物侵入；

② 耐久牢固，在高温、高湿、雨淋、水浸情况下不会破烂；大多数制品用纸箱和纸盒包装时，需衬有防潮包装材料（防潮纸或蜡纸），或在容器的内壁涂抹防水材料（如假漆、干酪乳剂、石蜡等）；

③ 不透光，与制品接触的材料不能导致产品变性、变质。

具体地说，对于高吸湿性食品如速溶咖啡、乳粉、蛋粉等一些冷冻干燥产品，其含水量在 1%～3%，平衡相对湿度低于 20%，适于这类食品包装的有金属罐、玻璃瓶、复合铝塑纸罐等，并采用真空或充气包装。对于较易吸湿、吸味的食品（如茶叶）其含水量在 2%～8%，平衡相对湿度 10%～30%，可采用铝罐、锡罐、铝箔复合膜、防潮玻璃纸等，并可采用充氮包装。对于脱水汤料可采用隔绝性好的玻璃瓶或塑料瓶、复合塑料袋并采用充惰性气体的包装。对于饼干等焙烤谷物食品的包装可采用玻璃纸、镀铝聚酯膜/PE/PVDC 等复合材料。对于低吸湿性的食品，如坚果、豆类、淀粉、肉干等食品，其含水量在 6%～20%，可采用一般隔汽性包装延长食品的保质期。

三、干制品的贮藏

合理包装后的干制品受环境因素的影响较小，未经特殊包装或密封包装的干制品在不良环境下易发生变质，而良好的贮藏环境是延长干制品保质期的有力保证。影响贮藏环境的因素包括湿度、温度。环境空气湿度的改变将会改变食品的水分含量，干制食品吸湿会引起腐败变质，当干制品水分含量超过 10% 时就会促使昆虫卵发育成长，因此，贮藏环境要保持干燥和良好的通风，使环境相对湿度在 65% 以下。环境温度也是影响干制品货架期的一重要因素。贮藏环境温度越高，越有利于氧化反应和褐变，在贮藏或运输过程中要避免较大的温差，避免在 21℃ 以上、有光线的环境中贮藏。所以，保持贮藏环境的低温，以 0～2℃ 最好，一般不宜超过 10～14℃。同时要防止外界空气、灰尘、虫、鼠和微生物的侵入，也可阻隔光线的透过，减轻食品的变质反应。经过包装不仅可延长干制品的保质期，还有利于贮运、销售，提高商品价值。

第六节 干制品的水分、干燥比和复水性

一、干制品水分、水分蒸发量和干燥比

干制品的耐藏性主要取决于干制品最终的含水量。只有干制品的水分含量降低到一定程度，才能抑制酶的活动、氧化反应以及微生物的生长与繁殖。各种食物成分和性质不同，对干制的程度要求也不同。一般在保证干制品品质的条件下，水分含量越低保藏效果越好。如对于大麦、玉米等粮谷类，水分含量控制在 10%～15%，保藏期可达 1～5 年；腌制的肉类、鱼类，水分含量一般低于 6%；乳制品如乳粉类，通常干燥至水分含量 2.5%～4.5% 左右；脱水蔬菜如洋葱，豌豆和青豆等，最终水分含量 5%～10%；脱水水果的最终水分含量 14%～24%。

食品含水量一般都按湿重计算。如食品中干物质为 $G_干$，而水分为 $G_水$，则食品质量 G 为两者之和，食品含水量（W）为

$$W = \frac{G_水}{G_干 + G_水} \times 100\%$$

以干重计的食品含水量 W_e 为

$$W_e = \frac{G_{水}}{G_{干}} \times 100\% = \frac{W}{1-W}$$

水分蒸发量是干制过程中物料被蒸发的水分量，即

$$W_{蒸发} = G_1 \times W_1 - G_2 \times W_2 = (G_2 + W_{蒸发}) \times W_1 - G_2 \times W_2$$
$$= G_2 \times (W_1 - W_2) + W_{蒸发} \times W_1$$

则有

$$W_{蒸发} \times (1 - W_1) = G_2 \times (1 - W_2)$$

即

$$W_{蒸发} = G_2 \frac{W_1 - W_2}{1 - W_1}$$

式中，$W_{蒸发}$ 为蒸发的水分量，kg；G_1 为物料干燥前的质量，kg；G_2 为物料干燥后的质量，kg；W_1 为物料干燥前的水分含量，%；W_2 为物料干燥后的水分含量，%。

干制食品常用干燥比（R）表征食品干制的程度，干燥比就是干制前原料质量和干制品质量的比值，即每生产 1kg 干制品需要的新鲜原料量（kg）。

$$R = \frac{G_1}{G_2}$$

二、干制品的复原性和复水性

许多干制品都要经复水后才食用。干制品复水后恢复至原来新鲜状态的程度即复原性，是衡量干制品品质的重要指标。干制品重新吸收水分后在质量、大小和形状、质地、颜色、风味、成分、结构等可观方面应该类似新鲜或脱水干燥前的状态。衡量这些品质因素，对于粉体类则常用溶解分散在水中的状态，即速溶指标来表示；有些可用吸水量或复水比、复重系数来表示。

复水比（$R_复$）是物料复水后沥干重（$G_复$）和干制品试样重（$G_干$）的比值。即

$$R_复 = \frac{G_复}{G_干}$$

复重系数（$K_复$）是复水后制品的沥干量（$G_复$）和同样干制品试样量在干制前的相应原料重（$G_原$）之比。即

$$K_复 = \frac{G_复}{G_原} \times 100\%$$

实际上，复重系数（$K_复$）也是干制品复水比和干燥比的比值。即

$$K_复 = \frac{G_复/G_干}{G_原/G_干} = \frac{R_复}{R_干}$$

脱水蔬菜在食用前，要放在充足的水中，使其吸水复原，一般 12～16 倍冷水，约经 30min 后，再煮 5～20min 就可用来烹制菜肴。表 5-3 是常见的干制蔬菜的复水比。

表 5-3　常见干制蔬菜的复水比

干制品种类	胡萝卜	洋葱	土豆	番茄	甘蓝	菠菜
复水比	1∶(5～6)	1∶(6～7)	1∶(4～5)	1∶7	1∶(8.5～10.5)	1∶(6.5～7.5)

复水用水不宜过多，因为花青素、黄酮类均溶于水易丢失。水的 pH 值对复水菜也有影响，一般冷水在 pH 值在 7 左右菜色易变黄。为此，洋葱、土豆可调酸性水复水。水中的碳酸钠和硫酸钠等碱性物质易引起复水后产品软烂，应用硬水或加些钙质增加硬度。但豆类在硬水中易变老，使质量粗糙、品质下降，也应加以注意。

第七节　半干食品保藏

一、半干食品的概念

根据食品的含水量，可将食品分为高湿食品、中湿食品和低湿食品，新鲜的果蔬类食品属于高湿食品，而干制品则属于低湿食品，在两者之间，有一大类食品包括易流动的食品，如蜂蜜、果酱、豆酱、浓缩果汁；易变形（软）的食品，如果冻、蜜饯、柿饼；水果蛋糕固态状食品，如香肠、中式火腿、豆腐干等。这类食品的状态介于固、液两者之间，其水分含量 20%～50%，a_w 大多数处于 0.70～0.85 之间，可溶性固形物的浓度较高，一般在 15%～35%，是处于半干半湿状态，通常称其为半干食品，又称为中湿食品或中等水分含量的食品。半干食品的特点是食用前不需要复水，食用方便；口味好、质构软；能在室温下贮藏，不要冷库贮藏；加工费用低；有发展前景。

二、半干食品的保藏工艺

新鲜食品可以利用低温贮藏、化学保藏等手段抑制或杀灭引起变质的因素，低湿食品可利用低水分活度来抑制或杀灭引起变质的因素，而中湿食品的水分按质量计一般为 15%～50%，a_w 在 0.60～0.90。多数细菌在 a_w 在 0.90 以下不能生长繁殖，但霉菌 a_w 在 0.80 以上仍能生长，个别霉菌、酵母要在 a_w 在 0.65 时才被抑制。所以靠中湿食品的水分活性难以达到长期保藏的目的，需采用多种保藏技术相互结合进行综合保藏，即在食品保藏中设置多种微生物生长或食品腐败变质的阻碍因子，如适当的温度、水分活度、氧化还原电位、pH值、添加剂等阻碍因子，这些阻碍因子又被称为栅栏因子，这些栅栏因子在保藏中起到加和的作用，使保藏效果更好。下面以几类典型食品为例说明半干食品的保藏工艺。

1. 水果类食品

对于水果类产品，为追求其新鲜感，尽可能保存其维生素等营养成分，可采用：①温和热处理法，用饱和蒸汽热烫 1～2min；②添加一些保湿剂（如甘露醇）或糖类轻微降低水分活度法，如添加葡萄糖（或蔗糖）将 a_w 降到 0.98～0.93、加酸降低 pH 值，添加柠檬酸或磷酸调节 pH4.1～3.0，或向制品糖浆中加入化学防腐剂等结合的方法，即山梨酸钾或苯甲酸钠、亚硫酸钠或亚硫酸氢钠，通常这些条件综合为：a_w 0.97，pH3.5，山梨酸钾添加量 1000mg/kg，亚硫酸钠添加量 1000mg/kg。由此保藏技术可使制品在 25～35℃贮存 3～8 个月。

2. 发酵肉制品

在发酵肉制品中，一定顺序地使用栅栏因子使制品的货架期长、安全性高。以萨拉米香肠为例，在成熟阶段的初期，亚硝酸盐和食盐可以抑制大部分微生物生长；随着氧化电势的降低，需氧菌被抑制，此环境有利于乳酸菌的生长，乳酸菌的生长又竞争性地抑制了有害微生物；到了成熟后期，pH 值下降，乳酸菌死亡，而还原电势和 pH 值效应增强，水分活度效应也得到增强，最终使得萨拉米香肠的货架期延长。此条件综合为：pH 值 5.4～6.0，a_w 0.65～0.90。

3. 传统中式肉制品

在我国，约 15% 的肉类被加工成肉制品，而其中肉干约占 95%，深受消费者的喜爱。传统肉干的 $a_w < 0.70$，不需冷藏便很稳定。由于我国消费者喜欢质构柔软、色淡、低糖的制品，一种满足上述要求的新型肉干莎脯已被开发出来，这种新型肉干的栅栏因子是亚硝酸

盐和抗坏血酸钠,肉干制作前将原料先用亚硝酸盐和抗坏血酸钠在低温下腌制。制得的莎脯 a_w 低于 0.79,通常 0.74~0.76,水分含量低于 30%,食盐和食糖加量少。这样既保持了传统肉干的特色,又具有较好的感官性能,采用真空包装,在不需冷藏条件下可贮存数月。

【复习思考题】

1. 名词解释:干藏 均湿 半干食品 干燥比 复水比 复重系数
2. 自然干燥的特点是什么?
3. 真空干燥的原理和特点?
4. 干燥方法的选择原则是什么?
5. 食品干燥的目的是什么?
6. 什么是干燥比、复水比?它们有何意义?
7. 论述食品干燥常见的变质现象。
8. 试论述冷冻干燥方法。

【参考文献】

[1] 夏文水. 食品工艺学. 北京:中国轻工业出版社,2007.
[2] 武杰. 脱水食品加工工艺与配方. 北京:科学技术文献出版社,2002.
[3] 曾庆孝. 食品加工与保藏原理. 第2版. 北京:化学工业出版社,2007.
[4] 莱斯特著. 朱雪卿译. 水分活性与食品保藏. 肉类研究. 1996(3):48-44.
[5] 曹玉兰. 水分活性对控制食品安全和质量的稳定作用. 食品研究与开发. 2006(27):165-167.
[6] 朱玉晶. 脱水蔬菜加工. 蔬菜. 2007(6)30-31.
[7] 郭淑然,曹希明. 食品脱水干制过程中维生素的损失. 职业与健康. 2007(4)483.
[8] 张美霞,杨小兰. 冻干海蓬子粉加工工艺研究. 食品工业科技. 2007(6)136-138.
[9] 孔凡真. JDG节能型食品真空冻干机及其加工的产品市场前景看好. 农产品加工. 2005(5)79-80.
[10] 姜竹茂,宋焕禄. 食品保藏的障碍技术. 粮油食品科技. 1998(2)24-27.
[11] 杨瑞. 食品保藏原理. 北京:化学工业出版社,2006.

第六章　食品腌渍和烟熏保藏

学习目标

1. 了解食品腌渍和烟熏的保藏原理。
2. 了解食盐和食糖在食品保藏中的作用。
3. 理解食品腌制过程中微生物的发酵作用。
4. 掌握食品腌渍的原料选择及工艺要点。
5. 了解发酵对食品保藏的作用,掌握影响食品发酵的因素。
6. 了解食品烟熏保藏的工艺要点。

让食盐或食糖渗入食品组织中,降低食品组织的水分活度,提高它们的渗透压,借以有选择地控制微生物的活动和发酵,抑制腐败菌的生长,从而防止食品腐败变质,保持其食用品质,这样的保藏方法称为腌渍保藏。这是长期以来行之有效的食品保藏技术,其制品称为腌渍食品。盐腌的过程称为腌制,其制品有腌菜、腌肉等。蔬菜腌制在我国有着悠久的历史,长期以来经过劳动人民的不断实践和改进,涌现出不少的加工方法和品种繁多的腌渍蔬菜,咸、酸、甜、辣应有尽有,满足了人们对不同口味的需求。其中有不少是各地著名的特产,如四川泡菜、扬州酱菜等。腌制是肉类食物长期以来的重要保藏手段,咸肉、咸牛肉、咸黄鱼等常见的腌制品也成为膳食中调剂风味的菜肴,不再作为重要的保藏手段进行生产。加糖腌制食品的过程常称为糖渍,其制品可称为糖渍品或糖藏食品。糖渍保藏主要用于水果,常见糖渍水果有糖浆水果、蜜饯、果冻、果泥、果糕、果酱、果酪等。从一般人的口味习惯来看,肉类不宜用糖渍方式保藏。在我国仍常用食糖在低温气候条件下保存脂肪,它主要供制糕点食品用;某些焙烤制品和糖果食品中加糖也有利于防止脂肪的氧化。

利用木屑等各种材料焖烧时所产生的烟气来熏制食品,以利于延缓食品腐败变质的方法,称之为烟熏保藏。它也是几千年来行之有效的保藏方法,仅适用于鱼、肉类,并常与腌制结合使用。烟熏不仅能提高食品防腐能力,而且还能使食品发出诱人的烟熏味。长期以来受到了消费者的青睐。

第一节　食品腌渍保藏的原理

一、高浓度液体与微生物的生存

食品腌渍过程中,加入的食盐或食糖形成溶液后,扩散渗透进入食品组织内,从而降低了其游离水分,提高了结合水及其渗透压,正是在这种渗透压的影响下,抑制了微生物活动,达到了防止食品腐败变质的目的。

微生物细胞是有细胞壁保护和原生质膜包围的胶体状原生浆质体。细胞壁属于全渗透性,而原生质膜则为半渗透性。当微生物细胞处在高浓度溶液中,即溶液浓度高于细胞内可溶性物质的浓度时,水分就不再向细胞内渗透,而周围介质的吸水力却大于细胞,原生质内的水分将向细胞间隙内转移,于是原生质紧缩,这种现象称为质壁分离。质壁分离后,微生物就停止生长活动，这种溶液就称为高渗溶液。腌渍就是利用这种原理来达到保藏食品的目的。

在高渗透压下微生物的稳定性决定于它们的种类，其质壁分离的程度决定于原生质的渗透性。如果溶质极易通过原生质，细胞内外的渗透压就会迅速达到平衡，不再存在着质壁分离的现象。因此，微生物的种类不同，对盐液浓度反应就不同。为此，腌制时不同浓度盐液中生长的微生物的种类就会不同，从而会进一步对食品发酵产生影响，同时在不少情况下因不良微生物受到抑制，从而有利于食品进行发酵。

二、食盐与食品保藏

1. 食盐对微生物细胞的影响

（1）脱水作用　1%食盐溶液可以产生 $61.7kN/m^2$（0.61 大气压）的渗透压，而大多数微生物细胞的渗透压为 $30.7\sim61.5kN/m^2$（0.3～0.6 大气压）。一般认为食盐的防腐作用是在它的渗透压影响下，微生物细胞脱水而出现质膜分离的结果。

（2）离子水化的影响　NaCl 溶解于水后就会离解，并在每一离子的周围聚集着一群水分子。水化离子周围的水分聚集量占总水分量的百分率随着盐分浓度的提高而增加。微生物在饱和食盐溶液（26.5%）中不能生长，一般认为这是由于微生物得不到自由水分的缘故。

（3）毒性作用　微生物对钠很敏感，少量 Na^+ 对微生物有刺激生长的作用，当达到足够高的浓度时，Na^+ 能和细胞原生质中的阴离子结合，因而对微生物产生毒害作用。NaCl 对微生物的毒害作用也可能来自 Cl^-，因为 NaCl 离解时放出的 Cl^- 会和细胞原生质结合，从而促使细胞死亡。

（4）对酶活力的影响　微生物产生的酶的活性常在低浓度盐液中就遭到破坏。如盐液浓度仅为 3% 时，变形菌就会失去分解血清的能力。这是因为盐分和酶蛋白质分子中肽键结合后才破坏了其分解蛋白质的能力。

（5）盐液中缺氧的影响　由于氧很难溶解于盐水中，就形成了缺氧的环境，在这样的环境中，需氧菌就难以生长。

2. 盐液浓度和微生物的关系

一般来说，盐液浓度在 1% 以下时，不论选用哪种浓度，微生物生长活动不会受到任何影响；当浓度为 1%～3% 时，大多数微生物就会受到暂时性抑制；当浓度高达 10%～15% 时，大多数微生物就完全停止生长，大部分杆菌在 10% 以上盐液中就不再生长；如盐液的浓度达到 20%～25% 时，差不多所有微生物都停止生长，因而一般认为这样的浓度基本上已能达到阻止微生物生长的目的。不过，有些微生物在 20% 盐液中尚能保持生命力，也有一些尚能进行生长活动。

3. 食盐的质量对腌渍食品的影响

我国盐业资源极为丰富，世界上现有各类食盐，如海盐、池盐、井盐、矿盐等我国都有，食盐的主要成分为 NaCl，产地不同，所含成分也不同。

食盐常含有杂质，如化学性质不活泼的水和不溶物，化学性质活泼的钙、镁、铁的氯化物和硫酸盐等。食盐中不溶物主要是指沙土等无机物及一些有机物，但也包括一些硫酸钙和碳酸钙等。食盐中所含某些化学性质活泼的成分，其溶解度比较大，由表 6-1 可以看出 $CaCl_2$ 和 $MgCl_2$ 的溶解度远远超过 NaCl 的溶解度，而且随着温度的升高，其溶解度增加较多，因此，若食盐中含有这两种成分，则会大大降低其溶解度。

表 6-1　　几种盐成分在不同温度下的溶解度　　　　　单位：$g/100g\ H_2O$

温度/℃	NaCl	CaCl$_2$	MgCl$_2$	MgSO$_4$
0	35.5	49.6	52.8	26.9
5	35.6	54.0	—	29.3
10	35.7	60.0	53.5	31.5
20	35.9	74.0	54.5	36.2

　　另外，$CaCl_2$ 和 $MgCl_2$ 具有苦味，在水溶液中 Ca^{2+} 和 Mg^{2+} 浓度达到 0.15%～0.18% 和在食盐中达到 0.6% 时，即可察觉出有苦味。食盐中含有钾化合物时就会产生刺激咽喉的味道，含量多时还会引起恶心、头痛等现象。其中以岩盐中含量较多，海盐中较少。

　　食盐具有迅速而大量吸水的特性，食盐中水分含量变化较大，因此，腌制时必须考虑其水分含量。水分含量多时用量就应相应地增加。食盐含水量和晶粒大小也有关系，晶粒大的要比晶粒小的含水量少。食盐水分含量达到 8%～10% 时用手握时可黏成块状。

　　食品腌制一般都采用二等盐，因低质盐含有大量钙、镁、铁，不宜采用。如上所述，钙、镁不仅会使成品带有苦味，而且还会导致产品质地粗硬，不够爽脆；铁则会与香料中微量鞣质反应而形成黑变，从生产实践来看，酸黄瓜罐头的黑变绝大多数都是此原因。

　　干燥盐粒在制盐和贮藏过程中，常常因卫生控制不严格而混有细菌。低质盐特别是晒制盐，微生物的污染极为严重，腌制食品变质往往有不少正是由此引起的。精制盐经过高温处理制成，微生物含量要低得多。因此，腌渍食品应尽量使用高质量盐，特别是对乳制品来说，更应如此。

三、糖与食品保藏

　　用于糖制品的食糖有砂糖、饴糖、淀粉糖浆、蜂蜜、果脯糖和葡萄糖等。砂糖有蔗糖、甜菜糖，主要成分是蔗糖；砂糖纯度高、风味好、取材方便、保藏作用强，在糖制品生产中用量最大。饴糖的主要成分是麦芽糖（约占 53%～60%），其次是糊精（约占 13%～23%）。淀粉糖浆以葡萄糖为主（约占 30%～50%），其次是糊精（约占 30%～45%）。蜂蜜主要是转化糖（占 66%～77%）。目前，国外已广泛用果脯糖浆代替蔗糖，因其纯度高、风味好、甜度浓、色泽淡，工业化生产产量大、原料广泛，适用于各种食品加工。饴糖主要用于低档产品。淀粉糖浆适用于低糖制品。蜂蜜用于保健制品。葡萄糖用于低甜度产品。

　　食糖是微生物主要的碳素营养，低浓度糖液能促进微生物的生长繁殖，高浓度糖液才能对微生物有不同程度的抑制作用。食糖的保藏作用有以下几点。

1. 高浓度糖液是微生物的脱水剂

　　糖溶液都具有一定的渗透压，糖液的浓度越高，渗透压越大。高浓度糖液具有强大的渗透压，能使微生物细胞质脱水收缩，发生生理干燥而无法活动。蔗糖浓度要超过 50% 才具有脱水作用而抑制微生物活动。但对有些耐渗透压强的微生物，如霉菌和酵母菌，糖浓度要提高到 72.5% 以上时才能抑制其生长危害。

2. 高浓度糖液降低糖制品的水分活性

　　食品水分活性（a_w）是表示食品中游离水的数量。大部分微生物要求 a_w 值在 0.9 以上。当原料加工成糖制品后，食品中的可溶性固形物增加，游离水含量减少，即 a_w 值降低，微生物就会因游离水的减少而受到抑制。

　　虽然糖制品的含糖量一般达 60%～70%，但由于存在少数在高渗透压和低水分活性尚能生长的霉菌和酵母菌，因此对于长期保存的糖制品，宜采用杀菌或加酸降低 pH 以及真空包装等有效措施来防止产品的变坏。

3. 高浓度糖液具有抗氧化作用

糖溶液的抗氧化作用是糖制品得以保存的另一个原因。其主要作用于由于氧在糖液中溶解度小于在水中的溶解度，糖浓度越高，氧的溶解度越低。如浓度为 60% 的蔗糖溶液，在 20℃时，氧的溶解度仅为纯水含氧量的 1/6。由于糖液中氧含量降低，有利于抑制好氧型微生物的活动，也有利于制品的色泽、风味和维生素 C 的保存。

4. 高浓度糖液加速糖制原料脱水吸糖

高浓度糖液的强大渗透压亦加速原料的脱水和糖分的渗入，缩短糖渍和糖煮时间利于改善制品的质量。然而，糖制的初期若糖浓度过高，也会使原料因脱水过多而收缩低成品率。

第二节　食品发酵保藏

长期以来，人们发现有些微生物导致食品的自然发酵是有益的。如水果或果汁久藏后常会带来酒味，牛乳贮存后会微酸，于是人们就逐渐学会了在有效控制下让食品自然发酵，向着有利于改善风味和耐藏的方向发展，这就是食品保藏的另一种方法——发酵保藏。这种保藏方法的特点是利用各种因素促使某些有益的微生物生长，从而建立起不利于有害微生物生长的环境，预防食品腐败变质，同时还能保持甚至改善食品原有营养成分和风味。

一、发酵对食品品质的影响

人们把借助微生物在有氧或无氧条件下的生命活动来制备微生物菌体本身、或者直接代谢产物或次级代谢产物的过程都称为发酵。发酵食品本质上常是糖类、蛋白质和脂肪等同时变化后的复杂混合物，或在各种微生物和酶依照某种顺序作用下形成的复杂物。在自然条件下，复杂的食品发酵所经历的类型及变化程度并不相同，最终产物也各不相同。对特定的食品发酵来说，有必要控制微生物类型的环境条件，以便得到具有所需特点的产品。

1. 提高食品的耐藏性

发酵为人类提供了品种繁多的食品并改善人们的食欲。食品经过发酵后，由于一些食品的最终发酵产物，特别是酸和酒精有利于阻止腐败变质菌的生长，同时还能抑制混杂在食品中的一般病原菌的生长活动，因此，发酵食品的耐藏性得到很大的提高。

2. 消耗或转化食品的部分能量

食品发酵时，微生物就会从它所发酵的成分中取得能源，为此，食品的成分就受到了一定程度的氧化，以致食品中能供人体消化时适用的能量有所减少。若是化合物已全部氧化成水和二氧化碳，则能量已完全消失，那么，也就不可能再从它获得能量，因而大多数食品的发酵都是有控制地进行，而它们的最终产物多为酒精、有机酸、醛类和酮类等，这些产物和原物比较，只受到轻微的氧化，因而尚能保持住它原有的大部分能量，以供人体需要。发酵时还会产生一些热量，使介质温度略有上升，从而相应地也成为对人类有用的能源。不过，这种所消耗掉的能量极其微量，故食品仍能保持大量热值，以满足人体的需要。

3. 增加了食品的营养价值

实际上，和未发酵食品相比，发酵食品还提高了它某些原有的营养价值。至少可以通过三种不同途径提高它的营养价值。第一条重要途径在于微生物不只将复杂物质进行分解，同时还进行着新陈代谢，合成不少复杂的维生素和其它生长素。工业上生产的核黄素、维生素

B_{12}、维生素 C 的原始化合物大部分可以由特种发酵制成。

第二条重要途径是将封闭在不易消化物质构成的植物结构和细胞内的营养素释放出来，从而增加了食品的营养价值，对种子和谷物更是这样。例如，借助于机械加工而磨成的粉末，即使再加以蒸煮，仍难以将封闭在其中的营养物质释放出来，总有一部分营养不能供人体利用。经过发酵的方式，特别是在某些霉菌活动下，就有可能借助于微生物酶的生化作用将这些不易消化的保护层和细胞壁分解掉。霉菌中含有大量纤维素分解酶，它生长时菌丝就会深入到食品结构的内部，改变了食品组织结构，这将便于蒸煮或浸泡时水分以及人体的消化汁液向结构内部渗透。细菌和酵母中的酶也能起类似的作用。

第三条途径是人体不易消化的纤维素、半纤维素和类似的聚合物在酶的裂解下能形成简单糖类和糖的衍生物，从而增加了营养价值。在牛胃中纤维物借助于原生动物和细菌的酶加以消化。发酵食品中纤维物质经微生物中酶的作用后同样也能提高营养价值。

当然，在这些变化过程中，食品原来的质地和外形也同时发生变化，因而发酵食品的状态和发酵前相比有显著不同。

二、食品发酵的类型

在食品中，正常微生物群裂解产物的范围相当广泛。随着微生物作用的对象物质不同，其作用类型可以分为肮解、脂解和发酵三种。一般说来，肮解菌会分解蛋白质及其它含氮物质，并产生腐臭味，除非其含量极低，否则不宜食用。同样脂解菌则侵袭脂肪、磷酸和类脂物质，除非其含量极低，否则会产生哈喇味和鱼腥味等异味。另一方面，发酵菌侵袭对象大部分为糖类及其衍生物，并将它转化成酒精、酸和二氧化碳。这类产物并不使人讨厌，反而引起人们对该类食品的嗜好。

从食品保藏的角度来看，最重要的是发酵菌如能产生足够高浓度的酒精和酸，就能抑制多数脂解菌和肮解菌的生长活动，否则后两者的活动就会使食品腐败变质。因而，发酵保藏的原理就是利用能形成酒精和酸的微生物生长并进行新陈代谢活动，抑制脂解菌和肮解菌的活动。这就是说，如果发酵菌一旦能大批成长，在它们所产生的酒精和酸的影响下，原来有可能被脂解菌和肮解菌利用的食物成分将被发酵菌所利用，这样就能抑制其它菌类的生长。然而存在于食品中的酶和微生物，其量既大种类又多，同时食品本身差异也大，因而实际上发酵工艺非常复杂。

最常见的食品发酵类型有：酒精发酵、乳酸发酵、醋酸发酵。见表 6-2。

表 6-2　常见的食品发酵类型

发酵类型	发酵微生物	发酵反应	代表产品
酒精发酵	酵母	$C_6H_{12}O_6 \longrightarrow 2C_2H_5OH + 2CO_2 + 能量$	
乳酸发酵	乳酸链球菌或保加利亚乳杆菌或乳杆菌	$C_6H_{12}O_6 \longrightarrow 2CH_3CH(OH)COOH + 能量$	果酒、啤酒、白酒萨拉米香肠、发酵玉米、泡菜、酸奶
醋酸发酵	酵母和醋酸杆菌	$C_6H_{12}O_6 \longrightarrow 2CH_3COOH + 2CO_2 + 能量$	食醋

三、控制食品发酵的因素

食品加工生产过程中自然地受到各种微生物污染，若不加以控制，极易导致腐败变质。另外，食品发酵类型则随所处的环境条件而完全不同：某种条件虽然非常适宜于某类发酵，但是若将控制条件略加改变，发酵的情况则发生明显的变化。控制食品发酵过程的因素较多，主要的因素有酸度、酒精含量、酵种的使用、温度、通氧量和加盐量等。这些因素还决定着发酵食品后期贮藏中微生物生长的类型。

1. 酸度

酸度有抑制微生物生长的作用。除了橘子或柠檬一类高酸含量的食品，其它食品则需要在腐败前迅速加酸或促进发酵产酸，否则有害微生物将大量繁殖。

2. 酒精

与酸一样，酒精同样具有防腐作用，主要取决于其浓度。如 12% ~ 15%（体积分数）的发酵酒精就能抑制酵母的生长。但一般发酵饮料酒的酒精含量仅为 9% ~ 13%，缺少防腐能力，还需进行巴氏杀菌。如果在饮料酒中加入酒精，使其含量达到 20%（体积分数）就不需要巴氏杀菌处理，足以防止变质和腐败。

3. 酵种

发酵开始时如有大量预期菌种存在，即能迅速繁殖并抑制其它杂菌生长，促使发酵向着预定的方向发展。例如，在葡萄汁中放入先前发酵时残存的酒液、鲜乳中放入酸乳、面团中加入酵头等。但也有某些发酵制品改用纯粹培养的菌种，即酵种，它可以是纯菌种，也可以是混合菌。如制造红腐乳用的菌种一般为单纯的霉菌，制造干酪用菌多为混合菌，视发酵制品而异。而且可在接入酵种前，用加热等各种方法对原料进行预处理，以便在发酵前预先控制混杂在原料中的有害的杂菌。现在生产葡萄酒、啤酒、醋、腌制品、面包、馒头及其它发酵制品时常使用专门培养的菌种制成酵种进行接种发酵，以便获得品质良好的发酵食品。

4. 温度

各种微生物都有其适宜生长的温度，因而利用温度可以控制微生物生长。温度为 0℃ 时，牛乳中很少有微生物能进行活动，其生长受到抑制而很缓慢；4.4℃ 时微生物稍有生长，易于变味；21.1℃ 时乳酸链球菌生长就比较突出；37.8℃ 时则保加利亚乳杆菌迅速生长；温度升至 65.6℃ 时则嗜热乳杆菌生长而其它微生物则死亡。因此，混合发酵中各种不同类型的微生物也可以通过发酵温度的控制，促使所需菌种生长。各类发酵食品中，包心菜的腌制对温度最为敏感。

5. 氧

霉菌完全是需氧的，在缺氧条件下不能生长，故缺氧是控制霉菌生长的重要途径。酵母都是兼性厌氧菌，在大量空气供应的条件下酵母繁殖远超过发酵活动；在缺氧条件下，则将糖分转化成酒精，进行酒精发酵。葡萄酒酵母、啤酒酵母和面团酵母在通气条件下就会产生大量生长细胞，但在缺氧条件下它们能将糖分迅速发酵：葡萄酒酵母可将果汁酿成果酒，而啤酒酵母在制面包时用于面团发酵，产生大量二氧化碳，促使面团松软。细菌有需氧的、兼性厌氧的或专性厌氧的。醋酸菌就是需氧菌，它们在缺氧条件下难以生长。因此，制醋时先要将酵母在缺氧条件下将糖转化成酒精，而后再在通气条件下由醋酸菌将酒精氧化生成醋酸。但通气量过大，醋酸就会进一步氧化成水和氧气，此时如有霉菌也能生长，就会将醋酸消耗尽。因而制醋时通气量应当适当，同时制醋容器应加以密闭，以减少霉菌生长的可能性。乳酸菌为兼性厌氧菌，它在缺氧条件下才能将糖分转化成乳酸。肉毒杆菌则为专性厌氧菌，它只有在完全缺氧的条件下才能良好地生长。

为此，供氧或断氧可以促进或抑制某种菌的生长活动，同时可以引导食品发酵向着预期的方向发展。

6. 食盐

各种微生物的耐盐性并不完全相同，细菌鉴定中常利用耐盐性作为选择和分类的一种手段。其它因素相同，加盐量不同就能控制微生物生长及它们在食品中的发酵活动。因此，食品发酵时可用食盐作为选择适宜的微生物进行生长活动的手段。

黄瓜、包心菜等蔬菜，某些肉类、肠制品和类似的产品在发酵过程中，常见的乳酸菌一般都能耐受 $10\%\sim18\%$ 的盐液浓度，而蔬菜腌制中出现的许多朊解菌和其它类型的腐败菌都不能忍耐 2.5% 以上的盐液浓度，酸、盐结合时其影响更大。因此，蔬菜腌制时加食盐将有利于促进乳酸菌生长，即使有朊解菌存在，发酵也不至于会受到影响，何况乳酸菌一旦生长后并产生乳酸，在酸和盐结合下朊解菌和脂解菌受到更强有力的抑制。腌菜时添加食盐还会使蔬菜渗出糖分和水分，这样，盐液中就增加了糖分，从而为继续发酵提供了营养料，有利于向细胞内扩散乳酸菌并进行发酵。从蔬菜内浸出的水分降低了盐液的浓度，这就需要经常添加食盐进行调整，以保持防腐必需的盐液浓度。腌制包心菜时其用盐量为 $2.0\%\sim2.5\%$，低盐度有利于迅速产酸，而它的主要防腐作用主要依靠酸的影响，不过也有人使用 $5\%\sim6\%$ 的盐液浓度。黄瓜腌制时需要的盐液浓度高达 $15\%\sim18\%$。

许多发酵食品常利用盐、醋和香料的互补作用以加强对细菌的抑制作用。其中不同种类的香料防腐力相差很大，如芥子油抗菌力极强，而另外如胡椒的抗菌力则很差。

四、食品发酵保藏的应用

1. 酒精发酵

酒精发酵常作为蔬菜水果等食品的重要保藏措施，葡萄酒、果酒、啤酒等都是利用酒精发酵制成的产品。葡萄酒酵母和啤酒酵母都是最重要的工业用酵母，它能使糖类最有效地转化成酒精，并达到能回收的程度。其它菌种也能产生酒精，同时还形成醛类、酸类、酯类等组成混合物，以致难以回收。实际上，糖须经过不少裂解阶段，形成各种中间产物后，最后才能形成酒精。蔬菜腌制过程中也存在着酒精发酵，产量可达 $0.5\%\sim0.7\%$，其量对乳酸发酵并无影响。

2. 乳酸发酵

乳酸发酵常被作为保藏食品的重要措施。乳酸发酵微生物广泛分布在自然界中，也存在于果、蔬、乳、肉类的食品中，能在不宜于其它微生物的生长条件下生存。乳酸发酵在缺氧条件下进行。乳酸发酵时食品中糖分几乎全部形成乳酸。乳酸的聚积量可以达到足以控制其它微生物生长活动的程度。乳酸发酵常是蔬菜腌制过程中的主要发酵过程。乳酸菌也常常因酸度过高而死亡，乳酸发酵也因而自动停止。因此，乳酸发酵时常会有糖分残留下来。腌制过程中，乳酸累积量一般可达 $0.79\%\sim1.40\%$，决定于糖分、盐液浓度、温度和菌种。有些乳酸菌不仅形成乳酸，也同时能形成其它最终产物。

3. 醋酸发酵

醋酸菌为需氧菌，因而醋酸发酵一般都是在液体表面上进行。大肠杆菌类细菌也同样能产生醋酸。在腌菜制品中常含有醋酸、丙酸和甲酸等挥发酸，它的含量可高达 $0.20\%\sim0.40\%$（按醋酸计）。对含酒精食品来说，醋酸菌常成为促使酒精消失和酸化的变质菌。

第三节　食品腌制

我国用食盐腌制食品，历史悠久，古书中记载甚多。长期以来，经过技术方法的不断改进，又出现了不少的加工方法和品种繁多的腌渍蔬菜，可谓咸、酸、甜、辣应有尽有，充分满足了口味不同的人们的需要。

一、食品腌制的方法

腌制方法很多，大致可以归纳为干腌、湿腌、混合腌制以及肌肉或动脉注射腌制等。实际上干腌和湿腌是基本的腌制方法，而肌肉或动脉注射腌制仅适用于肉类腌制。不论采用何种方法，腌制时都要求腌制剂渗入到食品内部深处并均匀地分布在其中，这时腌制过程才基本完成，因而腌制时间主要取决于腌制剂在食品内进行均匀分布所需要的时间。腌制剂通常用食盐。腌肉时除食盐外，还加用糖、硝酸钠、亚硝酸钠及磷酸盐、抗坏血酸盐或异构抗坏血酸盐等混合制成的混合盐，以改善肉类色泽、持水性、风味等。硝酸盐除改善色泽外，还具有抑制微生物繁殖，增加腌肉风味的作用。醋有时也用作腌制剂成分。食品腌制后提高了它的耐藏性，同时也可以改善食品质地、色泽和风味。

1. 干腌法

干腌法是利用干盐（结晶盐）或混合盐，先在食品表面擦透，即有汁液外渗现象（一般腌鱼时不一定要擦透），而后层堆在腌制架上或层装在腌制容器内，各层间还应均匀地撒上食盐，各层依次压实，在加压或不加压条件下，依靠外渗汁液形成盐液进行腌制的方法。开始腌制时仅加食盐，不加盐水故称为干腌法。在食盐的渗透压和吸湿性的作用下，使食品组织渗出水分并溶解其中，形成食盐溶液，称为卤水。腌制剂在卤水内通过扩散向食品内部渗透，比较均匀地分布于食品内。但因盐水形成缓慢，开始时，盐分向食品内部渗透较慢，延长了腌制时间。因此这是一种缓慢的腌制过程，但腌制品的风味较好。我国名产火腿、咸肉、烟熏肠以及鱼类常采用此法腌制，各种蔬菜也常用干腌法腌制。

干腌方法因所用腌制容器而有差别，一般腌制常在水泥池、缸或坛内进行。食品外渗汁液和食盐形成卤水聚积于容器的底部，为此腌肉时有时加用假底，以免出现上下层腌制不均匀现象，且在腌制过程中常需定期地将上下层食品依次翻装，又称翻缸。翻缸时同时要加盐复腌，每次复腌时的用盐量为开始腌制时用盐量的一部分，一般需复盐 2~4 次，视产品种类而定。采用容器腌制时需面积较大的腌制室，地面和空间利用率也较低，装容器腌制时常需加压，以便保证食品能浸没在卤水中。

干腌也经常层堆在腌制架上进行。堆在架上的腌制品不再和卤水相接触，我国特产火腿就是在腌制架上腌制，腌制过程中常需翻腿 7 次，至少覆盐 4 次。腌制架一般可用硬木制造但不能渗水，采用腌制架上的主要优点是清洁卫生。

干腌的优点是操作简便；制品较干，易于保藏，无需特别看管；营养成分流失少（肉腌制时蛋白质流失量为 0.3%~0.5%）。其缺点是腌制不均匀、失重大、味太咸、色泽较差，若加硝酸钠，色泽可以好转。

2. 湿腌法

湿腌法即盐水腌制法，就是在容器内将食品浸没在预先配制好的食盐溶液内，并通过扩散和水分转移，让腌制剂渗入食品内部，并获得比较均匀的分布，直至它的浓度最后和盐液相同的腌制方法。显然，腌制品内的盐分取决于用于腌制的盐液浓度。常用于腌制分割肉、鱼类和蔬菜，也可用于腌制水果（仅作为盐胚贮藏之用）。

配制盐液用水必须高度纯洁，宜用冷水。为了促使腌制剂充分溶解可加热水或进行必要的加热。腌肉用盐液浓度一般为 15.3~17.7°Bé，17.7°Bé 是常用的盐液浓度。这种盐液内包含有食盐、糖、亚硝酸盐或硝酸盐，后两者也可同时采用。一般说来，湿腌时盐浓度很高，一般不低于 1% 左右。腌鱼时常用饱和食盐溶液腌制。

果蔬腌制时盐液浓度一般为 5%~15%，有时低至 2%~3%，以 10%~15% 为宜，在此浓度下有害微生物的活动得到了基本抑制。腌制酸黄瓜时常用湿腌法，盐液浓度 6%～10%。用盐腌法贮藏果蔬，即制盐胚时，食盐为唯一防腐剂。为了抑制微生物生长，盐液浓度须高达 15%～29%。在如此高浓度的盐液中，食品具有过咸的味道，盐胚需首先脱盐处理而后再进一步加工。

肉类腌制时，首先是食盐向肉内渗入而水分则向外扩散，扩散速度决定于盐液的温度和浓度，高浓度热盐液中的扩散率大于低浓度冷盐液。硝酸盐也将向肉内扩散，但速度比食盐缓慢。瘦肉内可溶性物质则逐渐向盐液扩散，如磷酸盐、乳酸盐、提取物、肌酸和肌肽以及蛋白质等。盐类和简单有机化合物的扩散比大分子的蛋白质迅速，肉因吸收食盐而增重，但因水分和可溶物的流失而减重。

蛋白质和其它物质的流失意味着有价值营养物质及风味的消失，故一般采用老卤水中添加食盐和硝酸盐法以减少损耗。湿腌过程中要注意控制卤水中微生物的变化及盐液浓度的均匀变化，以避免腌质失败。再者，湿腌时装在容器内的蔬菜常用加压法压紧，蔬菜腌制时因醭酵母和圆酵母等微生物极易在高浓度盐液中生长，而易出现变质现象，因此，为了保证盐水能均匀地内渗，也需要进行翻缸。同时，缺氧又是乳酸发酵的必要条件，故而除压紧包装外，尚需将容器加以密封腌制。

湿法腌制的时间基本上和干腌法相近，它主要决定于盐液浓度和腌制温度。湿腌的缺点是其制品的色泽和风味不及干腌制品；腌制时间比较长；所需劳动量比干腌法大；腌肉时肉质柔软，盐水适当，但蛋白质流失较大（0.8%～0.9%）；因含水分多而不易保藏。

3. 动脉或肌肉注射腌制法

注射腌制法是进一步改善湿腌法的一种措施。为了加速腌制时的扩散过程，缩短腌制时间，最先出现了动脉注射腌制法，其后又发展了肌肉注射腌制法。

（1）动脉注射腌制法　此法是用泵将盐水或腌制液经动脉系统压送入分割肉或腿肉内的腌制方法，为散布盐液的最好方法。但是，一般分割胴体的方法并不考虑原来的动脉系统的完整性，故此法只能用于腌制前后腿。

注射用的单一针头插入前后腿上的股动脉的切口内，然后将盐水或腌制液用注射泵压入腿内各部位上，使其质量增加 8%～10%，有的增至 20% 左右。为了控制腿内含盐量，还根据腿重和盐水浓度，预先确定腿内应增加的重量，以便获得规格统一的产品。有时厚肉处须再补充注射，其盐液或腌制液需适当增加，以免该部分腌制不足而腐败变质。这样可以显著地缩短腌制液全面分布时间。实际上因腌制液或盐液同时通过动脉和静脉向各处分布，动脉注射腌制的准确名称应为脉管注射腌制。

腌料和干腌大致相同，除水外，有食盐、糖和硝酸钠或亚硝酸钠（后两者可同时采用），可提高肉的持水性和产量，还可增用磷酸盐。若腌制后不久即烟熏，硝酸盐完全可以改用亚硝酸盐，因后者发色迅速。

动脉注射的优点是腌制速度快而出货迅速，其次就是得率比较高。若用碱性磷酸盐，得率还可以进一步提高。缺点是：只能用于腌前后腿，胴体分割时还要注意保证动脉的完整；腌制的产品容易腐败变质，故需要冷藏运输。

（2）肌肉注射腌制法　此法有单针头和多针头注射法两种。

① 单针头肌肉注射　单针头注射腌制法可用于各种分割肉，与动脉无关。一般每块肉注射 3～4 针，每针盐液注射量为 85g 左右。盐液注射总量根据盐液浓度算出的注射量而定。对含有 150mg/kg 硝酸以及碱性磷酸性的 16.5°Bé 的盐液来说，其增量为 10% 左右。一般肌

肉注射在磅秤上进行。

用肌肉注射腌液时所得的半成品的湿含量比用动脉注射时所得的湿含量要高，因而需要仔细操作才能获得品质良好的产品。这是因为注射时盐液经常会过多地聚集在注射部位的四周，短时间内难以散开，因而肌肉注射时就需要更长的注射时间以获得充分扩散盐液的时间，不至于局部聚积过多。

现在洋火腿加工一般都采用动脉注射，而分割肉则采用肌肉注射。近几十年来，国外采用注射腌制法迅猛增加，我国也已开始采用此法。

② 多针头肌肉注射　多针头肌肉注射最适用于形状整齐而不带骨的肉类，用于腹部肉、肋条肉极为适宜。带骨或去骨腿肉也可采用此法。操作情况和单针头肌肉注射相似。它可以缩短操作时间并提高生产率，用盐液注射法腌制时可提高得率，降低生产成本。但是其成品质量不及干腌制品，因其风味差，煮熟时收缩的程度也比较大。

4. 混合腌制法

这是一种干腌和湿腌相结合的腌制法，常用于鱼类，特别适用于多脂鱼。若用于肉类，可先行干腌而后放入容器内堆放，再加 $15\sim18°$Bé 盐水（硝石用量 1%）湿腌半个月。此法具有色泽好、营养成分流失少（蛋白质流失量 0.6%）、咸度适中的优点。

用注射腌液法腌肉总是和干腌或湿腌相结合进行的，这也是混合腌制法，即盐液注射入鲜肉，再按层擦盐，按层堆放于腌制架上，或装入容器内加食盐或腌制剂进行湿腌。但盐水浓度应低于注射用的盐水浓度，以便肉类吸收水分，盐液可加或不加糖分，硝酸盐或亚硝酸盐同样可以少用。

干腌和湿腌相结合可以避免湿腌液因食品水分外渗而降低浓度，因干盐及时溶解于外渗水分内。同时，腌制时不像干腌那样促使食品表面发生脱水现象，而且腌制过程比单纯干腌开始早。

二、食品腌制的控制

食品腌制的主要任务是防止腐败变质，但同时也为消费者提供具有特别风味的腌制食品。为了完成这些任务就应对腌制过程进行合理的控制。

1. 食盐纯度的控制

如前所述，食盐中除氯化钠外尚有镁盐和钙盐等杂质。在腌制过程中，它们会影响食盐向食品内渗的速率。因此，为了保证食盐迅速渗入食品内，应尽可能选用纯度较高的食盐，以便尽早阻止食品向腐败变质的方向发展。食盐中硫酸镁和硫酸钠过多还会使腌制品具有苦味。

食盐中不应有微量铜、铁、铬的存在，它们对腌肉制品中脂肪氧化酸败会产生严重的影响。若食盐中含有铁，在腌制蔬菜时它会和香料中的鞣质和醋作用，使腌制品发黑。目前，我国一般除用于乳制品的食盐是选用精盐外，其它制品腌制时选用的食盐多为粗盐，纯度较差，有待改进。

2. 食盐用量或盐水浓度的控制

腌制时食盐用量需根据腌制目的、环境条件，如气温、腌制对象、腌制品种和消费者口味而有所不同。为了达到完全防腐的目的，就要求食品内盐分浓度至少在 17% 以上，因此所用盐水浓度至少应在 25% 以上。腌制时气温低，用量可降低些，气温高，用量宜高些。

（1）腌肉制品　腌肉时，因肉类容易腐败变质，需加硝石才能完全防止腐败变质。我国生产咸肉在冬季腌制时用盐量为每 100kg 鲜肉为 14～15kg，而一般气候腌制时需 12～20kg。我国特产金华火腿各次覆盐后总用盐量为每 100kg 鲜肉 31kg 左右。在这些产品内盐分含量较高，能耐久藏，但是，一般来说，盐分过高，就难以食用。例如用饱和盐水制成的卤水腌制的板鸭就是一例。同时，高盐分的腌制品还缺少风味和香气。

从消费者能接受的腌制品咸度来看，其盐分以 2％～3％ 为宜。现在国外的腌制品一般都趋向于采用低盐水浓度进行腌制。洋火腿干腌时用盐量一般为鲜腿重的 3％ 以下，并分次擦盐，每次隔 5 天，共覆盐 2～3 次。若在 2～4℃ 时，腌制 40 天后腿中心的盐分可达 1％，而表层则为 5％～7％，约需冷藏 30 天，以便盐分浓度分布均匀化。

(2) 腌菜制品　蔬菜腌制时，盐水浓度一般在 5％～15％ 范围内，有时可低到 2％～3％，视需要发酵程度而异。盐分在 7％ 以上一般有害细菌就难以生长，在 10％ 以上就不易"生花"。不过盐分到 10％ 以上时，乳酸菌活动能力大为减弱，减少了酸的生成。因此，若需要高度乳酸发酵，就应该用低浓度盐分。

腌酸菜，如包心菜腌制时一般只加 2％～3％ 的盐，发酵快且产酸也多。泡菜所用盐水浓度虽然有时高达 15％，但加入蔬菜后经过平衡，其浓度就显著下降，一般维持在 5％～6％，使发酵迅速进行。在酸和盐相互作用下有害微生物的活动就迅速受到抑制。若单靠食盐保藏，则盐的浓度须达到 15％～20％，这一浓度一般常用于腌制蔬菜咸胚。

3. 温度的控制

腌制时温度越高，时间越短，但温度越高，微生物的生长活动也就越迅速，而腌制过程则相对慢得多，故选用适宜腌制温度必须谨慎小心。

(1) 腌肉制品　就鱼、肉类来说，为了防止在食盐渗入制品内部以前就出现腐败变质现象，腌制应在低温条件即 10℃ 以下进行，我国肉类腌制都在立冬后到立春前的冬季进行，这一时期的温度是符合这一条件的。有冷藏库时，肉类宜在 2～4℃ 条件下腌制。故鲜肉和盐液都应预冷到 2～4℃ 时才能腌制，因而配制盐液用的冷水可预冷到 3～4℃。但冷藏库温度不宜低于 2℃，因这将显著延缓腌制速度；也不宜高于 4℃，这样易引起腐败菌大量地生长。

近年来，为了利用高温条件加速腌液内渗和缩短腌制时间，人们尝试用高温腌制法。它可以干腌或温腌，关键是要保证腌液冷却前已完全均匀地分布在肉内各部位上。动脉或肌肉注射腌液采用高温腌制法极为适宜，腌液可在注射前或刚开始注射时加热，而后放置在高温腌液中。17.7°Bé 腌液温度应在 59～60℃ 之间。腿肉静置在高温腌液内，时间不宜超过 1h，一般以 30min 为宜，取出后可直接送至烟熏室，过夜后再烟熏，可以获得较好效果。高温腌制对大块肉并不适宜。

鱼的腌制同样要低温下进行，最适宜的腌制温度为 5～7℃，但小型鱼类可以采用较高温度腌制，因为在这种条件下食盐内渗速度仍比腐败变质迅速。

(2) 腌菜制品　蔬菜腌制时对温度的要求有所不同，因为有些蔬菜需乳酸发酵，而适宜乳酸菌活动的温度为 26～30℃。在此温度范围内发酵快、时间短，低于或高于适宜生长温度需时就长。例如包心菜发酵，25℃ 时仅需 6～8 天，而温度为 10～14℃ 时则需 5～10 天。酸分积累量和温度也有关系，蔬菜腌制时一般不采用纯粹培养的乳酸菌接种，最初腌制温度不宜过高（30℃ 以上），以免出现丁酸菌。到发酵高潮过后，就应将温度降下来，以防止其它有害菌的生长。但是，冬季腌制非发酵制品只需轻微发酵，温度关系不大，应稍低一些好。

4. O_2 与 CO_2 的控制

(1) 腌肉制品　肉类腌制时，保持缺氧环境将有利于避免制品褪色。当肉类无还原物质存在时，暴露于空气中的肉表面的色素就会氧化，并出现褪色现象。

（2）腌菜制品 缺氧是腌制蔬菜中必须重视的一个重要问题。乳酸菌为厌氧菌，只有缺氧时才能使蔬菜腌制进行乳酸发酵，同时还能减少因氧化而造成的维生素C的损耗。为此，蔬菜腌制时必须把容器装满、压紧；湿腌时尚须装满盐水，将蔬菜浸没，不让其露出液面，而且装满后必须将容器密封，这样不但减少了容器内的空气量，而且避免和空气接触。此外，发酵时产生的二氧化碳也将蔬菜内空气或氧排除掉，形成缺氧环境。

快速发酵所制成的腌酸菜（包心菜）中维生素C的保存量达 $90\%\sim100\%$，发酵比较慢时仅能保存为 $50\%\sim80\%$。若没有将蔬菜淹没，露出部分极易腐败，而所含维生素在24h内可以完全丧失殆尽。

不过，现在发现腌制黄瓜时大量的 CO_2 会引起黄瓜特别是大型黄瓜肿胀，高温腌制时尤其突出。为此，现在黄瓜腌制时要控制 CO_2 的产生。大肠杆菌、酵母和异质发酵乳酸菌发酵可产生 CO_2，黄瓜本身也易产生 CO_2。容器越深，CO_2 保留量越大。为此，需要对发酵进行控制，这就要求清洗黄瓜，酸化腌液，接入纯种如胚芽乳杆菌；其次，就是通入氯气，将盐液中 CO_2 赶出。

三、食品腌制设备

食品腌制的设备比较简单，但肌肉注射腌制法中使用的盐水注射机和嫩化机较为复杂，现简单介绍。盐水注射机的注射原理通常是将盐水贮装在带有多针头、能自动升降的机头中，使针头顺次地插入传送带输送过来的肉块里，针头通过泵口压力，将盐水均匀地注入肉块中。为防止盐水在肉外部泄漏，注射机的针头都是特制，只有针头碰撞到肉块产生压力时，盐水才开始注射，每个针头都具备独立的伸缩功能，以确保注射顺利。盐水注射机结构示意图如图 6-1 所示。

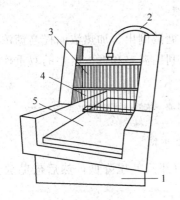

图 6-1 盐水注射机结构示意图
1—箱体；2—输液管；3—贮液装置；
4—液射针；5—传输带

图 6-2 嫩化机工作示意图

用腌制液注射肌肉时因为注射时盐液经常会过多地聚积在注射部位的四周，短时间内难以散开，因而通常在注射后采用嫩化机、滚揉机等对肌肉组织进行一定程度的破坏。嫩化机通过机械作用增加肉类的表面积，就是用尖锐的齿片刀、针、锥或带有尖刺的挤辊，对注射盐水后的大块肉进行穿刺、切割、挤压（图 6-2），对肌肉组织进行一定程度的破坏，打开肌肉肌腱，从而加速盐水的扩散和渗透，加快腌制的进行。滚揉机将已经注射及嫩化的肉块，进行慢速柔和地翻滚，使肉块得到均匀的挤压、按摩，加速肉块中盐溶蛋白的释放及盐水的渗透，增加黏着力和保水性能，提高出品率。滚揉机在肉制品行业内也被称为按摩机。目前在西式火腿的生产中，盐水注射、嫩化和滚揉都是广泛使用的腌制方式。

第四节 食品糖渍

一、食品糖渍的方法

糖渍过程是食品原料排水吸糖过程，糖液中糖分依赖扩散作用进入组织细胞间隙，在通过渗透作用进入细胞内，最终达到要求含糖量。糖渍方法有蜜制（冷制）和煮制（热制）两种。蜜制适用于皮薄多汁、质地柔软的原料；煮制适用于质地紧密、耐煮性强的原料。

1. 蜜制

蜜制是指用糖液进行糖渍，使制品达到要求的糖度。糖青梅、糖杨梅、樱桃蜜饯、无花果蜜饯以及多数凉果都是采用蜜制法制成的。此法的基本特点在于分次加糖，不对果实加热，能很好保存产品的色泽、风味、营养价值和应有的形态。

在未加热的蜜制过程中，原料组织保持一定的膨压，当与糖液接触时，由于细胞内外渗透压存在差异而发生内外渗透现象，使组织中水分向外扩散排出，糖分向内扩散渗入。但糖度过高时，会出现失水过快、过多，使组织膨压下降而收缩，影响制品饱满度和产量。为了加快扩散并保持一定饱满形态，可采用下列蜜制方法。

（1）分次加糖法　将需要加入的食糖，在蜜制过程中，分3～4次加入，逐次提高蜜制的糖浓度。具体方法如图6-3所示。

加糖↓　加糖↓　加糖↓
原料→糖渍（糖度40%）→糖渍（糖度50%）→糖渍（糖度60%）…… 出锅

图6-3　分次加糖法示意

（2）一次加糖多次浓缩法　在蜜制过程中，分期将糖液倒出、加热浓缩提高糖浓度，再将热糖液回加到原料中继续糖渍，冷果与热糖液接触，利用温差和糖浓度差的双重作用，加速糖分的扩散渗入（图6-4）。其效果优于分次加糖法。

原料→糖渍（糖度30%）→过滤→浓缩→糖渍（糖度45%）→过滤→浓缩→糖渍（糖度60%）→……
　　　　　　　　　　　└→原料→┘　　　　　　　　　　　└→原料→┘

图6-4　一次加糖多次浓缩法示意

（3）减压蜜制法　果蔬在减压锅内抽空，使果蔬内部蒸气压降低，然后借助放入空气时，因外压大可促进糖分渗入果内。具体方法如图6-5。

原料→30%的糖液抽空（0.98658MPa，40～60min）→糖渍（8h）→45%糖液抽空（0.98658MPa，40～60min）→
糖渍（8h）→60%糖液抽空（0.98658MPa，40～60min）→糖渍至终点

图6-5　减压蜜制法示意

（4）蜜制干燥法　凉果的蜜制多数采用此法。在蜜制后期，取出半成品曝晒，使之失去20%～30%的水分后再行蜜制至终点。此法可减少糖用量，降低成本，缩短蜜制时间。

2. 煮制（又称糖煮）

加糖煮制有利于糖分迅速渗入，缩短加工期，但色香味较差，维生素损失多。煮制分常压煮制和减压煮制两种。常压煮制又分一次煮制、多次煮制和快速煮制三种。减压煮制分减压煮制和扩散法煮制。

（1）常压煮制

① 一次煮制法　经预处理好的原料在加糖后一次性煮制成功。如苹果脯、蜜枣等。先配好40％的糖液入锅，倒入处理好的果实，加大火使糖液沸腾，果实内水分外渗，糖液浓度渐稀，然后分次加糖使糖浓度缓慢增高至60％～65％后停火。

此法快速省工，但持续加热时间长，原料易烂，色香味差，维生素破坏严重，糖分难以达到内外平衡，致使原料失水过多而出现干缩现象。在生产上较少采用。

② 多次煮制法　经3～5次完成煮制。先用30％～40％的糖溶液煮到原料稍软时，放冷糖渍24h。其后，每次煮制增加糖浓度10％，煮沸2～3min，直到糖浓度达60％以上。

此法每次加热时间短，辅以放冷糖渍，逐步提高糖浓度，因而获得较满意的产品质量。适用于细胞壁较厚难于渗糖（易发生干缩）和易煮烂的柔软原料或含水量高的原料。但此法加工时间过长，煮制过程不能连续化，费工、费时，占容器。

③ 快速煮制法　让原料在糖液中交替进行加热糖煮和放冷糖渍，使果蔬内部水气压迅速消除，糖分快速渗入而达平衡。处理方法是将原料装入网袋中，先在30％热糖液中煮4～8min，取出立即浸入等浓度的15℃糖液中冷却。如此交替进行4～5次，每次提高糖浓度10％，最后完成煮制过程。

此法可连续进行，时间短，产品质量高，但需具备足够的冷糖液。

（2）减压煮制

① 降压煮制法　又称真空煮制法。原料在真空和较低温度下煮沸，因组织中不存在大量空气，糖分能迅速渗入达到平衡。温度低、时间短，制品色香味体都比常压煮制优。具体方法如图6-6所示。

原料→煮软→25％糖液抽空(0.85326MPa,4～6min)→糖渍→40％糖液抽空(0.85326MPa,4～6min)→糖渍→60％糖液抽空(0.85326MPa,4～6min)→糖渍→至终点

图6-6　降压煮制法示意

② 扩散煮制法　原料装在一组真空扩散器内，用由稀到浓的几种糖液对一组扩散器的原料连续多次进行浸渍，逐步提高糖浓度。操作时，先将原料密闭在真空扩散器内，抽空排除原料组织中的空气，而后加入95℃热糖液，待糖分扩散渗透后，将糖液顺序转入另一扩散器内，再在原来的扩散器内加入较高浓度的热糖液，如此连续进行几次，制品即达要求的糖浓度。这种方法是真空处理，煮制效果好，可连续化操作。

二、食品糖渍的控制

1. 糖渍的基本原则

糖渍是在室温下进行，要保证糖渍的效果，需要注意以下几点。

（1）糖液宜稀不宜浓　稀糖液的扩散速度较快，浓糖液的扩散速度较慢。糖液浓度应当渐次增高，使糖液均匀地透入组织中。

（2）果蔬组织宜疏松　果蔬组织的紧密程度对透糖效果关系甚大，在室温条件下，紧密的组织是难以透糖的，因此，应当选择组织疏松的果蔬品种。

（3）时间宜长不宜短　在室温下，物质分子的运动速度较低，糖分子在果蔬组织中的扩散速度很慢，为保证透糖效果，只能延长糖渍时间，其生产周期一般为15～20天。

2. 糖液浓度的控制

在果蔬糖制操作中，糖液浓度与制品的品质、糖制速率等均有直观重要的关系。控制不

当会严重影响制品的质量，应该加以关注。

（1）糖的溶解　在果脯、蜜饯的糖制操作中，尽管使用的糖类有多种，但使用最多的还是蔗糖。在通常情况下，蔗糖呈结晶状，而在生产中使用的多是糖液，故首先应将其溶解。常用的溶解法有常温溶解法和加热溶解法。

① 常温溶解法　在室温下进行，所用的设备一般采用内装搅拌器的不锈钢桶，在桶底有排液的管道。先将不锈钢桶加入定量的饮用水，开动搅拌器，一边搅拌，一边加入预先计量的蔗糖，边加入边搅拌，直至完全溶解为止，一般需要搅拌 20～30min，即成为具有所需浓度的糖液。这种糖液的浓度一般为 45％～64％，若需存放 1 天以上者，则必须配成 65％以上。

② 加热溶解法　此法最常用，通常在化糖锅中进行，并备有搅拌器，用蒸汽进行加热。操作时，将计算准确的水和蔗糖导入化糖锅，用蒸汽加热至沸点，同时不断搅拌，直至全部溶解为止。

（2）提高糖液浓度的方法　在糖制过程中，由于要经过多次糖液浸泡，糖液浓度应逐步提高，以满足糖制时对糖液浓度的要求。在生产中，提高糖液浓度的方法主要有以下几种。

① 加干砂糖　本法是将干砂糖直接加于糖液中，但是要使干砂糖溶于糖液中，虽经搅拌，也难以很快溶解，若糖液浓度高，甚至部分砂糖长期处于不溶状态。

② 加热浓缩　加热浓缩是把原糖液加热，使之失去部分水分，糖液因而得到浓缩，浓度得以提高。操作时，将果蔬原料从原糖液中捞出，然后加热，使之沸腾而蒸发部分水分，直至达到所需浓度，再将果蔬原料放入糖液中。需要注意的是，在糖液失水后，糖液量会减少，要防止部分果蔬原料露出液面，以至不能透糖。

③ 加浓糖液　将浓糖液加入到原糖液中，使之浓度增加到所需要求。操作时，先把砂糖溶解到 70％～75％浓度的浓糖液，然后加入原糖液中。本法可确保砂糖溶解，又不会因糖液总量减少而使果蔬原料露出液面。

（3）糖液配制　在糖制工序中，糖液浓度的配制混合是生产中经常遇到的工作，同时也是十分关键的生产环节，若配制混合不当，会严重影响产品质量。特别是在多次糖煮操作中，糖液的配制更为重要。糖液配制有直接法和混合法两种。

① 直接法　根据所需要的浓度和糖液量计算出砂糖和水的用量，然后把砂糖和水放入锅内加热，同时进行搅拌，使之加速溶解，既可得到所需浓度的糖液。此糖液可用于对果蔬原料进行糖制。

② 混合法　将两种已知浓度的糖液混合在一起，成为所需浓度的糖液。在糖制过程中，常常需要调整糖液浓度。如前一次的糖液浓度为 30％，而后来的浓度为 40％，要提高 10％浓度，需要将已知浓度的浓糖液（如 70％浓度）加入到 30％浓度的糖液中，可根据 30％浓度糖液的数量，以及 70％浓度糖液的糖度，计算出需要量来，再将这两种糖液混合在一起，即得所需浓度的糖液。

3. 糖制操作终点的判断

不管是蜜制还是煮制，果蔬原料都要进入糖液中，判断糖制的终点是糖制操作中十分重要的环节。

（1）蜜制制品终点的判断　蜜制制品也是浸渍在糖液中，而终点的判断与糖液浓度有着直接关系，在进行终点判断的时候常用仪器法和经验法。

① 仪器测定

a. 波美计测糖度 波美计是测糖度的主要仪器，制品在最后一次糖渍后 2 天，用波美计测糖液糖度，如连续 3 天内测得的糖度恒定在 36°Bé 左右，即可达到糖制终点，再于此浓度的糖液中浸渍一周左右即可。

b. 折光计测糖度 如连续 3 天内，折光计所测的糖度恒定为 62%～65%，即为产品终点。

② 经验法估算 用经验法估算糖液浓度亦是判断终点的常用方法，糖煮时的集中经验法均可采用。由于糖液的流动性与温度直接相关，因此，在估算时必须考虑当时的温度，这也是正确估算浓度带来很大难度。

(2) 煮制制品终点的判断 糖煮终点的判断，一般是根据糖液的最后浓度为依据，即糖液中可溶解性固形物的含量。糖煮时，因果蔬组织中有不少可溶性固形物溶于糖液中，故糖液中的可溶性固形物含量一般在 70%～75%，这时糖液中的含糖浓度约为 60%～65%，检查浓度的方法主要有以下两种。

① 仪器测定

a. 波美计测糖度 当用波美计测糖液糖度为 37～38°Bé，相应的浓度为 69%～71% 时，即为糖煮终点。

b. 温度计测温度 糖液浓度与温度之间有一定的对应关系，因此，测定了糖液温度，也就可以用相应的表来查出糖液浓度。

② 经验估算 糖液浓度不同，其黏度亦不同，有经验者根据黏度大小可大致估算出糖液浓度，但此法的误差较大，只能作粗略了解。

三、糖渍设备

食品糖渍的设备比较简单，在此，简单介绍一下在糖液的渗透过程中起着重要作用的几种设备。

1. 划纹机、刺孔机

划纹和切缝是在物料表皮上，顺着果实纵向划、切满一周，要求划纹切缝要致密，并要深达肉质部分。如生产金丝蜜枣，其划纹深度约 0.3～0.5cm。图 6-7 所示为一种结构很简单的脚踏划纹机，工作时，原料需先经分级处理，再将分级好的原料人工放入进料口 4，接着，用脚踏踏板 6，使得压料头 2 下移，将位于进料口的原料往下压，迫使它通过刀片 3，刀片便在它的周向画出深深的纹路，再从出料口 5 落下，随之，脚放松踏板，压料头在弹簧 1 的作用下复位，完成了一个工作循环。

针刺是对皮层组织紧密或有蜡质不易透糖、透盐的小果所采取的措施。例如金橘、李、枣等体形较小，且以食用果皮为主的蜜钱，需要用刺孔机在表皮上刺孔，才有利于透糖或透盐。图 6-8 所示为一种结构较简单但使用较普遍的刺孔机。工作时，需要刺孔的果品置于料斗 1 中，果粒因重力成单层排列滚入两针刺辊 2 之间，针刺辊之间的间隙随果粒直径大小而调节，由于两针刺辊相向转动，使果粒通过针刺辊，果粒被均有的扎上针孔，这样，果粒便被粘在针刺辊上旋转向下。为了使果粒便于从针刺辊上脱下，在针刺辊下安有毛刷辊 3，毛刷辊高速转动，将针刺辊上粘住的果粒通通刷落，随之跌落到毛刷辊下面的接料盘 4 中，从而完成了针刺操作。

2. 糖煮设备

把果蔬组织与糖液一起加热煮制，是糖渍加工的一般基本方法。减压糖煮法是在较高的真空度下进行糖煮，有利于产品的品质，并缩短透糖时间。图 6-9、图 6-10 介绍了一种间歇

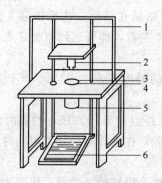

图 6-7　脚踏划纹机

1—弹簧；2—压料头；3—刀片；

4—进料口；5—出料口；6—踏板

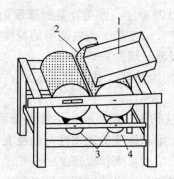

图 6-8　刺孔机

1—料斗；2—针刺辊；

3—毛刷辊；4—接料盘

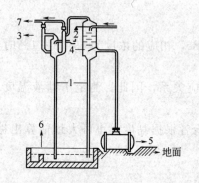

图 6-9　真空减压糖煮系统示意图

1—水柱；2—冷水喷管；3—水汽分离系统；

4—喷水冷凝器；5—糖煮罐；6—水池；

7—干蒸汽出口（接真空泵）

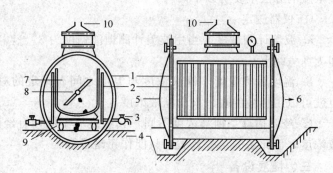

图 6-10　减压糖煮罐示意图

1—罐身；2—蒸汽加热排管；3—泄气及冷凝水阀；

4—地面；5—罐后盖；6—罐前盖；7—糖煮槽；

8—搅拌器；9—槽车；10—接真空泵

式减压糖煮设备。加料后，糖煮槽由槽车推入减压糖煮罐中，关闭罐盖，即开始通入加热蒸汽，使槽内糖液温度升高，同时加以搅拌。当温度升高到所需沸腾温度时，即由干式真空泵系统抽真空，使槽内达到沸腾的真空度，槽内料液开始沸腾，此时一面低速搅拌，完成糖煮过程后即解除真空，打开罐盖，移出糖煮槽，卸料。

第五节　食品烟熏

　　食品腌制和烟熏经常相互紧密地结合在一起，在生产中先后相继进行，即腌肉常需烟熏，烟熏肉必须预先腌制。烟熏像腌制一样也具有防止肉类腐败变质的作用。但是，由于冷冻保藏技术的发展，烟熏防腐作用已降为次要的位置，主要用于改善制品口味、色泽等以满足消费者的需求。

一、食品烟熏的方法

　　熏烟是由水蒸气、气体、液体（树脂）和固体微粒组合而成的混合物，现在已有200多种化合物能从木材发生的熏烟中分离出来。这并不意味着烟熏肉中存在着所有这些化合物，其中最主要的成分为酚、酸、醇、羟基化合物和烃等。熏烟的成分常因燃烧温度、燃烧室的条件、形成化合物的氧化变化以及其它许多因素的变化而有差异。

二、食品烟熏的控制

食品烟熏过程中，影响熏烟沉积量和速度的因素有熏烟的密度、烟熏室内的空气流速和相对湿度，以及烟熏中食品表面状态。熏烟密度和它沉积速度间的关系非常明显，因为密度越大，熏烟吸收量越大。烟熏室内的空气流速也有利于吸收，因为流动越迅速，和食品表面接触的熏烟也越多。但在高速流动的空气条件下难以形成高浓度的熏烟。因此，气流速度和密度处在互相对立的地位。为此，在实际操作中就要求气流能保证熏烟和食品有充分的接触，但还不至于会明显地使密度下降，两者必须协调，一般采用 7.5～15m/min 的空气流速。相对湿度不仅对沉积速度而且对沉积的性质都有影响，相对湿度有利于加速沉积，但不利于色泽形成。食品表面上的水分或缺少水分也会影响熏烟的吸收。潮湿有利于吸收，而干表面则延缓吸收。实际上为了生产优质产品，熏烟的吸收和色泽的形成必须加以平衡。有些产品必须是干的，而另一些则要潮一些。这就要改变烟熏过程以便加工成所需的产品。而且加工许多肠制品和烟熏肉制品时烟熏往往和熟煮结合在一起，烟熏常降为次要任务，而熟煮则成为主要目的。具体来说食品的烟熏方法主要有三种：冷熏法、热熏法和液熏法。

1. 冷熏法

制品周围熏烟和空气混合气体的平均温度不超过 22℃（一般为 15～20℃）的烟熏过程称为冷熏。冷熏所需时间较长，至少为 4～7 天，最长的可达 20～35 天，为此，熏烟成分在制品中内渗比较深。食品采用冷熏时，制品干燥虽然比较均匀，但程度较深，水分损失量大，制品含水量低（35% 以下），含盐量和烟熏聚积量相对提高，保藏期增长。制品内脂肪融化不显著。冷熏方法制品的耐藏性比其它烟熏方法稳定，特别适合烟熏生香肠。

2. 热熏法

制品周围熏烟和空气混合气体的温度超过 22℃ 的烟熏过程称为热熏。热熏法熏制食品时采用两种温度，一种是 35～50℃；另一种是 60～110℃，甚至高达 120℃ 的。前者又称为温熏，烟熏时间一般为 2～12h；后者称为热熏或焙熏，像肠制品、熟腌腿等一类制品。

由于热熏法温度较高，表层蛋白质会迅速凝固，以致制品的表面上很快形成干膜，妨碍了制品内的水分外渗，延缓了干燥过程，同时也阻碍了熏烟成分向制品内部渗透。故制品的含水量高（50%～60%），盐分及熏烟成分含量低，且脂肪因受热容易融化，不利于贮藏。热熏肉的耐贮藏性不如冷熏产品。

热熏法烟熏结束后，必须立即从烟熏室内取出制品。如果继续放置在烟熏室内使其冷却，会引起收缩，影响外观。不过从烟熏室取出制品后，也不可放在通风处。通风条件好，会引起明显收缩。烟熏后的制品应该在不通风的地方慢慢地冷却。但是通脊火腿、脱骨火腿和一些便于制作的香肠等，在烟熏后，如需要进行蒸煮，要立即实施蒸煮工序。如若再进行一次冷却，不仅浪费燃料，而且制品上会出现褶皱。褶皱程度较轻的制品，通过蒸煮有些伸展开，而褶皱程度较重的却无望得到改善。

3. 液熏法

液熏法又称为湿熏法或无烟熏法，它是将木材干馏生成的烟气成分采用一定方法液化或再加工后形成的烟熏液，浸泡食品或喷涂食品表面，以代替传统的烟熏方法。和前两种烟熏方法相比，液熏法具有以下优点：①不再需要熏烟发生装置，节省了大量的设备费用；②由于烟熏剂成分比较稳定，便于实现熏制过程的机械化和连续化，可大大缩短熏制时间；③用于熏制食品的液态烟熏制剂已除去固相物质，无致癌的危险；④工艺简单，操作方便，熏制时间短，劳动强度降低，不污染环境；⑤通过后道加工使产品具有不同风味和控制烟熏成品的色泽，这在常规的气态烟熏方法中是无法实现的；⑥能够在加工的不同步骤中、在各种配方中添加烟熏调味料，使产品的使用范围大大增加。

液态烟熏剂（简称液熏剂）一般由硬木屑热解制成。将产生的烟雾引入吸收塔的水中，熏烟不断产生并反复循环被水吸收，直到达到理想的浓度。经过一段时间后，溶液中有关成分相互反应、聚合，焦油沉淀，过滤除去溶液中不溶性的烃类物质后，液态烟熏剂就基本制成了。这种液熏剂主要含有熏烟中的蒸气相成分，包括酚、有机酸、醇和羰基化合物。利用上述原始的烟熏剂，又可调节其中的酸浓度或者调节其中的成分，生产出各种不同的产品。如以植物油为原料萃取上述液态烟熏剂，可以提取出酚类，这种产品不具备形成颜色的性质，该产品已经被广泛应用于肉的加工。另外也可采用在表面活性剂溶液萃取液态烟熏剂，得到能水溶的烟熏香味料。比如在美国，培根肉就用这种产品作为添加剂。

液态烟熏剂以及衍生产物在使用时可以采用直接混合法和表面添加法两种。

（1）直接混合法　将熏液按配方直接与食品混合均匀即成。适用于肉（鱼）糜型、液体型、粉末型或尺寸较小的食品的熏制。对大尺寸的食品，可通过成排的针，将熏液或稀释液注入食品，再经按摩，使熏液分散均匀。

（2）表面添加法　将熏液或稀释液施于食品的表面而实现熏制目的。本法适用于尺寸较大的食品的熏制，基本原理类似于烟作用于食品的表面。熏液或稀释液的浓度、作用时间、食品表面的湿度和温度等，对最终熏制结果都有重要影响。例如，浓度高作用时间少；反之，浓度低作用时间要长。表面添加法又可分为浸渍法、喷淋法、涂抹法和雾化法等。

① 浸渍法　将食品浸泡于熏液或稀释液中，经一定时间后取出，沥干或风干而成。浸渍液可重复使用。

② 喷淋法　将熏液或稀释液喷淋于食品表面，经一定时间后停止喷淋，风干或烘干即成。

③ 涂抹法　将熏液或稀释液涂抹于食品表面，多次涂抹可获得更好的效果。

④ 雾化法　将熏液或稀释液用高压喷嘴喷成雾状，在熏房中完成熏制。

⑤ 汽化法　将熏液滴在高热的金属板上汽化成烟雾，熏制在熏房中完成。

三、食品烟熏设备

烟熏设备原来比较简单，但是工业化后要求能连续地进行同样的烟熏过程，这就复杂起来了。简单烟熏炉要控制温度、相对湿度和燃烧速度比较困难，现在已设计出不但能控制这三种因素，而且还能控制熏烟密度的高级烟熏设备。

烟熏设备主要有三种类型：空气自然循环式，强制循环式，连续式；另外还有在这三种类型基础上加以改进的其它形式。

1. 空气自然循环式设备

也叫直火式烟熏，是在烟熏室内燃着发烟材料，使其产生烟雾，利用空气自然对流的方法，把烟分散到室内各处。直火式烟熏法有千年以上的历史，常见的有单层烟熏炉、塔式烟熏室等。简单烟熏装置如图 6-11 所示，是从最下面一层发烟，将需要强熏的培根等放在最下层，需要淡熏的维也纳香肠放在上层，这种烟熏设备一次可以熏制好几种制品。烟熏室整体细而高，呈塔状。直火式烟熏设备由于是依靠空气自然对流的方式，使烟在烟熏室内流动和分散的，存在温度差、烟流不均、原料利用率低、操作方法复杂等缺陷，目前只有一些小型企业仍在使用。

2. 强制循环式烟熏设备

此设备不在烟熏室内发烟，而是将烟雾发生器产生的烟通过鼓风机强制送入烟熏室内，对制品进行烟熏。这个方法特别适用于生产全煮熟或半煮熟产品。此设备不仅能更正确地控制烟熏过程，而且还能控制比烟熏更重要的熟煮温度以及成品的干缩度。空气循环由鼓风机进行控制，因而空气可以全部再次循环，或部分再次循环，或全部向外排除掉。因此，这种类型的烟熏房空气能均匀流动，还能良好地控制温度。空气强制流通烟熏房不仅能控制空气或烟熏流速，而且通常还能调节相对湿度。烟熏房内温、湿度控制系统组合见图 6-12。在温度控制系统内还必须装有能始终保持装水盘内充满水的自动控制系统，否则由于烟熏房内温度较高，水盘内的水会迅速蒸发掉，这就难以达到控制烟熏房内相对湿度的目的。

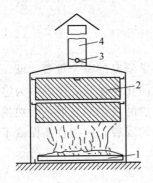

图 6-11　简单烟熏装置

1—熏烟发生器；2—食品挂架；

3—调节阀门；4—烟囱

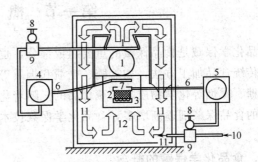

图 6-12　烟熏房内温、湿度控制系统组合示意图

1—鼓风机；2—湿纱布；3—装水盘；

4—干球温度控制仪；5—湿球温度控制仪；

6—毛细管；7—感受器；8—阀门；

9—蒸汽阀；10—常压蒸汽；

11—热空气；12—返回空气

【复习思考题】

1. 试述食盐的保藏作用？
2. 食品腌制的方法有哪些？食品腌制过程如何控制？
3. 以当地的一种主要蔬菜为例，请设计腌制品的加工工艺。
4. 简述食糖的保藏作用？食品的糖渍过程如何控制？
5. 食品有哪些发酵类型？
6. 发酵对食品品质有哪些影响？在加工过程中控制食品发酵的因素有哪些？
7. 烟熏的作用有哪些？简述食品烟熏的方法。

【参考文献】

[1] 陈学平. 果蔬产品加工工艺学. 北京：中国农业出版社，1993.

[2] 刘建学. 食品保藏学. 北京：中国轻工业出版社，2006.

[3] 秦文. 农产品贮藏与加工. 北京：中国计量出版社，2007.

[4] 天津轻工业学院、无锡轻工大学合编. 食品工艺学. 北京：中国轻工业出版社，1999.

[5] 夏文水. 食品工艺学. 北京：中国轻工业出版社，2007.

[6] 叶兴乾. 果品蔬菜加工工艺学. 北京：中国农业出版社，2002.

[7] 龙桑. 果蔬糖渍加工. 北京：中国轻工业出版社，2000.

[8] 李基洪，陈奇. 果脯蜜饯生产工艺与配方. 北京：中国轻工业出版社，2000.

第七章 食品的化学保藏

第一节 概　　述

食品化学保藏是食品保藏的重要组成部分，也是食品科学研究的一个重要领域。前几章所述的传统食品加工方法，如盐腌、糖渍和烟熏等都属于食品化学保藏方法，因为它们是利用盐、糖、熏烟等化学物质来保藏食品的。随着化学工业和食品科学的发展，天然提取和化学合成的食品保藏剂逐渐增多，食品化学保藏技术也获得新的发展，成为食品保藏不可缺少的技术。

一、食品化学保藏的概念

食品化学保藏就是在食品生产和贮运过程中使用化学物质（食品添加剂）来延长食品的贮藏期、保持食品原有品质的措施。与其它食品保藏方法，如干藏、低温保藏和罐藏相比，食品化学保藏具有简便、经济的特点。不过它只能是在有限时间内保持食品原来的品质状态，属于一种暂时性或辅助性的食品保藏方法。

二、食品化学保藏的分类

食品化学保藏剂种类繁多，它们的理化性质和保藏的机理也各不相同。有的化学保藏剂作为食品添加剂直接加入食品中构成食品的组成成分，有的则是以改变或控制环境因素（如氧）对食品起保藏作用。按照化学保藏剂保藏机理的不同，可将其分为防腐剂、杀菌剂、抗氧化剂和脱氧剂等，与之对应的就有食品防腐保藏、食品杀菌保藏、食品抗氧化保藏以及食品保鲜保藏等。

第二节　食品防腐保藏

食品防腐保藏是使用化学药剂抑制微生物生长繁殖的保藏方法，所使用的化学药剂称为食品防腐剂。从广义上讲，凡是能抑制微生物的生长、延缓食品腐败变质或食品内各成分新陈代谢活动的物质都可称为防腐剂，包括在食品加工中经常添加的食盐、食醋、蔗糖和其它调味料物质。

食品防腐剂的种类很多，它们的防腐机理各不相同，但一般认为食品防腐剂对微生物的抑制作用是通过影响细胞亚结构而实现的，这些亚结构包括细胞壁、细胞膜、与代谢有关的酶、蛋白质合成系统及遗传物质等。由于每个亚结构对菌体而言都是必需的，因此食品防腐剂只要作用于其中的一个亚结构就能达到杀菌或抑菌的目的。

食品防腐剂作为一类以保持食品原有性质和营养价值为目的食品添加剂，其必须具备的条件是：①经过毒理学鉴定程序，证明在适用限量范围内对人体无害；②防腐效果好，在低浓度下仍有抑菌作用；③化学性质稳定，对食品的营养成分不应有破坏作用，也不会影响食品的质量及风味；④使用方便，经济实惠。食品防腐剂的种类很多，主要包括化学防腐剂和生物（天然）防腐剂两大类。

一、化学防腐剂

目前世界上用于食品保藏的化学防腐剂有 30～40 种。常用的化学合成防腐剂有苯甲酸类、山梨酸类和丙酸类等，其抑菌效果主要取决于它们未解离的酸分子的数量，pH 值对其影响较大。一般而言，酸性越大，防腐效果越好，而在碱性环境下几乎无效，表 7-1 列出了不同 pH 值对几种常见酸型防腐剂解离的影响。

表 7-1 pH 值对几种常见酸型防腐剂解离的影响

pH 值	山梨酸未解离质量分数/%	苯甲酸未解离质量分数/%	丙酸未解离质量分数/%
3	98	94	99
4	86	60	88
5	37	1.3	42
6	6	1.5	6.7
7	0.6	0.15	0.7

1. 苯甲酸及其钠盐

苯甲酸和苯甲酸钠又称为安息香酸和安息香酸钠，是使用历史较为悠久的食品防腐剂。二者的分子式和结构式如下。

苯甲酸　　　　　　　　　　　苯甲酸钠

苯甲酸为白色鳞片状或针状结晶，无臭或微带安息香气味，味微甜，有收敛性。在常温下难溶于水，在空气（特别是热空气）中微挥发，有吸湿性，易溶于热水，也溶于乙醇、氯仿和非挥发性油。苯甲酸、苯甲酸钠的性状和防腐性能相差不大，但因苯甲酸钠在空气中稳定且易溶于水，因而在生产上使用更为广泛。

苯甲酸及其钠盐是广谱性抑菌剂，其抑菌机理是使微生物细胞的呼吸系统发生障碍，使三羧酸循环（TCA 循环）中"乙酰辅酶 A ——→ 乙酰乙酸及乙酰草酸——→柠檬酸"之间的循环过程难以进行，并阻碍细胞膜的正常生理作用。苯甲酸的抑菌作用主要针对酵母菌和霉菌，细菌只能部分被抑制，对乳酸菌和梭状芽孢杆菌的抑制效果很弱。苯甲酸及其钠盐的防腐效果视 pH 值不同而异，一般 pH<5 时抑菌效果较好，pH2.5～4.0 时抑菌效果最好。例如当 pH 值由 7 降至 3.5 时，其防腐效力可提高约 10 倍。它们在碱性介质中则无杀菌、抑菌作用。

苯甲酸及其钠盐作为食用防腐剂比较安全，摄入人体内后经过肝脏作用，大部分能在9～15h 内与体内甘氨酸反应生成马尿酸排出体外，剩余的部分可与体内葡萄糖酸反应生成葡萄糖苷酸而解毒，全部进入肾脏，经尿液排出。所以每日摄入少量的苯甲酸不会对人体产生危害。

苯甲酸类在我国可以用于面酱类、果酱类、酱菜类、罐头类和一些酒类等食品中，但国家明确规定苯甲酸类不能用于果冻类食品中。由于苯甲酸类防腐剂有一定的毒性，我国对其使用范围作了一定的限制。目前世界上许多国家已用山梨酸钾代替苯甲酸及其盐类在食品中的使用。

在使用苯甲酸及其钠盐时应注意以下问题：①因为苯甲酸加热至100℃时能够升华，在酸性环境中容易随水蒸气蒸发，因此操作人员需要采取一些防护措施，如戴口罩、手套等；②苯甲酸及其钠盐在酸性条件下防腐性能良好，但对产酸菌的抑制作用比较弱，所以使用该防腐剂时应将食品的pH调节到2.5～4.0，以充分发挥防腐剂的作用；③苯甲酸溶解度低，使用时需加入适量碳酸氢钠或碳酸钠，并以50℃以上的热水溶解以促使其转化为苯甲酸钠，再加入食品；④严格控制使用量，保证食品的卫生安全性。联合国粮农组织和世界卫生组织规定苯甲酸或苯甲酸钠的摄入量为0～5mg/(kg体重·天)。我国对苯甲酸及其钠盐的用量规定和应用的食品种类范围见表7-2。苯甲酸的ADI值为0～5mg/kg。

表7-2　苯甲酸与苯甲酸钠的使用标准

名称	适用范围	最大使用/(g/kg)	备注
苯甲酸	酱油、醋、果汁、果酱、果子露、罐头、果肉饮料	1.0	浓缩果汁不得超过2g/kg；苯甲酸钠和苯甲酸同时使用时，以苯甲酸计，不得超过最大使用量
苯甲酸钠	葡萄酒、果酒	0.8	
	碳酸饮料、配制酒	0.2	
	蜜饯凉果、腌制蔬菜	0.5	
	复合调味料	0.6	

2. 山梨酸及山梨酸钾

山梨酸和山梨酸钾的结构式如下。

山梨酸　　　山梨酸钾

该防腐剂为无色针状结晶体粉末，无臭或略带刺激性气味，对光、热稳定，因为山梨酸是不饱和脂肪酸，久置空气中易氧化变色，防腐效果也有所降低。山梨酸难溶于水，微溶于乙醇等有机溶剂。使用时须先将其溶于乙醇或碳酸氢钾中；山梨酸钾则易溶于水，也易溶于乙醇等有机溶剂，在一定浓度的蔗糖和食盐溶液中，也有较高的溶解度，因此使用范围广，常用于饮料、果脯、罐头等食品中。

山梨酸及其钾盐的抗菌机理主要是山梨酸分子能与微生物细胞酶系统中的巯基（—SH）结合，从而达到抑制微生物生长和防止食品腐败的目的。山梨酸和山梨酸钾对细菌、酵母和霉菌均有抑制作用，但对厌气性微生物和嗜酸乳酸杆菌几乎无效。其防腐范围高于丙酸和苯甲酸，效果随pH值的下降而增加，pH 5～6以下使用较为适宜，在pH 3时抑菌效果最好，见表7-3。

表7-3　山梨酸在不同pH下的解离度

pH	未解离的酸/%	pH	未解离的酸/%
7.0	0.6	4.4	70.0
6.0	6.0	4.0	86.0
5.8	7.0	3.7	93.0
5.0	37.0	3.0	98.0

山梨酸是不饱和的六碳酸，能参与体内的正常代谢活动，最终被氧化成二氧化碳和水，属于较安全的食品防腐剂。我国对山梨酸及其钾盐的用量和范围规定如表7-4。为提高防腐

效果，山梨酸可与苯甲酸、丙酸、丙酸钙等防腐剂结合使用，但与其中任何一种制剂并用时，其使用量按山梨酸和另一防腐剂的总量计，应低于山梨酸的最大量。

表 7-4 山梨酸及其钾盐的使用标准

名称	使用范围	最大使用量 /(g/kg)	备注
山梨酸及其山梨酸钾盐	酱油、醋、果酱、调味糖浆低盐酱菜、面酱类、面包、糕点	1.0	浓缩果汁不超过 3g/kg,山梨酸和山梨酸钾同时使用时,以山梨酸计,不得超过最大使用量
	蜜饯凉果、果冻、盐渍的蔬菜、饮料类、加工食用菌类和藻类、酱及酱制品、风味冰	0.5	
	熟肉制品、预制水产品、蛋制品(改变其物理性状)	0.075	
	葡萄酒、果酒	0.6	
	浓缩果蔬汁	2.0	

根据山梨酸及其钾盐的理化性质，在食品中使用时应注意下列事项：①山梨酸容易随着加热的水蒸气挥发，所以在使用该防腐剂时，应该先将食品加热后冷却到一定温度，再按规定的用量添加，以减少其挥发损失；②山梨酸及其钾盐对人体皮肤和黏膜有一定的刺激性，这就要求操作人员注意采取防护措施；③对于微生物污染严重的食品其防腐效果不明显，因为微生物可利用山梨酸作为营养物质，不仅起不到防腐作用，反而会促进食品的腐败变质；④为防止氧化，溶解山梨酸时不得使用铜、铁等容器，因为这些离子的溶出会催化山梨酸的氧化过程；⑤山梨酸不易长期与乙醇共存，因为乙醇与山梨酸作用形成 2-乙氧基-3,5-己二烯，从而影响食品原有的风味。

3. 丙酸盐

丙酸盐是脂肪酸盐类防腐剂，常用的有丙酸钙和丙酸钠，它们的分子式如下。

$$(CH_3CH_2COO)_2Ca \qquad CH_3CH_2COONa$$
$$丙酸钙 \qquad\qquad 丙酸钠$$

丙酸为无色液体，有与乙醇类似的刺激味，能与水、醇、醚等有机溶剂混溶。丙酸钠为白色颗粒或粉末，无臭或微带特殊臭味，易溶于水，溶于乙醇。丙酸钙溶于水，不溶于乙醇，其它与丙酸钠相似。

丙酸（$CH_3—CH_2—COOH$）是一元羧酸，属酸性防腐剂，pH 越小抑菌效果越好，一般 pH<5.5。丙酸盐的抑菌谱较窄，主要作用于霉菌，对细菌作用有限，对酵母无作用。所以丙酸盐常作为霉菌抑制剂使用，一般用于面包、糕点、豆制食品和生面湿制品的防腐。在同一剂量下丙酸钙抑制霉菌的效果比丙酸钠好，但会影响面包的膨松性，实际常用钠盐。另外，丙酸可认为是食品的正常成分，也是人体代谢的正常中间产物，故基本无毒。丙酸钙用于糕点、卷饼、乳酪和面包等食品，可补充食品中的钙质，日本规定最大用量为 3.15g/kg 以下。

我国食品添加剂使用卫生标准规定，丙酸钙可用于面包、醋、酱油、糕点，最大使用量为 2.5g/kg；丙酸钠可用于糕点，最大使用量为 2.5g/kg。

4. 对羟基苯甲酸酯类

又称尼泊金酯类，包括甲、乙、丙、异丙、丁、异丁等酯，它们的结构式如下。

$$HO-\text{〈}-COOR$$
对羟基苯甲酸酯

式中 R 分别为：

—CH₂CH₃	乙基（乙酯）
—CH₂CH₂CH₃	丙基（丙酯）
—CH(CH₃)CH₃	异丙基（异丙酯）
—CH₂CH₂CH₂CH₃	丁基（丁酯）
—CH₂CH(CH₃)CH₃	异丁基（异丁乙酯）

对羟基苯甲酸酯类多呈白色晶体，稍有涩味，几乎无臭，无吸湿性，对光和热稳定，微溶于水，易溶于乙醇和丙二醇。其在 pH4～8 范围内均有较好防腐效果，其抑菌效果受 pH 值的影响较小，故可用来替代酸型防腐剂。其抑菌机理与苯甲酸相同，主要是抑制微生物细胞的呼吸酶系与电子传递酶系的活性，破坏微生物的细胞膜结构，从而起到防腐作用。

对羟基苯甲酸酯类属于广谱防腐剂，对霉菌、酵母有较强的抑制作用，对细菌尤其是革兰氏阴性杆菌和乳酸菌作用较弱。其结构式 R 上的碳链越长，其抑菌效果也越强。动物毒理学实验证明，对羟基苯甲酸酯类的毒性低于苯甲酸，但高于山梨酸，是较为安全的防腐剂。几种主要对羟基苯甲酸酯类防腐剂的抑菌能力见下表 7-5。

表 7-5 对羟基苯甲酸酯类防腐剂的抑菌能力[①]   单位：%

被检微生物	对羟基苯甲酸酯类			被检微生物	对羟基苯甲酸酯类		
	乙酯	丙酯	丁酯		乙酯	丙酯	丁酯
黑曲霉	0.05	0.025	0.013	纹膜醋酸杆菌	0.05	0.025	0.013
苹果青霉	0.025	0.013	0.006	枯草芽孢杆菌	0.05	0.013	0.006
黑根霉	0.05	0.013	0.006	凝结芽孢杆菌	0.1	0.025	0.013
啤酒酵母	0.05	0.013	0.006	巨大芽孢杆菌	0.05	0.013	0.006
耐渗透压酵母	0.05	0.013	0.006	金黄色葡萄球菌	0.05	0.025	0.013
异形汉逊氏酵母	0.05	0.025	0.013	假单胞菌属	0.1	0.1	0.1
毕氏皮膜酵母	0.05	0.025	0.013	普通变形杆菌	0.1	0.05	0.05
乳酸链球菌	0.1	0.025	0.013	大肠杆菌	0.05	0.05	0.05
嗜酸乳杆菌	0.1	0.05	0.05	生芽孢梭状芽孢杆菌	0.1	0.1	0.025

① pH 值 5.5 时完全抑制微生物生长的最小质量分数。

该防腐剂可用于酱油、酱料等食品的防腐，其最大用量以对羟基苯甲酸计，不超过 0.25g/kg。其使用标准见表 7-6。

表 7-6 对羟基苯甲酸酯类及其钠盐防腐剂使用标准

食品名称	最大用量/(g/kg)	食品名称	最大用量/(g/kg)	备注
酱油	0.25	酱及酱制品	0.25	
醋	0.1	焙烤食品馅料	0.5	以对羟基苯甲酸计
碳酸饮料	0.2	经表面处理的新鲜蔬菜	0.012	

酯型防腐剂最大的缺点是有特殊味道，水溶性差，酯基碳链长度与水溶性成反相关。在使用时，通常是将它们先溶于氢氧化钠、乙醇或乙酸中，再分散到食品中。

5. 脱氢醋酸及其钠盐

脱氢醋酸及其钠盐为白色、无味、无臭化合物。脱氢醋酸熔点 109～112℃，沸点

270℃，易溶于酒精，难溶于水（700∶1），但在碳酸氢钠水溶液中易溶（3∶1），遇光渐变黄色，有吸湿性，水溶液加入醋酸和醋酸铜则产生沉淀。脱氢醋酸钠由脱氢醋酸和氢氧化钠反应制成，易溶于水、甘油、丙二醇，微溶于乙醇，对光、热较稳定。脱氢醋酸钠用量按脱氢醋酸量计算，为其1.24倍。两者的结构式如下。

脱氢醋酸及其钠盐的防腐效果主要是由三羰基甲烷结构与金属离子发生螯合作用，从而损害微生物的酶系。两者均有较强的抗菌力，对霉菌、酵母的抗菌力尤强，0.1%的浓度可有效地抑制霉菌，而抑制细菌的浓度为0.4%。

脱氢醋酸及其钠盐是一种安全性高、抗菌范围广、抗菌能力强、对热较稳定的防腐剂。它们的抗菌作用受pH值的影响小，受热的影响也较小，120℃、20min不影响其抗菌效力。在酸性或微碱性的条件下，均能保持高效抗菌效力。其抗菌能力优于苯甲酸钠、山梨酸钾和丙酸钙等。

允许用量以脱氢醋酸计为0.3g/kg，如腐乳、酱菜、果脯可用0.03%；酱油0.01%；蛋糕、面包、豆沙馅0.075%；橘子汽水0.005%。由于脱氢醋酸水溶性较差，故常用脱氢醋酸钠。

6. 双乙酸钠（SDA）

双乙酸钠相对分子质量为142，白色结晶，略有醋酸气味，极易溶于水（1g/ml）；10%的水溶液pH为4.5~5.0，150℃可分解。

$$C_4H_7O_4Na \cdot H_2O$$
双乙酸钠

双乙酸钠成本低，性质稳定，防霉防腐作用显著。可用于粮食、食品、饲料等防霉防腐，最大使用量为1g/kg，还可作为酸味剂和品质改良剂。

7. 联苯

联苯又称联二苯相对分子质量为154.21，为无色或白色结晶或晶体粉末，有特殊臭味，熔点69~71℃，沸点254~255℃，相对密度1.04，不溶于水，溶于乙醇和乙醚。结构式如下。

联苯

联苯对柠檬、葡萄、柑橘类果皮上的霉菌有很强的杀灭效果，尤其对指状青霉和意大利青霉的防治效果更强。一般不直接使用于果皮，而是利用其升华性（25℃下蒸气压为1.3Pa），将该药浸透于纸中，再将浸有此药液的纸放置于贮藏和运输的包装容器中，让其慢慢挥发，待果皮吸附后，即可产生防腐效果。果实所允许的药剂残留量应在0.07g/kg以下。

8. 噻苯咪唑（TBZ）

噻苯咪唑相对分子质量为201.25，为白色晶体粉末，无臭，无味，熔点304~305℃，难溶于水（30mg/L），它在水中的pH为2.2时，溶解度为3.84%，微溶于乙醇。结构式如下。

噻苯咪唑

噻苯咪唑是一种毒性小、稳定性高、效力持续时间长的防腐剂。它既对植物杀菌有效，也对动物驱虫有效。实际使用时，常制成胶悬剂或液剂浸果，也可制成果蜡和烟熏剂，用于柑橘、香蕉、蒜薹、青椒等食品的防腐。使用后允许残留量，柑橘类 0.01g/kg 以下，香蕉为 0.0038g/kg 以下，香蕉果肉为 0.0004g/kg 以下。

以上防腐剂在我国生产实际中已广泛用于各类食品的保藏，并取得较好的效果。此外，在肉制品中添加适量的硝酸盐或亚硝酸盐，不仅能保持食品的鲜红色，而且还起着抑制肉毒梭菌的繁殖，使肉制品免受微生物污染的作用。

二、生物（天然）防腐剂

生物防腐剂是指从植物、动物组织内或微生物代谢产物中提取出来的具有防腐作用的一类物质，又称为天然防腐剂。生物防腐剂具有抗菌性强、安全无毒、水溶性好、热稳定性好、作用范围广等优点，是食品防腐剂的主要发展方向。现已开发了多种生物防腐剂，如溶菌酶、鱼精蛋白、乳酸链球菌素、纳他霉素等。

1. 溶菌酶

溶菌酶又称为胞壁质酶或 N-乙酰胞壁质聚糖水解酶。属于碱性蛋白酶，为白色结晶，含 129 个氨基酸，相对分子质量为 14380，等电点为 10.5～11.0（鸡卵溶菌酶），最适 pH 值为 5～9。溶菌酶化学性质非常稳定，pH 在 1.2～11.3 的范围内剧烈变化时，其结构几乎不变。酸性条件下，溶菌酶遇热较稳定，pH4～7、100℃处理 1min 仍保持原酶活；但是在碱性条件下，溶菌酶对热稳定性差，用高温处理时酶的活性会降低，不过其溶菌酶的热变性是可逆的。

溶菌酶能溶解许多细菌的细胞膜，使细胞膜的糖蛋白发生分解，而导致细菌不能正常生长。溶菌酶对革兰氏阳性菌、好气性孢子形成菌、枯草杆菌、地衣型芽孢菌等均有良好的抗菌能力。

溶菌酶是无毒、无害、安全性很高的的蛋白质，且具有一定的保健作用。目前已广泛地应用于肉制品、乳制品、方便食品、水产品、熟食及冰淇淋等食品的防腐。由于溶菌酶对多种微生物有很好地抑菌作用，它在食品保藏中的作用越来越引起人们的重视。

2. 蛋白质类

这类抑菌蛋白属碱性蛋白，主要包括精蛋白和组蛋白。精蛋白能溶于水和氨水，和强酸反应生成稳定的盐。精蛋白是高度碱性的蛋白质，分子中碱性氨基酸的比例可达氨基酸总量的 70%～80%。精蛋白加热不凝结，相对分子质量小于组蛋白，属动物性蛋白质。例如存在于鱼精、鱼卵和胸腺等组织中的精蛋白。组蛋白能溶于水、稀酸和稀碱，不溶于稀的氨水，分子中含有大量的碱性氨基酸。组蛋白也是动物性蛋白质。例如从小牛胸腺和胰腺中可分离得到组蛋白。

该类蛋白质产品呈白色至淡黄色粉末，有特殊味道；耐热，在 210℃下 90min 仍具有抑菌作用，适宜配合热处理，可达到延长食品保藏期的作用。在碱性条件下，最小抑菌浓度为 70～400mg/L。在中性和碱性条件下，对耐热芽孢菌、乳酸菌、金黄色葡萄球菌和革兰氏阴性菌均有抑制作用，pH7～9 时最强，并且对热（120℃，30min）稳定。与甘氨酸、醋酸、盐、酿造醋等合用，再配合碱性盐类，可使抑菌作用增强。对鱼糜类制品有增强弹性的效果，如与调味料合用，还有增鲜作用，但能与某些蛋白质、盐和酸性多糖等结合而呈不溶性，抑菌效率下降。

由于这类蛋白是完全的天然成分，具有很高的安全性，将它作为食品防腐剂具有明显的优越性。

3. 乳酸链球菌素

乳酸链球菌素是从乳酸链球菌发酵产物中提取的一种多肽物质，由 34 个氨基酸组成。肽链中含有 5 个硫醚键形成的分子内环。氨基末端为异亮氨酸，羧基末端为赖氨酸。活性分子常为二聚体、四聚体等，是一种世界公认的安全性很强的天然生物食品防腐剂。

商品乳酸链球菌素为白色粉末，略带咸味，其溶解度随着 pH 值的升高而下降。pH 值为 2.5 时的溶解度为 120g/L，pH 值为 5.0 时则下降为 40g/L，在中性和碱性条件下，几乎不溶解。在 pH 值小于 2 时，可经 115.6℃ 杀菌不失活。当 pH 值超过 4 时，特别是在加热条件下，它在水溶液中分解加速。乳酸链球菌素抗菌效果最佳的 pH 值是 6.5～6.8，然而在这个范围内，经过灭菌后丧失 90％ 活力。在实际应用中，由于受到牛奶、肉汤等食品原料中的大分子物质的保护，其稳定性可大大提高。

乳酸链球菌素能有效抑制革兰氏阳性菌，如肉毒杆菌、金黄素葡萄球菌、溶血链球菌及李斯特杆菌的生长繁殖，尤其对产生孢子的革兰氏阳性菌和枯草芽孢杆菌及嗜热脂肪芽孢杆菌等有很强的抑制作用，但对革兰氏阴性菌、霉菌和酵母的影响则很弱。

我国国家标准规定，乳酸链球菌素可用于罐头、植物蛋白饮料以及乳、肉制品，最大使用量分别为：罐头、植物蛋白饮料 0.2g/kg，乳、肉制品 0.5g/kg。ADI 值为：33000IU/kg。

4. 纳他霉素

纳他霉素呈白色或奶油黄色结晶性粉末，几乎无臭无味，熔点 280℃，几乎不溶于水、高级醇、醚和酯等物质，微溶于甲醇，溶于冰醋酸和二甲基亚砜。相对分子质量为 665.75，其分子式为 $C_{33}H_{47}NO_{13}$。

纳他霉素对所有的霉菌和酵母都具有较强的抑制作用，但对细菌和病毒等其它微生物则无效。它能有效地抑制酵母菌和霉菌的生长，阻止丝状真菌中黄曲霉毒素的形成。喷淋在霉菌容易增殖、暴露于空气中的食品表面时，有良好的抗霉效果。除此之外，由于纳他霉素的溶解度低，可用其对食品表面进行处理以增加食品的保质期，不影响食品的风味和口感。

我国《食品添加剂使用卫生标准》（GB 2760—2007）规定：干酪、糕点、酱卤肉制品类、西式火腿、肉肠类、发酵肉制品类、果蔬汁（浆）、蛋黄酱、沙拉酱、发酵酒表面用 0.3g/kg 悬液喷雾或浸泡，残留量应小于 10mg/kg。

5. 植物抽提物

植物中具有抗菌活性的物质大致可以分为 4 类：植物抗毒素类、酚类、有机酸类和精油类。植物抗毒素是植物为了防御微生物的侵入和危害而产生的，因此，植物抗毒素的杀菌作用具有高度专一性。从刚被破碎和磨碎的植物中取得的植物抗毒素具有最强的杀菌作用。

植物中的酚类化合物分为 3 类：简单酚类和酚酸类、羟基肉桂酸衍生物类、类黄酮类。从香辛料中提取出来的一些酚类化合物，如辣椒素，已证明可以抑制细菌芽孢的萌发。天然植物中的酚类化合物是食品防腐的主要因子，有广谱抗菌能力。

水果和蔬菜中普遍存在柠檬酸、琥珀酸、苹果酸和酒石酸等有机酸。这些有机酸除了作为酸味剂、抗氧化剂和增效剂外，还具有抗菌能力。许多有机酸及其衍生物已作为食品防腐剂应用于实际生产中。

此外，还可从香辛料、中草药或是水果、蔬菜中分离出精油，其成分现已知道的有香辛料中的羟基化合物和萜类，葱、蒜、韭菜中的含硫化合物等。精油对细菌的影响是很有意义的。比如，从鼠尾草、迷迭香、枯茗、藏茴香、丁香和普通麝香草提取出的精油，对大肠杆菌、荧光极毛杆菌或黏质赛氏杆菌等的生长具有一定的抑制作用。

第三节　食品杀菌保藏

食品杀菌保藏就是用杀菌剂对食品进行处理，达到杀死病菌、延长保藏期的目的。杀菌剂从广义上讲包括在上述防腐剂之中，但又不同于一般防腐剂以及抑菌剂。杀菌剂对微生物的作用主要表现为影响菌体的生长、孢子的萌发、各种子实体的形成、细胞膜的通透性、有丝分裂、呼吸作用、细胞膨胀、细胞原生质体的解体和细胞壁的受损等，实质上与微生物细胞相关的生理、生化反应和代谢活动均受到了干扰和破坏，导致微生物的生长繁殖被抑制，最终死亡。食品杀菌剂按其灭菌特性可分为两大类：氧化型杀菌剂和还原型杀菌剂。

一、氧化型杀菌剂

1. 氧化型杀菌剂的作用机理

过氧化物和氯制剂是在食品贮藏中常用的氧化型杀菌剂。这两种杀菌剂都具有很强的氧化能力，可以有效地杀灭食品中的微生物。过氧化物主要是通过氧化剂分解时释放强氧化能力的新生态氧使微生物氧化致死的，而氯制剂则是利用其有效氯成分的强氧化作用杀灭微生物。有效氯渗入微生物细胞后，破坏酶蛋白及核蛋白的巯基或者抑制对氧化作用敏感的酶类，使微生物死亡。

2. 氧化型杀菌剂的种类和特性

氧化型杀菌剂主要包括过氧化物和氯制剂两类。在食品贮藏中常用的有过氧醋酸、过氧化氢、氯、次氯酸钠、漂白粉、漂白精以及其它的氧化型杀菌剂。

(1) 过氧醋酸　过氧醋酸又称为过氧乙酸，相对分子质量为76.05，过氧醋酸为无色液体，有强烈刺鼻气味，熔点$-0.2℃$，沸点110℃，易溶于水，性质极不稳定，尤其是低浓度溶液更易分解释放出氧，但在$2\sim6℃$的低温条件下分解速度缓慢。结构式为：

$$CH_3C\begin{matrix}O\\\\OOH\end{matrix}$$

过氧醋酸

过氧醋酸是一种广谱、速效、无毒害的强力杀菌剂，对细菌及其芽孢、真菌和病毒均有较高的杀灭效果。特别是在低温下仍能灭菌，这对保护食品营养成分有积极的作用。一般使用0.2%浓度的过氧醋酸便能杀灭霉菌、酵母及细菌，用0.3%浓度的过氧醋酸溶液可以在3min内杀死蜡状芽孢杆菌。

过氧醋酸在我国多作为杀菌消毒剂，用于食品加工车间、工具及容器的消毒。例如，使用的浓度为$0.2g/m^3$的过氧醋酸喷雾消毒车间，0.2%浓度的溶液浸泡消毒工具和容器。

由于过氧醋酸的稀溶液分解很快，通常是使用时现配，也可暂存于冰箱内以减少分解。40%以上浓度的溶液易爆炸、燃烧，使用时要注意；还要注意不得与其它药品混合。

（2）过氧化氢 又称双氧水，分子式为 H_2O_2，相对分子质量为 34.01，为无色透明液体，无臭，微有刺激性味，熔点 $-0.89℃$，沸点 $151.4℃$。过氧化氢非常活泼，遇有机物会分解，光、热能促进其分解，并产生氧；接触皮肤能致皮肤水肿，高浓度溶液能引起化学烧伤。过氧化氢分解生成的氧具有很强的氧化作用和杀菌作用，在碱性条件下作用力较强。浓度为 3% 的过氧化氢只需几分钟就能杀死一般细菌，0.1% 的浓度在 60min 内可杀死大肠杆菌、伤寒杆菌，1% 的浓度需数小时能杀死细菌芽孢。有机物存在时会降低其杀菌作用。过氧化氢是低毒的杀菌消毒剂，还可适用于器皿和某些食品的消毒。

在食品生产中残留在食品中的过氧化氢，经加热很容易分解除去。另外，过氧化氢与淀粉能形成环氧化物，因此对其使用范围和用量都应加以限制。

（3）氯 又称液氯、分子氯，分子式 Cl_2，相对分子质量 70.91，常温常压下为黄绿色气体，相对密度约为 2.5，有特殊气味；沸点 $-34.6℃$，熔点 $-100.98℃$，0℃ 常压下的密度为 $3.214g/L$；在水中的溶解度为 0℃ 时 $4.61g/L$，20℃ 时 $2.31g/L$。氯在空气中不燃烧，但一般的可燃物大都可在氯气中燃烧，就像在氧气中燃烧一样。

氯和能释放次氯酸（HClO）的含氯化合物（又统称为氯剂）的杀菌机理基本相同，即其在水中能释放次氯酸并由次氯酸电离产生次氯酸根离子（ClO^-），次氯酸是一种很强的氧化剂，它通过扩散作用穿透微生物的细胞壁（膜），与细胞内的原生质反应，使微生物死亡。氯对细菌营养细胞、芽孢、真菌和病毒均有杀灭作用，但对芽孢的杀灭能力相对较弱。氯的杀菌效果受 pH 等因素影响，这是由于次氯酸的杀菌效率远比次氯酸根离子的高，而次氯酸电离产生次氯酸根离子的反应受 pH 的影响，在 pH＞7.5 时，产生的次氯酸根离子增多，使杀菌效果降低。

氯是使用最早的水处理剂，具有杀菌谱广、杀菌能力强、效率高、价格低廉和残余氯有持续杀菌的效果等特点。主要用于饮用水生产和水处理中对水的消毒，能消除水中的致病菌。如处理饮用水常用的剂量为 $1～4mg/L$，也可用于食品的杀菌，目前我国的自来水厂几乎仍全部采用液氯进行水的消毒。

（4）次氯酸钠 又名次氯酸苏打、次亚氯酸钠、漂白水，分子式为 NaClO，相对分子质量 74.44。次氯酸钠溶液为浅黄色透明液体，具有与氯相似的刺激性臭味。

次氯酸钠具广谱杀菌特性，对细菌繁殖体、芽孢、病毒、藻类和原虫类均有杀灭作用。有机物的存在可消耗有效氯，降低杀菌效果。杀菌效果还受温度和 pH 影响，$5～50℃$ 范围内，温度每上升 10℃，杀菌效果可提高一倍以上，pH 越低，杀菌能力越强。

次氯酸钠常用作水处理杀菌剂，用于生活用水、饮料、泳池用水、冷却水和废水等的杀菌处理，其作为消毒剂还用于果蔬、餐具、医疗器械和设备的消毒。消毒用的次氯酸钠溶液中有效氯的浓度一般为 0.1% 左右。

（5）漂白粉和漂白精 漂白粉是一种混合物杀菌剂，其组成包括次氯酸钙、氯化钙和氢氧化钙等。杀菌的有效成分为次氯酸钙等复合物分解产生的有效氯。

漂白精又称为高度漂白粉，化学组成与漂白粉基本相同，但纯度高，一般有效氯含量为60%～70%，主要成分仍为次氯酸钙复合物。通常为白色至灰白色粉末或颗粒，性质较稳定，吸湿性弱。但是，遇水和潮湿空气或经阳光曝晒和升温至 150℃ 以上，会发生燃烧或爆炸。

漂白精在酸性条件下分解，其消毒作用同漂白粉，但消毒效果比漂白粉高一倍。一般餐具消毒，每千克水加一片漂白精片（或 $0.3～0.4g$ 漂白精粉），即相当于有效氯 $200mg/L$ 以上。使用前将其溶于水，取上部澄清液。由于漂白精不溶性残渣少，稳定性和有效氯含量高，有取代漂白粉的趋势。

3. 氧化型杀菌剂使用注意事项

① 过氧化物和氯制剂都是以分解产生的新生态氧或游离氯进行杀菌消毒的。这两种气体对人体的皮肤、呼吸道黏膜和眼睛有强烈的刺激作用和氧化腐蚀性，要求操作人员加强劳动保护，佩戴口罩、手套和防护眼镜，以保障人体健康与安全。

② 根据杀菌消毒的具体要求，配制适宜浓度，并保证杀菌剂足够的作用时间，以达到杀菌消毒的最佳效果。

③ 根据杀菌剂的理化性质，控制杀菌剂的贮存条件，防止因水分、湿度、高温和光线等因素使杀菌剂分解失效，并避免发生燃烧、爆炸事故。

二、还原型杀菌剂

1. 还原型杀菌剂的作用机理

在食品贮藏中，常用的还原型杀菌剂主要是亚硫酸及其盐类，它们包括在食品添加剂的漂白剂之中。其杀菌机理是利用亚硫酸的还原性消耗食品中的氧，使好气性微生物缺氧致死。同时，还能阻碍微生物生理活动中酶的活性，从而抑制微生物的生长繁殖。亚硫酸对细菌杀灭作用强，对酵母杀灭作用弱。

亚硫酸属于酸性杀菌剂，其杀菌作用除与药剂浓度、温度和微生物种类等有关以外，pH 的影响尤为显著。因为此类杀菌剂的杀菌作用是由未电离的亚硫酸分子来实现的，如果发生电离则丧失杀菌作用。而亚硫酸的电离度与食品 pH 密切相关，只有食品的 pH 低于 3.5 时，亚硫酸分子才不发生电离。因此，在较强的酸性条件下，亚硫酸的杀菌效果最好。

虽然亚硫酸的杀菌作用随着浓度增大和温度升高而增强。但是，因为升温会加速食品质量变化和促使二氧化硫挥发损失，所以在生产实际中多在低温条件下使用还原性杀菌剂。此外，还原型杀菌剂还具有漂白和抗氧化作用，这能够引起某些食品褪色，同时也能阻止食品颜色的褐变。

2. 还原型杀菌剂的种类和特性

目前，在国内外食品贮藏中常用的亚硫酸及其盐类有二氧化硫、无水亚硫酸钠、亚硫酸钠、保险粉和焦亚硫酸钠等。

(1) 二氧化硫　又称为亚硫酸酐，分子式为 SO_2，在常温下是一种无色而具有强烈刺激臭味的气体，对人体有害。熔点 $-76.1℃$，沸点 $-10℃$。易溶于水与乙醇，$0℃$ 时的溶解度为 22.8%，在水中形成亚硫酸。

在生产实际中多采用硫黄燃烧法产生二氧化硫，此操作称为熏硫。在果蔬制品加工中，熏硫时由于二氧化硫的还原作用，可起到对酶氧化系统的破坏，阻止氧化，使果实中单宁类物质不致氧化而变色。此外，它还可以改变细胞膜的透性，在脱水蔬菜的干制过程中，可明显促进干燥，提高干燥率。另外，二氧化硫在溶于水后形成亚硫酸，对微生物的生长具有强烈的抑制作用。

当空气中含二氧化硫浓度超过 $20mg/m^3$ 时，对眼睛和呼吸道黏膜有强烈刺激，如果含量过高则会使人窒息死亡。因此，在进行熏硫时要注意工人的防护和工作场所的通风。

(2) 无水亚硫酸钠　分子式为 Na_2SO_3。该杀菌剂为白色粉末或结晶，易溶于水，$0℃$ 时在水中的溶解度为 13.9%，微溶于乙醇，比含结晶水的亚硫酸钠性质稳定，在空气中能缓慢氧化成硫酸盐，而丧失杀菌效果。与酸反应产生二氧化硫，所以需要在酸性条件下使用。

（3）结晶亚硫酸钠 分子式为 $Na_2SO_3 \cdot 7H_2O$。该杀菌剂为无色至白色结晶，易溶于水，微溶于乙醇。在水中溶解度，0℃时为 32.8%，遇空气中氧则慢慢氧化成硫酸盐，丧失杀菌作用。在酸性条件下使用，产生二氧化硫。

（4）保险粉 保险粉为杀菌剂的商品名称，其学名为低亚硫酸钠或称连二亚硫酸钠，分子式为 $Na_2S_2O_4$。该杀菌剂为白色粉末状结晶，有二氧化硫浓臭，易溶于水，久置空气中则氧化分解，潮解后能析出硫黄。加热至 75～82℃以上发生分解，至 190℃能爆炸。相对密度约 1.3。该物质易溶于水，不溶于乙醇。应用于食品贮藏时，具有强烈的还原性和杀菌作用。

（5）焦亚硫酸钠 又称为偏重亚硫酸钠，分子式为 $Na_2S_2O_5$，相对分子质量为 190.10。该杀菌剂为白色结晶或粉末，有二氧化硫浓臭，易溶于水与甘油，微溶于乙醇，常温条件下在水中的溶解度为 30%。焦亚硫酸钠与亚硫酸氢钠呈现可逆反应，目前生产的焦亚硫酸钠为前两者的混合物，在空气中吸湿后能缓慢放出二氧化硫，具有强烈的杀菌作用，可在新鲜葡萄、脱水马铃薯、黄花菜、和果脯蜜饯等的防霉保鲜中应用，效果良好。

我国《食品添加剂使用卫生标准》（GB 2760—2007）对焦亚硫酸钠的使用标准规定：葡萄酒、果酒、蔬菜罐头为 0.05g/kg；食糖类、饼干、为 0.1g/kg；蜜饯为 0.35g/kg。

3. 还原型杀菌剂使用注意事项

① 亚硫酸及其盐类的水溶液在放置过程中容易分解逸散二氧化硫而失效，所以应现用现配制。

② 在实际应用中，需根据不同食品的杀菌要求和各亚硫酸杀菌剂的有效二氧化硫含量确定杀菌剂用量及溶液浓度，并严格控制食品中的二氧化硫残留量标准，以保证食品的卫生安全性。

③ 亚硫酸分解或硫黄燃烧产生的二氧化硫是一种对人体有害的气体，具有强烈的刺激性和对金属设备的腐蚀作用，所以在使用时应做好操作人员和库房金属设备的防护管理工作，以确保人身和设备的安全。

④ 由于使用亚硫酸盐后残存的二氧化硫能引起人体严重的过敏反应，尤其对哮喘病患者，故 FAD 于 1986 年禁止在新鲜果蔬中使用这类防腐剂。

三、醇类杀菌剂

包括乙醇、乙二醇、丙二醇等。下面以乙醇为例来说明杀菌作用。

乙醇又叫酒精。纯的乙醇不是杀菌剂，只有稀释到一定浓度（60%～95%）后的乙醇溶液才有杀菌作用，其中，最有效的杀菌浓度为 70%～80%。

乙醇具有脱水能力，是蛋白质的变性剂，能使菌体蛋白质脱水而变性，从而达到杀灭微生物的目的。因此，使用纯的或高浓度的乙醇，则易使菌体表面凝固形成保护膜，使乙醇不易进入细胞里去，导致杀菌能力极小。含有乙醇成分 30% 以上的溶液，可以抑制一切微生物的繁殖。当食品中含酒精浓度达 1%～2% 时，便可对葡萄球菌、大肠杆菌、假单胞菌属等具有杀死作用。

四、其它

1. 三氯异氰尿酸

又名强氯精、氯化三聚异氰尿酸等，化学名为 2,4,6-三氯-1,3,5-三氮杂苯，简称 TCCA，分子式 $C_3N_3O_3Cl_3$，相对分子质量 232.47。三氯异氰尿酸为白色结晶物质，具有较强的氯臭味；熔点 225~230℃，熔点以上分解；25℃时，水中溶解度为 1.2g/100g；1% 溶液的 pH 为 2.5~3.7；能在水中水解生成次氯酸和氰尿酸，具有杀菌、氧化和漂白的作用。三氯异氰尿酸的贮存稳定性好，使用方便，遇酸碱会分解，与还原剂及部分有机物反应激烈，可发生爆炸。

三氯异氰尿酸是一种高效、低毒、广谱、快速的杀菌消毒剂，能有效快速地杀灭各种细菌、芽孢、真菌和病毒等，对杀灭甲肝、乙肝病毒具有特效，对性病毒和艾滋病毒也具有良好的消毒效果。其杀菌的效果约为氯气的 100 倍，有效氯含量在 1mg/kg 以上时即可显示出明显的杀菌效果。三氯异氰尿酸还具有灭藻、除臭、净水和漂白之功效，对人、畜无害，无二次污染。

2. 二氯异氰尿酸钠

又称优氯净，简称 DCCA，分子式 $C_3N_3O_3Cl_2Na$，相对分子质量 219.96。二氯异氰尿酸钠为白色结晶粉末，有氯臭，有效氯含量 62.5%~64.4%，熔点 240~250℃，熔点以上分解；易溶于水，25℃时的溶解度为 25g/100g；水溶液呈弱酸性，1% 溶液的 pH 为 5.5~7.0，其水溶液稳定性差，温度升高和紫外线照射都会加速有效氯的损失。

二氯异氰尿酸钠具广谱杀菌特性，对细菌营养细胞、芽孢、病毒和真菌均有杀灭作用，杀菌能力较大多数其它氯胺类强，与次氯酸盐类消毒剂相比，低浓度下其作用较慢，但在高浓度下因其溶液可保持弱酸性，所以杀菌效果有时甚至优于次氯酸盐类；其杀菌效果还受温度、有机物和 pH 等的影响。用于物品消毒的浓度一般在 0.1%~0.5%。

3. 二氯磺氨基对苯甲酸

又名哈拉宗、清水龙等，分子式 $C_7H_5Cl_2NO_4S$，相对分子质量 270.09，为白色结晶粉末，有氯臭，195℃熔化并伴有分解，有效氯含量 48%~52.8%，微溶于水（1∶1000）、乙醚（1∶2000），可溶于乙醇（1∶140）。使用氯化钠、碳酸氢钠或硼酸能增加其溶解度。

其杀菌作用与次氯酸盐相似，没有次氯酸盐强，但作用持久，且较稳定。有机物能显著抑制其杀菌作用。用于饮水消毒时，一片（4mg）在 30~60min 内可消毒 1000ml 水。

4. 对甲苯磺代酰胺钠

又名氯亚明、氯胺等，化学名为 N-氯-4-甲基苯磺酰钠。该杀菌剂为白色或微黄色结晶粉末，有轻微氯臭，有效氯含量 24%~26%，熔点 174℃，闪点 192℃，相对密度 1.43。60℃以下性质稳定，加热到 130℃以上可剧烈分解。其在空气中会缓慢分解，渐渐失去氯而由白色变成黄色。可溶于水、乙醇，不溶于氯仿、乙醚或苯。25℃水中溶解度为 12g/100g，其水溶液稳定性较差，70℃以上时会缓慢降解。溶液呈碱性，0.25% 的水溶液 pH7~9（典型为 8.5），可形成次氯酸。

对甲苯磺代酰胺钠具广谱抗菌特性，对细菌营养细胞、芽孢、病毒和真菌均有杀灭作用。其作用原理是溶液产生次氯酸并放出氯，可缓慢而持久地杀菌。受 pH 影响较大，pH 7~10 时，其杀菌能力与次氯酸盐大致相同。常用于水处理中水的消毒，食品、器械的消毒和水果蔬菜养殖业的消毒。饮用水消毒常用的剂量为 0.0004%。

第四节　食品抗氧化保藏

食品的变质除了因微生物的生长繁殖外，食品的氧化也是一个重要的原因。比如油脂或含油脂的食品在贮藏、运输过程中由于氧化发生酸败，切开的苹果、土豆表面发生褐变等，这些变化不仅降低食品的营养价值，使食品的风味和颜色发生变化，而且还会产生有害物质危及人体健康。为防止这种现象的发生，在食品保藏中常添加抗氧化剂或脱氧剂以延缓或阻止食品的氧化。

一、食品抗氧化剂

抗氧化剂是指能够阻止或延缓食品氧化、提高食品稳定性和延长贮存期的一类物质。

食品抗氧化剂的种类繁多，抗氧化的作用机理各不相同，有的是借助还原反应，本身被氧化，降低食品内部或环境中氧的含量，从而达到保护食品品质的目的；有的可以放出氢离子将氧化过程中产生的过氧化物破坏分解，使油脂不能产生醛或酮酸等产物；还有些抗氧化剂是自由基吸收剂（游离基清除剂），可能与氧化过程中的氧化中间产物结合，从而阻止氧化反应的进行（如 BHA、PG 等的抗氧化）等。

食品抗氧化剂按其来源分为合成和天然两类，按其溶解性又可分为脂溶性和水溶性两类。目前各国使用的抗氧化剂大多是合成的，使用较广泛的有丁基羟基茴香醚、二丁基对甲苯酚、没食子酸内酯、特丁基对苯二酚等。

1. 脂溶性抗氧化剂

脂溶性抗氧化剂易溶于油脂，主要用于防止食品油脂的氧化酸败及油烧现象，常用的种类有丁基羟基茴香醚、二丁基羟基甲苯、没食子酸及其酯类（丙酯、十二酯、辛酯、异戊酯）及生育酚混合浓缩物等。

(1) 丁基羟基茴香醚 又称叔丁基-4-羟基茴香醚、丁基大茴香醚（简称 BHA）。BHA由 3-BHA 和 2-BHA 两种异构体混合组成，分子式 $C_{11}H_{16}O_2$，相对分子质量 180.25；沸点 264～270℃，熔点 48～65℃，为无色至微黄色的结晶或白色结晶性粉末。具有特异的酚类的臭气及刺激性味道，不溶于水，可溶于猪脂和植物油等油脂及丙二醇、丙酮和乙醇等溶剂；对热稳定，可作为焙烤食品的抗氧化剂使用，在弱碱性条件下不容易破坏。在直接光线长期照射下，色泽会变深。与其它抗氧化剂相比，它不像没食子酸丙酯那样会与金属离子作用而着色。BHA 易溶于丙二醇，易成为乳化状态，有使用方便的特点，缺点是成本较高。结构式如下。

3-BHA   2-BHA

BHA 的最重要的性质是它能够在焙烤和油炸后的食品中保持活性。pH 大于 7 时，BHA 是稳定的，这就是它在焙烤食品中的稳定性的原因。在低脂肪食品（如谷物食品），特别是早餐谷物面包、豆浆和速煮饼中，广泛使用 BHA。BHA 和二丁基对甲苯酚、没食子酸丙酯的混合物可增强含胚小麦粉、棕色米、米糠和干制的早餐速煮饼的稳定性。在低脂肪食品中 BHA 的挥发性是一种有益的性质，在焙烤和油炸之前将少量的 BHA 或 BHT 加入到马铃薯泥或豆浆中，通过挥发可以使其分散，在加工过程中和贮藏期间可保护食品。将适当高浓度的抗氧化剂加入到包装材料中也可稳定这些食品。另一种施加抗氧化剂的途径是将抗氧化剂的乳浊液喷洒到食品包装上也可有效延缓食品的氧化腐败。

此外，BHA 还被广泛用于稳定香精油，例如橘油、柠檬油、酸橙油和香叶烯等；在油炸食品、干鱼制品、饼干、速煮面、速煮米、干制食品、罐头、腌腊制食品中也经常被使用，最大使用量为 0.2g/kg。

（2）二丁基羟基甲苯　又称 2,6-二叔丁基对甲酚，简称 BHT，分子式 $C_{15}H_{24}O$，相对分子质量 220.36，为无色结晶或白色结晶性粉末，无臭、无味、不溶于水，熔点 69.5～71.5℃，沸点 265℃，相对密度为 1.084，可溶于乙醇或油脂中，对热稳定，与金属离子反应不着色，具单酚型油脂的升华性，加热时随水蒸气挥发。结构式如下。

$$(CH_3)_3C \quad \overset{\overset{\displaystyle CH_3}{|}}{\underset{\underset{\displaystyle OH}{|}}{\bigcirc}} \quad C(CH_3)_3$$

二丁基羟基甲苯

二丁基羟基甲苯同其它抑制酸败抗氧化剂相比，稳定性高，抗氧化效果好，在猪油中加入 0.01% 的 BHT，能使其氧化诱导期延长 2 倍。它没有没食子酸丙酯与金属离子反应着色的缺点，也没有 BHA 的异臭，而且价格便宜，但其急性毒性相对较高。它是目前水产加工方面广泛应用的廉价抗氧化剂。BHT 与柠檬酸、抗坏血酸或 BHA 复配使用，能显著提高抗氧化效果。BHT 的抗氧化作用是由其自身发生自动氧化而实现的。BHT 价格低廉，可用做主要抗氧化剂。目前它是我国生产量最大的抗氧化剂之一。

BHT 的急性毒性虽然比 BHA 大一些，但其无致癌性。二丁基羟基甲苯的使用范围及最大使用量与 BHA 相同，两者混合使用时，总量不得超过 0.02g/kg。以柠檬酸为增效剂与 BHA 复配使用时，复配比例为 BHT：BHA：柠檬酸＝2：2：1。BHT 也可用在包装材料，用量为 0.2～1g/kg（包装材料）。

（3）没食子酸酯类　用于食品抗氧化剂的没食子酸酯包括：没食子酸丙酯（PG）、辛酯（OG）、十二酯（DG），其中使用较普遍的是没食子酸丙酯。结构式如下。

$$HO \overset{HO}{\underset{HO}{\bigcirc}} COOH \qquad\qquad HO \overset{HO}{\underset{HO}{\bigcirc}} COOR$$

没食子酸　　　　　　　　没食子酸酯

式中 R 分别为：$-C_3H_7$　PG—C_8H_{17}　OG—$C_{12}H_{25}$　DG

PG 为白色至淡褐色结晶，无臭，略带苦味，易溶乙醇、丙酮、乙醚，而在脂肪和水中较难溶解。熔点 146～150℃，但易与铜、铁离子反应生成紫色或暗紫色物质，有一定的吸湿性，遇光则能分解。PG 与其它抗氧化剂或增效剂并用可增强效果。没食子酸丙酯的使用范围较广泛，它是许多商品混合抗氧化剂的组成成分。

与 BHA 和 BHT 相比，没食子酸丙酯在油脂中溶解度较小，在水中有较高的溶解性。与增效剂并用效果更好，但不如 PG 与 BHA 和 BHT 混用的抗氧化效果好。对于含油的面制品如奶油饼干的抗氧化，不及 BHA 和 BHT。没食子酸丙酯的缺点是易着色，在油脂中溶解度小。另外，没食子酸酯的抗氧化活性有一个最适宜的浓度，当用量超过这个浓度时，则成为氧化强化剂。它与 BHA、维生素 E 和 TBHQ 可协同起作用，也可与软脂酸抗坏血酸酯、抗坏血酸和柠檬酸协同作用。

PG 摄入人体可随尿排出，比较安全，其 ADI 值为 $0\sim0.2mg/kg$。

按我国《食品添加剂使用卫生标准》（GB 2760—2007），没食子酸丙酯的使用范围与 BHA、DHT 相同，最大使用量为 $0.4g/kg$。PG 与 BHA、BHT 混合使用时。BHT、BHA 的最大使用总量不得超过 $0.2g/kg$，PG 的使用量不得越过 $0.05g/kg$。没食子酸丙酯使用量达 0.1% 时即能自动氧化着色。故一般不单独使用，而与 BHA 复配使用，或与柠檬酸、异抗坏血酸等增效剂复配使用。与其它抗氧化剂复配使用时，没食子酸丙酯的用量为 0.005% 时，即具有良好的抗氧化效果。

表 7-7　没食子酸丙酯在各种食品中的用量

食品	脂肪、油和乳化脂肪制品	坚果与籽类罐头	胶基糖果	方便米面制品	饼干	腌腊肉制品类	风干、压干等水产品
最大用量/(g/kg)	0.1	0.1	0.4	0.1	0.1	0.1	0.1

（4）叔丁基对苯二酚　又称为叔丁基氢醌，简称 TBHQ。分子式为 $C_{10}H_{14}O_2$，结构式如下。

叔丁基对苯二酚

TBHQ 为白色至淡灰色结晶或结晶性粉末；有轻微的特殊气味；微溶于水，在水中的溶解度随着温度的增高而增大；易溶于乙醇、乙酸、乙酯、异丙醇、乙醚及植物油、猪油等。TBHQ 是一种酚类抗氧化剂，在许多情况下，TBHQ 对大多数油脂，尤其是对植物油的抗氧化性能稍优于其它抗氧化剂。此外，它不会因遇到铜、铁之类而发生颜色和风味方面的变化，只有在有碱存在时才会转变成粉红色。对炸煮食品具有良好的、持久的抗氧化能力。因此，适用于炸薯片之类的生产，但它在焙烤食品中的持久力不强，除非与 BHA 合用。在植物油或动物油中，常与柠檬酸结合使用。其 ADI 值为 $0\sim0.2mg/kg$。

（5）生育酚混合浓缩物　生育酚又称为维生素 E，广泛分布于动植物体内，它具有防止动、植物组织内脂溶性成分氧化变质的功能。已知天然生育酚有 α、β、γ 等 7 种同分异构体。经人工提取后，浓缩后成为生育酚混合浓缩物。结构式如下。

生育酚

生育酚混合浓缩物为黄色至褐黄色透明黏稠液体，可有少量晶体蜡状物，几乎无臭。它不溶于水，溶于乙醇，可与丙醇、三氯甲烷、乙醚、植物油混合，对热稳定。生育酚的混合浓缩物在空气及光照下，会缓慢变黑。在较高的温度下，生育酚有较好的抗氧化性能，生育酚的耐光照、耐紫外线、耐放射线的性能也较 BHA 和 BHT 强。生育酚还能防止维生素 A 在 γ 射线照射下的分解作用，以及防止 β-胡萝卜素在紫外线照射下的分解作用。此外，它还能防止甜饼干和速食面条在日光照射下的氧化作用。近年来的研究结果表明，生育酚还有阻止咸肉中产生致癌物亚硝胺的作用。

目前许多国家除使用天然生育酚浓缩物外，还使用人工合成的 α-生育酚，后者的抗氧化效果基本与天然生育酚浓缩物相同，主要用于保健食品和婴儿食品等。与其它抗氧化剂不同，使用时不用担心它们本身会产生异味。另外，维生素 E 对其它抗氧化剂如 BHA、TB-HQ、抗坏血酸棕榈酸酯、卵磷脂等有增效作用。

2. 水溶性抗氧化剂

水溶性抗氧化剂的主要功能是防止食品的氧化变质以及保持食品的风味和质量的稳定。常用的是抗坏血酸类抗氧化剂。此外，还包括异抗坏血酸及其钠盐、植酸、乙二胺四乙酸二钠、茶多酚以及氨基酸类、肽类、香辛料和糖醇类等。

（1）抗坏血酸和异抗坏血酸

① 抗坏血酸　又称维生素 C，可由葡萄糖合成，分子式为 $C_6H_8O_6$，相对分子质量为176.13，熔点 190～192℃（分解）。结构式如下。

抗坏血酸

抗坏血酸及其钠盐为白色至浅黄色晶体或结晶性粉末，无臭，有酸味，其钠盐有咸味，干燥品性质稳定，但热稳定性差，在空气中已被氧化变黄；在 pH3.4～4.5 时稳定；易溶于水，溶于乙醇，不溶于三氯甲烷、乙醚和苯。L-抗坏血酸呈强还原性。由于分子中有乙二醇结构，性质极活泼，易受空气、水分、光线、温度的作用而氧化、分解。特别是在碱性介质中或存在微量金属离子时，分解更快。

维生素 C 作为抗氧化剂，可用于啤酒、果汁、水果罐头、饮料、果酱、硬糖和粉末果汁、乳制品等，在肉制品中起助色剂的作用，并能阻止亚硝胺的生成，添加量约为 0.5% 左右。同时还可用作食品的营养强化剂使用。

② 异抗坏血酸　是抗坏血酸的异构体，化学性质类似于抗坏血酸，但几乎没有抗坏血酸的生理活性。抗氧化性较抗坏血酸强，价格较低廉，有强还原性，但耐光性差，遇光缓慢着色并分解，重金属离子会促进其分解。极易溶于水（40g/100ml）、乙醇（5g/100ml），难溶于甘油，不溶于乙醚和苯。异抗坏血酸可用于一般的抗氧化、防腐，也可作为食品的发色助剂。应根据食品的种类，选用异抗坏血酸或其钠盐来防止肉类制品、鱼类制品、鲸油制品、鱼贝腌制品、鱼贝冷冻品等的变质，或与亚硝酸盐、硝酸盐合用提高肉类制品的发色效果。

（2）植酸　别名肌醇六磷酸，分子式为 $C_6H_{18}O_{24}P_6$，相对分子量 660.08，结构式如下。

植酸

植酸为淡黄色或淡褐色的黏稠液体，无臭，有强酸味，易溶于水，对热比较稳定。植酸有较强的金属螯合作用，因此具有抗氧化增效能力。虽然 pH 值、金属离子的类型、阳离子的浓度等因素对其溶解度有较大的影响，但在 pH 为 6～7 的情况下，它几乎可与所有的多价阳离子形成稳定的螯合物。植酸螯合能力的强弱与金属离子的类型有关，在常见金属中螯合能力的强弱依次为 Zn、Cu、Fe、Mg、Ca 等。植酸的螯合能力与 EDTA 相似，但比 ED-TA 有更宽的 pH 范围，在中性和高 pH 值下，也能与各种多价阳离子形成难溶的络合物。植酸具有能防止罐头特别是水产罐头结晶与变黑等作用。植酸及其钠盐可用于对虾保鲜、食用油脂、果蔬制品、果蔬汁饮料及肉制品的抗氧化，还可用于清洗果蔬原材料表面农药残留，具有防止罐头，特别是水产罐头产生鸟粪石与变黑等作用。

（3）乙二胺四乙酸二钠　简称为 EDTA-2Na，为白色结晶颗粒或粉末，无臭，无味易溶于水，2% 水溶液的 pH 为 4.7，微溶于乙醇，不溶于乙醚。分子式 $C_{10}H_{14}N_2Na_2O_8 \cdot 2H_2O$，相对分子质量 372.24。结构式如下。

$$\begin{array}{ccc}
NaOOCCH_2 & & CH_2COONa \\
& N-CH_2CH_2-N & \\
HOOCCH_2 & & CH_2COOH
\end{array}$$

乙二胺四乙酸二钠

EDTA-2Na 对重金属离子有很强的络合能力，形成稳定的水溶性络合物，消除重金属离子或由其引起的有害作用，保持食品的色、香、味，防止食品氧化变质，提高食品的质量。EDTA-2Na 进入体液后主要是与体内的钙离子络合，最后由尿排出，大部分在 6h 内排出。口服后，体内有重金属离子时形成络合物，由粪便排出，无毒性。

EDTA-2Na 作为抗氧化剂，用于罐装和瓶装清凉饮料，用量为 0.035g/kg（以 EDTA-2Na 钙计），其它罐头和瓶装罐头食品用量为 0.25g/kg（以 EDTA-2Na 计）。

3. 使用食品抗氧化剂时的注意事项

（1）添加时间机要恰当　食品抗氧化剂不能改变已发生腐败的食品品质，应在食品没有发生氧化变质之前添加，否则，抗氧化效果显著下降，甚至完全无效。这一点对防止油脂及含油脂食品的氧化酸败尤为重要。

（2）抗氧化剂与增效剂结合使用　增效剂是能增加抗氧化效果的物质。例如，在含油脂的食品中添加酚类抗氧化剂的同时添加一些酸性物质，如柠檬酸、磷酸、抗坏血酸等，则有明显的增效作用。此外，抗氧化剂与食品稳定剂并用或两种抗氧化剂结合使用都可以起到增效作用。

（3）对影响抗氧化剂性能因素的控制　光、温度、氧、金属离子及物质的均匀分散状态等都影响抗氧化剂的效果。光中的紫外线及高温能促进抗氧化剂的分解和失效。例如，BHT 在 70℃ 以上，BHA 高于 100℃ 的加热条件时很容易升华而失效。所以在避光和较低温度下抗氧化剂抗氧化效果较好。氧是影响抗氧化剂的最为敏感因素，如果食品内部及其周围的氧浓度高则会使抗氧化剂迅速失效。因此，在添加抗氧化剂的如果能配合真空和充氮包装，则会取得更好的抗氧化效果。铜、铁等金属离子能促进抗氧化剂的分解，因此，使用抗氧化剂时，应尽量避免混入金属离子，或者添加某些增效剂螯合金属离子。另外，在添加抗氧化剂时应采取机械搅拌或添加乳化剂的措施，增加其在食品原料中分布的均匀性，提高抗氧化效果。

二、食品脱氧剂

脱氧剂是一类能够吸除氧的物质，又称为游离氧吸收剂（FOA）或游离氧驱除剂

(FOS)。当脱氧剂随食品密封在同一包装容器中时，能通过化学反应吸除容器内的游离氧及溶存于食品中的氧，并生成稳定的化合物，从而防止食品氧化变质，同时利用所形成的缺氧条件也能有效地防止食品的霉变和虫害。脱氧剂不同于抗氧化剂，它不直接加入到食品中，而是在密封容器中与外界呈隔离状态下吸除氧和防止食品氧化变质的，因而是一种对食品无污染、简便易行、效果显著的保藏辅助措施。

脱氧剂种类很多，按脱氧速度可分为速效型、一般型和缓效型；按原材料可分为无机类和有机类，其中无机系列脱氧剂包括铁系脱氧剂、亚硫酸盐系脱氧剂、加氢催化剂型脱氧剂等，有机系列脱氧剂包括抗坏血酸类、儿茶酚类、葡萄糖氧化酶和维生素 E 类等。脱氧剂除氧反应的机理因脱氧剂的不同而不同，下面简单介绍几种主要脱氧剂的脱氧机理。

1. 特制铁粉

特制铁粉由特殊处理的铸铁粉及结晶碳酸钠、金属卤化物和填充剂混合组成。铁粉为主要成分，粉粒径在 300nm 以下，比表面积为 $0.5m^2/g$ 以上，呈褐色粉末状。

脱氧作用机理是特制铁粉先与水反应，再与氧结合，最终生成稳定的氧化铁。这种脱氧剂的原料易得、成本较低、使用效果良、安全性高。在生产实际中得到广泛应用。特制铁粉的脱氧量由其反应的最终产物而定。在一般条件下，1g 铁完全被氧化需要 300ml（体积）或者 0.43g 的氧。因此，1g 铁大约可处理 1500ml 空气的氧。这是十分有效而经济的脱氧剂。在使用时对其反应中产生的氢应该注意，可在铁粉的配制当中增添抑制氢的物质，或者将已产生的氢加以处理。特制铁粉与使用环境的温度有关，如果用于含水分高的食品则脱氧效果发挥得快，反之，在干燥食品中则脱氧缓慢。

2. 亚硫酸盐系脱氧剂

这种脱氧剂以连二亚硫酸盐为主剂，以氢氧化钙和活性炭为辅剂，在有水的环境中进行反应，反应原理如下。

$$Na_2S_2O_4 + O_2 + Ca(OH)_2 \xrightarrow{\text{水、活性炭}} Na_2SO_4 + CaSO_3 + H_2O$$

其中 $Ca(OH)_2$ 主要用来吸 SO_2。根据理论计算，1g 连二亚硫酸钠消耗 0.184g 氧气，相当于 130ml 氧气，即 650ml 空气中的氧气。活性炭和水是反应的催化剂，因此活性炭的用量及包装空间的相对湿度对脱氧速度均会产生不同程度的影响。

目前，还有使用这类脱氧剂的另一种方法，那就是在该类脱氧剂中加入 $NaHCO_3$ 来制备复合型脱氧保鲜剂：

$$Na_2S_2O_4 + O_2 \longrightarrow Na_2SO_4 + SO_2$$

$$SO_2 + 2NaHCO_3 \longrightarrow Na_2SO_3 + H_2O + 2CO_2$$

反应中生成的二氧化碳具有抑制某些细菌生长的作用。产生的二氧化碳还会吸附在油脂及碳水化合物周围，起到保护食品，减少食品与氧气接触的作用，从而达到脱氧保鲜的目的。

3. 葡萄糖氧化酶脱氧剂

这是由葡萄糖和葡萄糖氧化酶组成的脱氧剂。葡萄糖氧化酶通常采用固定化技术与包装材料结合，在一定的温度、湿度条件下，利用葡萄糖氧化成葡萄糖酸时消耗氧来达到脱氧目的。由于这一过程是酶促反应，所以脱氧效果受到食品的温度、pH、含水量、盐种类及浓度、溶剂等各种因素的影响，且存在酶易失活等特点，故制备不易、成本较高，适用于液态食品。

葡萄糖氧化酶在食品工业上有广泛的用途，但归纳起来它的作用有两个方面：①除氧保鲜；②去葡萄糖。适用于食品工业中许多的产品，例如啤酒、果汁、油脂、奶制品、蛋黄酱、食品罐头和饮料的除氧；鱼、虾、蟹、肉等的保鲜；蛋品加工、炸制食品的脱糖；面食品的增筋等。

总之，脱氧剂的种类繁多，其脱氧能力受温度、湿度和包装内食品种类等因素的影响。所以，必须根据食品的形态、水分和种类等来选择合适的脱氧剂；再者，使用时应根据包装容器的大小和内容物的相对量来确定脱氧剂用量，以免造成脱氧剂的浪费或起不到脱氧的效果。

第五节 食品保鲜剂保藏

食品保鲜剂是能够防止新鲜食品脱水、氧化、变色、腐败的物质。它可通过喷涂、喷淋、浸泡或涂膜于食品的表面或利用其吸附食品保藏环境中的有害物质而对食品保鲜。

一、保鲜剂的作用

一般来讲，在食品上使用的保鲜剂有如下用途：①减少食品的水分散失；②防止食品氧化；③防止食品变色；④抑制生鲜食品表面微生物的生长；⑤保持食品的风味不散失；⑥增加食品特别是水果的硬度和脆度；⑦提高食品的外观可接受性；⑧减少食品在贮运过程中的机械损伤等。

表面涂层的果蔬，不仅可以形成保护膜，起到阻隔的作用，还可以减少擦伤，并且可以减少有害病菌的入侵。如涂蜡柑橘要比没有涂蜡的保藏期长；用蜡包裹奶酪可防止奶酪在成熟过程中长霉。另外，在产品表面喷涂保鲜剂如树脂、蜡等，还可使产品表面带有光泽，提高产品的商品价值。

二、保鲜剂的种类

1. 类脂

类脂是一类疏水性化合物，包括石蜡、蜂蜡、矿物油、蓖麻子油、菜子油、花生油乙酰单甘酯及其乳胶体等，可以单独或与其它成分混合在一起用于食品涂膜保鲜。当然，这些物质的使用必须符合相关的食品卫生标准。一般来讲，这类化合物做成的薄膜易碎，因此常与多糖类物质混合使用。

2. 蛋白质

植物蛋白来源的成膜蛋白质包括玉米醇溶蛋白、小麦谷蛋白、大豆蛋白、花生蛋白和棉子蛋白等，动物蛋白来源的成膜蛋白质包括胶原蛋白、角蛋白、明胶、酪蛋白和乳清蛋白等。调整蛋白质溶液的 pH 值会影响其成膜性和渗透性。由于大多数蛋白质膜都是亲水的，因此对水的阻隔性差。干燥的蛋白质膜，如玉米醇溶蛋白、小麦谷蛋白、胶原蛋白对氧有阻隔作用。

3. 树脂

天然树脂来源于树或灌木的细胞中，而合成的树脂一般是石油产物。紫胶由紫胶桐酸和紫胶酸组成，与蜡共生，可赋予涂膜食品以明亮的光泽。紫胶和其它树脂对气体的阻隔性较好，但对水蒸气一般，其广泛应用于果蔬和糖果中。树脂可用于柑橘类水果的涂膜剂。苯并呋喃-茚树脂是从石油或煤焦油中提炼的物质，有不同的质量等级，常作为"溶剂蜡"用于柑橘产品的表面喷涂。

4. 碳水化合物

由多糖形成的亲水性膜有不同的黏度规格，对气体的阻隔性好，但隔水能力差。其用于增稠剂、稳定剂、凝胶剂和乳化剂已有多年的历史。用于涂膜的多糖类包括纤维素衍生物、淀粉类、果胶、海藻酸钠和琼脂等。

① 纤维素 是 D-葡萄糖以 β-1,4-糖苷键相连的高分子物质。天然的纤维素不溶于水，但其衍生物如羧甲基纤维素（CMC）及其钠盐（CMC-Na）可溶于水。这些衍生物对水蒸气和其它气体有不同的渗透性，可作为成膜材料。

② 淀粉类（直链淀粉、支链淀粉以及它们的衍生物） 可用于制造可食性涂膜。有报道称这些膜对 O_2 和 CO_2 有一定阻隔作用。直链淀粉的成膜性优于支链淀粉，支链淀粉常用作增稠剂。淀粉的部分水解产物——糊精也可作为成膜材料。

③ 果胶 为内部细胞的支撑物质，存在于植物的细胞壁和细胞内层。柑橘、柠檬、柚子等果皮中约含 30% 果胶，是果胶最丰富的来源。按果胶的组成可分为两种类型：同质多糖型果胶，如 D-半乳聚糖、L-阿拉伯聚糖和 D-半乳糖醛酸聚糖等；杂多糖果胶，是由半乳糖醛酸聚糖、半乳聚糖和阿拉伯聚糖以不同比例组成，通常称为果胶酸。由果胶制成的薄膜由于其亲水性，故水蒸气渗透性高。

④ 海藻制品 其的角叉菜胶、海藻酸钠和琼脂都是良好成膜材料。日本有一种用角叉菜胶制成的涂膜剂，商品名叫沙其那。阿拉伯胶是阿拉伯树等金合欢属植物树皮的分泌物，多产于阿拉伯国家的干旱高地，因而得名。阿拉伯胶在糖果工业中可作为稳定剂、乳化剂等，也可作为涂膜剂用于果蔬保鲜。

5. 甲壳素类

甲壳素又名甲壳质、几丁质、壳蛋白，生物界广泛存在的一种天然高分子化合物，属多糖衍生物，主要从节肢动物如虾、蟹壳中提取，是仅次于纤维素的第二大可再生资源。甲壳素化学名称为无水 N-乙酰基-D-氨基葡萄糖，分子式为 $(C_8H_{13}NO_5)_n$。

甲壳素经脱钙、脱蛋白质和脱乙酰基可制取用途广泛的壳聚糖。壳聚糖及其衍生物用作保鲜剂主要是利用其成膜性和抑菌作用。壳聚糖或轻度水解的壳聚糖是很好的保鲜剂，0.2% 左右就能抑制多种细菌的生长。以甲壳素/壳聚糖为主要成分配制成果蔬被膜剂，涂于苹果、柑橘、青椒、草莓、猕猴桃等果蔬的表面，可以形成致密均匀的膜保护层，此膜具有防止果蔬失水、保持果蔬原色、抑制果蔬呼吸强度、阻止微生物侵袭和降低果蔬腐烂率的作用。

壳聚糖还可用作肉、蛋类的保鲜剂。实验证明，用 2% 壳聚糖对猪肉进行涂膜处理，在 20℃ 和 40℃ 贮藏条件下，猪肉的一级鲜度货架期分别延长 2 天和 5 天。用于保鲜牛肉，3 天后微生物比参照组少。壳聚糖保鲜剂对鲜鲅鱼、小黄鱼、鸡蛋等均有较好的保鲜作用。另外，壳聚糖可用作腌菜、果冻、面条、米饭等的保鲜剂。

【复习思考题】

1. 简述食品化学保藏的含义及其特点，并说明化学保藏剂的种类。
2. 什么是防腐剂？常用食品防腐剂的种类及作用特点有哪些？
3. 影响防腐剂作用效果的主要因素有哪些？
4. 什么是抗氧化剂？常用食品抗氧化剂的种类及作用特点有哪些？
5. 什么是脱氧剂？常用食品脱氧剂的种类及其作用特点是什么？

【参考文献】

[1] 林灿煌，张灿河，李微. 脱氧包装原理及脱氧剂的研究和发展状况. 食品工业科技，2004，25（5）.

[2] 凌关庭. 食品添加剂手册. 北京：化学工业出版社，1997.

[3] 马长伟，曾名涌. 食品工艺学导论. 北京：中国农业大学出版社，2002.

[4] 汪秋安，张春香. 脱氧剂及其脱氧包装技术的开发与应用. 包装工程，2004，25（4）：7-10.

[5] 夏文水. 食品工艺学，北京：中国轻工业出版社，2007.

[6] 应铁进. 果蔬贮运学. 杭州：浙江大学出版社，2001.

[7] 曾名涌，董士远. 天然食品添加剂. 北京：化学工业出版社，2005.

[8] 赵晋府. 食品技术原理. 北京：中国轻工业出版社，2002.

[9] 杨瑞. 食品保藏原理. 北京：化学工业出版社，2006.

[10] 孙平. 食品添加剂使用手册. 北京：化学工业出版社，2004.

[11] 曾庆孝. 食品加工与保藏原理. 北京：化学工业出版社，2002.

[12] 陈正行，狄济乐. 食品添加剂新产品与新技术. 南京：江苏科学技术出版社，2002.

[13] 曾名涌. 食品保藏原理与技术. 北京：化学工业出版社，2007.

[14] 刘钟栋. 食品添加剂在粮油制品的应用. 北京：中国轻工业出版社，2001.

[15] 宋小平，韩长日. 香料与食品添加剂制造技术. 北京：科学技术文献出版社，2001.

[16] 袁惠新，陆振曦，吕季章. 食品加工与保藏技术. 北京：化学工业出版社，2000.

[17] 曾庆孝. 食品加工与保藏原理. 北京：化学工业出版社，2007.

[18] 刘建学，纵伟. 食品保藏原理. 南京：东南大学出版社，2006.

第八章　食品的辐射保藏

学习目标

1. 熟悉食品辐射保藏的概念及特点。
2. 了解辐射保藏的发展现状，并掌握其在食品保藏中的应用。
3. 理解食品辐射保藏的基本原理。
4. 掌握辐射对食品产生的化学和生物学效应，影响辐射效果的因素以及食品辐射类型。

第一节　概　述

一、食品辐射保藏的概念

食品的辐射保藏就是利用原子能射线所产生的辐射能量对新鲜肉类及其制品、水产品及其制品、蛋及其制品、粮食类、果蔬类、调味料等进行杀菌、杀虫、抑制果实发芽、调节呼吸、延迟后熟、防止食品腐败变质等处理，可以最大限度地保持食品原有的品质，从而延长食品的保藏期。

二、食品辐射保藏的特点

食品辐射保藏是近20世纪发展起来的一门新兴食品保藏技术，它与传统的食品保藏技术相比，有如下优越性。

① 对食品原有特性影响小　辐射处理可以在常温或低温下进行，而且射线穿透力强，可以瞬间、均匀地到达食品的内部，杀灭微生物和害虫，因此辐射处理可最大限度地保持食品的色、香、味，有利于维持食品原有的品质。

② 射线的穿透力强　在食品包装后或冻结状态下对食品进行辐射处理，可以杀灭食品内部深层的有害微生物及害虫，同时节省了包装材料，降低了能耗。

③ 安全、无化学物质残留　和化学保藏方法比较，辐射处理后的食品无化学物质的残留和环境的污染问题。

④ 能耗少、费用低　据1976年国际原子能机构（IAEA）报告，与传统的冷冻保藏、热处理、干藏相比，辐射保藏可节约能源70%～90%。不同杀菌、保藏处理的能耗如表8-1所示。与其它保藏方法相比，加工费用经济，如对洋葱进行0.10～0.15kGy的辐射，即可抑制其发芽，而所需的费用仅有0.18元/kg。

表8-1　食品不同杀菌、保藏方法的能耗比较

方　　法	能耗/(kW/h)	方　　法	能耗/(kW/h)
巴氏杀菌	230	辐射	6.30
热杀菌	230～330	辐射巴氏杀菌	0.76
冷藏	90～110		

⑤ 适应范围广　辐射能处理各种不同类型的食物，从装箱的马铃薯到袋装的面粉、肉类、果蔬、谷物、水产品等；还可处理体积各异的、不同状态的食品。

⑥ 加工效率高 食品辐射可实现整个工序的连续化与自动化。如果是处理液态食品，管道输送更加方便。另外，辐射处理还可以改进某些食品的加工工艺和质量。如，经辐射处理的牛肉更嫩滑，大豆更容易被消化等。

当然，辐射保藏方法也有其不足之处，主要表现在：

① 经过杀菌剂量的照射，一般情况下，酶不能完全被钝化；且不同的食品以及食品包装对辐射处理的吸收能力、敏感性和耐受性等具有差异，这可能导致食品辐射技术的复杂化和差异化。

② 超过一定剂量或过高剂量的辐射处理会导致食品发生质地和色泽的损失，一些香料、调味料也容易因辐射而产生异味，尤其对高蛋白和高脂肪的食品特别突出地存在这样的问题。当然，这一问题可以采用适当的处理技术或与其它技术相结合加以克服。

三、食品辐射保藏的发展现状

目前，世界上对辐射食品研究最多的国家是美国。1963 年，在美国首次举行辐射食品国际会议的同时，FAO 也开始筹建国际食品辐射计划顾问委员会，使辐射食品成为国际上共同研究的项目，从此，世界各国也陆续批准辐射技术用于食品加工。至 20 世纪 80 年代初，全世界已有 70 多个国家在进行食品辐射的研究与开发，有 80 多种辐射食品和近百种辐射调味品投放市场。而现在已有包括中国在内的 387 个国家批准允许一种以上的辐射食品商业化，有 224 种辐射食品已建立国家标准。近年来，世界各国食品辐射研究和发展的总趋势是向着实用化和商业化发展。

我国于 1958 年开始进行辐射食品的研究。自 1984 年，国家卫生部颁布批准马铃薯、洋葱、大蒜、大米等七种辐射食品的卫生标准以来，现已基本覆盖绝大部分食品（表 8-2），年辐射量已达 10 万吨以上。至 2002 年，我国已有 30 多个省、市、自治区、县具有^{60}Co 辐射装置，建成辐射装置 150 多台左右，其中设计装机能量 1.11×10^{16} Bq 以上的装置超过 55 座，是世界上最大的辐射食品生产国。

总之，辐射食品及其研究在国内外发展前景广阔，目前主要应用于：进出口水果及农畜产品的辐射检疫处理，干果、脱水蔬菜和肉类辐射杀虫，调味品的辐射杀菌，低质酒类辐射改性，辐射处理和其它保藏方法的综合应用等。

表 8-2 我国批准允许辐射的食品类别与剂量

类 别	品 种	目 的	吸收剂量/kGy
豆类、谷类及其制品	绿豆、大米、面粉、玉米渣、小米等	防止虫害	0.2（豆类） 0.4～0.6（谷类）
干果果脯	空心莲、桂圆、核桃、山楂、枣	防止虫害	0.4
熟畜禽肉	六合脯、扒鸡、烧鸡、盐水鸭、熟兔肉	灭菌、延长保质期	8.0
冷冻分割禽肉类	猪、牛、羊、鸡	杀灭沙门氏菌及腐败菌	2.5
干香料	五香粉、八角、花椒	杀菌、防霉、延长保质期	10
方便面固体汤料	方便面固体汤料	杀菌、防霉、延长保质期	8
新鲜水果蔬菜	土豆、洋葱、大蒜、生姜、番茄、荔枝、苹果	抑制发芽、延缓后熟	0.1～0.2 0.5～1.5

第二节 食品辐射保藏的基本原理

一、放射性同位素与辐射

一个原子具有一个带正电荷的原子核，核外围有电子壳。质子带正电荷，中子不带电荷。一种元素的原子中其中子数（N）并不完全相同，若原子具有同一质子数（Z）而中子数（N）不同就称为同一元素的同位素。在低质子数的天然同位素中（除正常的氢以外），中子数和质子数大致相等，往往是稳定的。而有些同位素，由于其质子数和中子数差异较大，因此其原子核不稳定，它们按照一定的规律（指数规律）衰变。自然界存在着一些天然的不稳定同位素，也有一些不稳定同位素是利用原子反应堆或粒子加速器等人工制造的。不稳定同位素衰变过程中常伴有各种辐射线产生，这些不稳定同位素称为放射性同位素。

放射性同位素放射出 α 射线、β（$β^+$ 和 $β^-$）射线、γ 射线的过程称为辐射。α 射线（或称 α 粒子）是从原子核中射出带正电的高速粒子流（带正电荷原子核），α 射线的动能可达几兆电子伏特以上。但由于 α 粒子质量比电子大得多，通过物质时极易使其中原子电离而损失能量，所以它穿透物质的能力很小，一片纸就能将其阻挡。β 射线是从原子核中射出的高速电子流（或正电子流），其电子的动能可达几兆电子伏特以上。由于电子的质量小，速度大，通过物质时不会使其中的原子电离，所以它的能量损失较慢，穿透物质的本领比 α 射线强得多，但仍无法穿透铅片。γ 射线波长极短（波长 0.001~1nm）是原子核从高能态跃迁到低能态时放射出的一种光子流。γ 射线的能量可高达几十万电子伏特以上，穿透物质的能力极强（可穿透一块铅），但其电离能力较 α 射线、β 射线小。α、β、γ 等射线辐射的结果能使被辐射（辐照）物质产生电离作用，故常称为电离辐射。

放射性同位素的原子核内中子数过剩，会从核中发射出 $β^-$ 粒子而使核内质子数趋向增加，即中子放出 $β^-$ 粒子转变为质子。

$$n(中子) \longrightarrow p^+(质子) + β^-$$

如果放出正电子即 $β^+$ 粒子时，说明核内质子数过剩。

$$p^+ + 1.02MeV \longrightarrow n + β^+$$

如果核内质子捕获外围的电子 e^- 时，则转变成中子（K 捕获），使质子数减少。

$$p^+ + e \longrightarrow n$$

在上述过程中，常由于外层及 K 层上的电子能量不同，K 层的空穴被外层的电子补充进去，同时发射 X 射线。在发射一个 α 粒子或 $β^-$ 或者 K 捕获后，核的能级不是处于基态而是呈激发态的核，这种激发态的核的过剩能量可发射出一个或多个 γ 光子。

如果原子核放射出一个 α 粒子（β 粒子或 γ 光子），则这一个原子核就进行一次 α（β 或 γ）衰变。

放射性同位素原子核的衰变规律与外界的温度、压力等因素无关，主要取决于原子核内部的性质。每个原子核在单位时间内的自衰变的概率（$λ$）是相同的。表示元素放射性强弱的物理量称为放射性强度（I），通常以单位时间内发生核衰变的次数来表示。衰变常数 $λ$ 越大，则衰变就越快。原子核数目衰变到原来的一半（即 $N=0.5N_0$）或放射性强度减少到原来一般（即 $I=0.5I_0$），所经历的时间称为该同位素的半衰期，并用 $t_{0.5}$ 表示。不同的放射性同位素，其半衰期可以相差很大，有的长达几十亿年，有的仅为几十万分之一秒。用作食品辐射源 $^{60}_{27}Co$ 的半衰期为 5.27 年，^{137}Cs 为 30 年。半衰期越短的放射性同位素，衰变的越快，即在单位时间内放射出的射线越多。

二、辐射源

食品辐射时，被照射的食品靠自动输送系统通过辐射区，并要确保食品能接受到均匀的射线辐射，能提供均匀穿透食品射线的装置就是辐射源。辐射源是食品辐射装置的核心部分，辐射源包括人工放射性同位素和电子加速器两种。

1. 放射性同位素辐射源

（1）钴-60（^{60}Co）辐射源　^{60}Co 辐射源在自然界中并不存在，是人工制备的一种同位素源。制备^{60}Co 辐射源的方法是将自然界存在的稳定同位素^{59}Co 金属制成棒形、长方形、薄片形、颗粒形、圆筒形或其它所需要的形状，置于反应堆活性区，经中子一定时间的照射，少量^{59}Co 原子吸收一个中子后即生成^{60}Co 辐射源，其核反应是：

$$^{59}_{27}Co + \gamma \text{ 光子} \longrightarrow ^{60}_{27}Co$$

每克$^{59}_{27}$Co 照射样品中所生成$^{60}_{27}$Co 的贝可数（即放射性比度）正比于反应堆中子通量，并随照射时间延长而提高。同时，在反应堆中生成的^{60}Co 辐射源也进行衰变。因此，对应于一定的中子量，^{60}Co 辐射源的放射性比度趋于某一极限值，此时生成的与衰变的^{60}Co 辐射源正好相等。

^{60}Co 辐射源的特点是其半衰期为 5.25 年，故可在较长时间内稳定使用；^{60}Co 辐射源可根据使用需要制成不同形状，以便于生产、操作与维护。^{60}Co 辐射源在衰变过程中每个原子核放射出 1 个 β 粒子（即 β 射线）和 2 个 γ 光子，最后生成放射性同位素镍。由于 β 粒子能量较低（0.306MeV），穿透力弱，因此在辐射过程中不会对被辐射物质起作用，而放出的两个 γ 光子能量较高，分别为 1.17MeV 和 1.33MeV，穿透力很强，在辐射过程中能引起物质内部的物理和化学变化。

（2）铯-137（^{137}Cs）辐射源　^{137}Cs 辐射源由核燃料的渣滓中提取出来的。一般^{137}Cs 中都含有一定量的^{134}Cs，并用稳定铯作载体制成硫酸铯-137 或氯化铯-137。为了提高它的放射性比度，往往把粉末状^{137}Cs 压成小弹丸，再装入不锈钢管内双层封焊。

^{137}Cs 的显著特点是半衰期长（30 年）。但是^{137}Cs 的 γ 射线能量为 0.66MeV，比^{60}Co 弱，因此，欲达到^{60}Co 相同的功率，需要的贝可数为^{60}Co 的 4 倍。尽管^{137}Cs 是废物利用，但分离较麻烦，且安全防护困难，装置投资费用高，因此与^{60}Co 的辐射源相比，^{137}Cs 的应用范围较小。

2. 电子加速器

电子加速器（简称加速器）是用电磁场使电子获得较高能量，将电能转变成射线的装置。加速器的类型和加速原理有多种，用于食品辐射处理的加速器主要有静电加速器（范德格拉夫电子加速器）、高频高压加速器（地那米加速器）、绝缘磁芯变压器、微波电子直线加速器、高压倍加器、脉冲电子加速器等。

电子加速器可以作为电子射线和 X 射线的两用辐射源。电子加速器作为辐射保藏食品应用时，为保证食品的安全性，电子加速器的能量多数是用 5MeV，个别用 10MeV。如果将电子射线转换为 X 射线使用时，X 射线的能量也要控制在不超过 5MeV。

（1）电子射线　又称电子流、电子束，其能量越高，穿透能力越强。辐射过程中可用测量电子束流强来监测剂量，也可用酸敏变色片、带色玻璃纸或变色玻璃来监测剂量。该种电子加速器产生的电子流强度大、剂量率高、聚焦性能好，并且可以调节和定向控制，便于改变穿透距离、方向和剂量率。加速器可在任何需要的时候启动与停机，停机后即不再产生辐射，又无放射性沾污，便于检修，但加速器装置造价高。电子加速器的电子密度大，电子束射程短，穿透力差，一般适用于食品表层的辐射。

（2）X 射线　电子加速器发出的高能电子打击在重金属靶子上，产生能量从零到入射电子能量的 X 射线。电子加速器转换 X 射线的效率比较低，当入射电子能量更低时转换效率更小，绝大部分电子的能量都转为热量，因此要求靶子能耐热，并加以适当的冷却。X 射线具有高穿透能力，可以用于食品辐射处理。但由于电子加速器作 X 射线源效率低，而且难以均匀地照射大体积样品，故未能广泛应用。

三、诱导放射性

物质在受到辐射时，其中的一些原子将接受一部分辐射能量，在一定条件下会造成激发反应，使原子核变得不稳定，由此而发射出中子，并产生 γ 辐射，这种辐射会使物质产生放射性，即诱导放射性。由于同位素放射出的 α 射线或 α 粒子会导致食品品质受损，并有诱导放射性产生的可能，因而人们开始关注并慎用射线来辐射保藏食品。

从食品的辐射处理看，辐射本身对食品的消费者没有直接的影响，但会使辐射处理后的食品其成分和组织状态发生一些变化，这些变化或有利于控制食品的质量与货架寿命，或使食品中营养成分和色泽等受损、缩短货架期，进而对消费者产生一定的不利影响。

辐射处理是否会引起或产生诱导放射性与辐射处理的类型、辐射剂量大小以及食品的性质等有密切的关系。大量的研究表明，电子束能量在超过 20MeV 后会使被辐射物产生测量得到的放射性，但是，这些受辐射所产生的放射性大大低于有关机构允许的剂量。常用同位素源发出的最大能量低于引起诱导放射性的能量。目前，我国辐射食品大都采用^{60}Co γ 射线，其能量为 1.32MeV 和 1.17MeV，即使是用低能量电子束辐射也达不到 10MeV。当然，食品中含有可能或"容易"生成放射性核素的其它微量元素（如锶、锡、钡、镉和银等），这些元素在受到照射后，有可能产生寿命极短的诱导放射性。FAO、WHO 和 IAEA 指出，使用能级低于 16MeV 的机械源时，诱导放射性可以忽略并且寿命很短，低于 10MeV 的电子处理或 γ 射线、X 射线能量不超过 5MeV 的辐射处理将不会产生诱导放射性。因此，我国生产的辐射食品是安全的，无诱导放射性。

第三节 影响辐射效果的因素

一、射线的种类

用于食品辐射的放射线有高速电子流、γ 射线及 X 射线。射线种类不同辐射效果也会发生相应的变化。研究表明，γ 射线与电子加速器产生的高速电子流杀菌效果是一样的，但 X 射线则有很大的不同。

二、辐射剂量

辐射剂量影响微生物、虫害等生物的杀灭程度，也影响食品的辐射化学效应，两者要兼顾考虑。一般来说，剂量越高，食品保藏期越长。

剂量率也是影响辐照效果的重要因素。同等的辐照剂量，高剂量率辐照照射的时间就短；低剂量率辐照照射的时间就长。通常较高的剂量率可获得较好的辐照效果。如对洋葱的辐照，每小时 0.3kGy 的剂量率比每小时 0.05kGy 的剂量率有更明显的辐照保藏效果。但高剂量率的辐照装置需有高强度辐射源，且要有更严密的安全防护设备。因此，剂量率的选择要根据辐射源的强度、辐照品种和辐照目的而定。

三、辐射温度

在接近常温条件下，温度变化对辐射杀菌效果没有太大影响。例如，在 0～30℃ X 射线对于大肠杆菌，在 0～50℃ β 射线对于金黄色葡萄球菌和肠膜芽孢杆菌，在 2.5～36℃ α 射线对于黏质沙雷菌，在 0～60℃ γ 射线对于肉毒梭状芽孢杆菌的芽孢的杀菌效果均不随温度的变化而改变。

在其它温度范围内与常温下情况有所不同。当辐射温度高于室温时，D_M 值就会出现降低的倾向；在 0℃ 以下，微生物对辐射的抗性有增强的倾向。例如，金黄色葡萄球菌在 −78℃ 下进行辐射杀菌，其 D_M 值（表示微生物数量减少 10 倍所需的辐射剂量）是常温时的 5 倍；大肠杆菌在 −196～0℃ 范围内用 X 射线照射，表现为温度越低对辐射抵御能力越强；肉毒梭状芽孢杆菌在 −196～0℃ 范围内用 γ 射线照射，表现为温度越低，其 D_M 值越大，−196℃ 的 D_M 值是 25℃ 时的 2 倍。

虽然低温会导致微生物对辐射的抵御能力增强，但在低温条件下，射线对食品成分的破坏及品质改变很少。因此，低温辐射杀菌对保持食品原有的品质是十分有益的。例如，肉类食品在高剂量照射情况下会产生一种特殊的"辐射味"。为了减少辐射所引起的物理变化和化学变化，对于肉禽和水产等蛋白质含量较高的动物性食品，辐射处理最好在低温下进行，这样可以有效地保证质量。速冻处理的动物性食品在 −40～−8℃ 范围内进行辐射处理效果最好。

四、微生物种类及状态

不同的微生物菌种或菌株对辐射的敏感性有很大差异，即使是同一菌株，辐射前的状态不同，其敏感性也会有所不同。在微生物的增长周期中，处于稳定和衰亡期的细菌有较强的辐射耐受性，而处于对数增长期的细菌则辐射耐受性弱。此外，培养条件也影响微生物对放射线的敏感性。

由此可见，微生物所处状态及其变化会对其辐射耐受性产生影响，而这个因素在一般的杀菌处理中是难以控制的。因此，在杀菌时有必要根据实际情况进行调整。

五、氧气

辐射时分子状态氧的存在对杀菌效果有明显的影响，一般可使微生物对辐照的敏感性提高 2～3 倍；同时，分子状态氧的存在对辐照化学反应速率也有一定的影响。此外，氧的电离还会产生氧化性很强的臭氧。对于蛋白质和脂肪含量较高的食品，辐射时会因环境中氧分子的存在发生一定的氧化作用，特别是辐射剂量较高时情况更为严重。因此，辐射时是否需氧气的存在，要根据辐射处理对象、性状、处理目的和贮存环境条件等加以综合考虑来选择。

六、食品的化学组成和结构

由于食品种类繁多，即便是同种食品其化学组成及组织结构也有差异。污染的微生物、虫害等种类与数量以及食品生长发育阶段、成熟状况、呼吸代谢的快慢等，对辐照效应也影响很大。如大米的品质、含水量不仅影响剂量要求，也影响辐照效果。同等剂量下，品质好的大米食味变化小，品质差的大米食味变化大；干燥状态下，由于水分含量少，其辐射效应明显减弱。

一般地，微生物的辐射耐受性不会受食品 pH 值变化的影响。与 pH 值相比，食品复杂体系中化学物质的存在对辐射杀菌影响较大，其中既有对微生物起保护作用的物质，也有促进微生物死亡的物质。使辐射杀菌效果降低，即对微生物起保护作用的化学物质有醇类、甘油类、硫化氢类、亚硫酸氢盐、硫脲、巯基乙胺、2,3-二巯基乙酸、2-(2-巯基乙氧基)-乙醇、谷胱甘肽、L-半胱氨酸、抗坏血酸钠、乙酰琥珀酸、乳酸盐、葡萄糖、氨基酸以及其它培养基成分和食品成分。这些物质之所以对微生物具有防护作用是由于它们消耗氧气，使氧分子效应消失、活性强的游离基被捕捉的缘故。使辐射杀菌效果升高的物质有维生素 K_5、儿茶酚、氯化钠等。

七、食品的包装材料

选择高分子材料作为辐射食品的包装时，除了要考虑包装材料的性能和使用效果外，还应考虑到在辐射剂量范围内包装材料本身的化学、物理变化，以及与被包装食品的相互作用，最终是否会对辐射效果产生一定的影响。

某些高分子材料在吸收辐射能量后，会引起电离作用而发生各种化学变化，如降解、交联、不饱和键的活化、析出气体、促使氧化反应等。在辐射剂量超过 50kGy 时，纤维素酯类高分子物质会发生降解，导致包装的冲击强度和抗撕强度等指标明显降低，且气渗性增加；在辐射剂量超过 $100\sim1000kGy$ 时，聚乙烯、尼龙等易发生交联反应，使包装变得硬且脆；在绝氧下辐射剂量达 1000kGy 时，可使偏二氯乙烯共聚物薄膜游离出氯化物，使 pH 值降低。这些高分子物质的变化，会导致包装透气性增加、容易破损、包装性质发生一些变化等，从而使包装内食品发生一系列的生物化学变化，如发生氧化反应、运输过程中结构被破损、色泽发生变化等。据试验测定，在辐射巴氏杀菌条件下，所有用于包装食品的薄膜性质基本上未受影响，对食品安全也未构成危害。

此外，在食品辐射的过程中，辐射装置的类型、辐射剂量分布的均匀性等都会影响辐射食品的质量。

第四节　辐射对食品的影响

食品及其它生物有机体的主要化学组成是水、蛋白质、糖类、脂类及维生素等，这些有机物质分子在射线的照射下会发生一系列的化学变化。某些食品本身就是活的生物体，如新鲜果蔬都有一定的生理活动（如呼吸作用、成熟衰老等），另外，附着在食品表面或内部的微生物、昆虫和寄生虫等生物体在辐射后也会发生变化。射线辐照对食品产生的影响，即由射线释放能量使食品产生化学性或生物性变化的问题，变化的程度将主要取决于辐射能量的大小、食品的种类以及食品的状况等。

一、辐射对食品的化学效应

1. 水分

水存在于所有的天然食品中，且是大多数食品的重要组分，水也是构成微生物体的重要成分之一。水分子对辐射很敏感，当它接受了射线的能量后，水分子首先被激活，产生正离子、激发分子和电子（$H_2O\cdot^+$，$H_2O\cdot^-$，e），然后由这些激发产物和食品中的其它成分接触而发生反应。辐射的这种间接效应，对于水含量很高的液态食品来说，往往大于直接效应，可能是化学变化的唯一重要原因，即使在水含量低的固态食品中，这种间接效应仍然是主要的影响因素之一。

2. 蛋白质和酶

蛋白质由于具有多级结构而具有独特的性质。辐射会使食品中蛋白质分子的二硫键、氢键、醚键等断裂，产生—SH 氧化、脱氨、脱羧、苯酚和杂环氨基酸游离基氧化等反应而引起一级结构和高级结构的变化，发生蛋白质分子间的辐照交联和降解，使蛋白质分子变性、凝聚强度和溶解度、黏度变化等。蛋白质分子照射时交联和降解同时发生，但往往交联大于降解，因此降解常不易察觉。由于酶的主要组分是蛋白质，因此辐射对酶产生的影响与辐射蛋白质基本一致。

食品中除了含蛋白质和酶外，还含有碳水化合物、脂类、维生素等成分，这些物质的辐照产物之间也可能发生相互作用。因此，食品在辐射过程所发生的变化远比纯蛋白质、纯酶复杂。

含蛋白质食品随照射剂量的不同，产生的变化有所不同。如高剂量辐照食品（肉类及禽类、乳类）常会产生辐照味，并已鉴定出多种挥发性辐照产物，它们大多是通过间接效应产生的；在冻结点以下的温度进行辐照可减少辐照味。对含酶食品而言，酶所处的环境越复杂，酶对辐射的敏感性越差。因此在复杂的食品体系中，需要大剂量的辐射才能将酶钝化。利用酶对射线的这种稳定性，在食品工业中采用辐射方法处理酶制剂，从而将污染酶制剂的微生物杀灭。

3. 脂类

辐射脂类主要使脂肪酸长链中 C—C 键断裂，从而诱导脂类发生自动氧化和非自动氧化反应。

辐射可促进脂类的自动氧化过程，可能是由于促进自由基的形成和氢过氧化物的分解，并使抗氧化剂遭到破坏，在有氧存在时这种促进作用更显著。辐射使氢过氧化物的分解加快，生成醛、醛酯、含氧酸、糖类、醇、酮、羧酸、酮酸、二聚物等产物。辐射诱发的自动氧化程度受辐射剂量、剂量率、温度、脂肪组成、氧及抗氧化剂的影响。脂类在无氧状态下照射时，会发生非自动氧化性分解，生成氢气、一氧化碳、二氧化碳、碳氢化合物（烷、烯烃）、醛和高分子化合物。此外，磷脂类化合物的辐射分解物也是碳氢化合物类、醛类和酯类等。

低剂量（0.5～10kGy）辐射含不饱和脂肪的食品表明，过氧化物的产生量随辐射剂量的增加而增加；当辐射剂量大于 20kGy 时，"辐射脂肪"气味可察觉，在较高剂量时变得更加强烈。

4. 糖类

纯糖类经辐射后有明显的降解作用和相应的产物形成，并会改变糖类的某些性质。低聚糖类和单糖在进行照射时，降解产物有羰基化合物、羧酸类、过氧化氢，且不论是固态或液态，随辐射剂量的增加，均会出现旋光度降低、褐变、还原性及吸收光谱变化等现象。另外，在辐射过程中还会有氢气、一氧化碳、二氧化碳、甲烷和水等产生。

多糖经照射后也会发生熔点降低、旋光度下降、吸收光谱变化、聚合度和结构等的变化，变化程度主要受辐射剂量和多糖种类的影响。在低于 200kGy 的辐射剂量照射下，淀粉粒的结构几乎没有变化，但直链淀粉、支链淀粉和葡聚糖的分子会发生断裂，碳链长度降低。直链淀粉经 200kGy 照射，其平均聚合度从 1700 降低到 350；支链淀粉的链长降低到 15 个葡萄糖单位以下。多糖类经照射后对酶的敏感性也随之发生变化，并引起 α-1,4 糖苷键偶发性断裂，并产生氢气、一氧化碳、二氧化碳。

以上变化是糖类单独存在时的辐射产物，在商业照射剂量下引起食品中糖类物理性质（如熔点、折射率、旋光度和颜色等）的变化很小，但黏度下降、消化性变化或异常物质的生成效果比较明显，是值得重视的问题。

在辐射过程中，水对糖类降解的间接影响是很复杂的。在辐射固态糖类时，水有保护作用，这可能是由于通过氢键的能量转移，或者由于水和被辐射糖类的自由基发生反应重新形成最初产物所致。辐射液态糖类时，除了辐射对糖的直接影响外，还有水的羟基自由基等对糖的间接影响，通常降解作用随辐射剂量的增加而增加。另外，食品中其它成分的存在对糖类的辐射有保护作用，特别是蛋白质和氨基酸。如在辐射纯淀粉时，可观察到有大量的产物形成，但在复杂的食品体系中由于其它成分的保护作用，观察到的不一定会是同样的结果。

5. 维生素

维生素是食品中重要的微量营养物质。许多食品在加工过程中不同程度地造成了维生素的损失。在评价辐射食品的营养价值上，维生素对辐射的敏感性也是一个重要的指标。

纯维生素溶液对辐射很敏感，若在复杂的食品体系中，因与其它成分复合存在，其敏感性会降低。不同维生素对射线的敏感性不同，一般认为其与辐射食品的组成、辐射剂量、温度、氧气存在与否等有关。

水溶性维生素中维生素 C 对辐射的敏感性最强，但在辐射剂量低于 5kGy 时，维生素 C 损失率通常不会超过 20%～30%。在水溶液中，维生素 C 可以和水辐射分解出的自由基发生反应。由于在冷冻状态下水分子的自由基流动性较小，可以保存维生素 C。其它水溶性维生素，如维生素 B_1、维生素 B_6、泛酸、叶酸等对辐射也较敏感，而维生素 B_5 对辐射较稳定。脂溶性维生素对辐射均很敏感，尤其是维生素 E 和维生素 A 更为敏感。表 8-3 为各种维生素在食品中经辐射后其含量的变化情况。

表 8-3　几种维生素的辐射稳定性

维生素	食品	剂量/kGy	减少率/%	维生素	食品	剂量/kGy	减少率/%
维生素 B_1	牛肉	15	42	维生素 E	肉(N_2)	γ射线 20	0
		30	53～84		肉(O_2)	γ射线 20	37
	羊肉	30	46	维生素 B_2	牛乳	10	74
	猪肉	5	74		奶粉	10	16
		15	89		肉	279	8～10
		30	84～95		鳕鱼	60	6
	猪肉香肠	30	89		鸡蛋	5～50	0
	火腿	5	28		酵母	10～30	0
烟酸	水溶液	10	88		小麦粉	1.5	0
	牛乳	10	33	维生素 A	牛肉	10(N_2)	43
	腊肉	55.8	0			20(N_2)	66
	牛肉	27.9	2		家禽	10(N_2)	58
	火腿	27.9	2			20(N_2)	72
	鳕鱼	27.9	2	维生素 C	全脂乳	3	0
维生素 E	全乳	10	57			10	64
	乳脂	168	82～83			48	70
	人造奶油	β射线 1	56		炼乳	10	70
	葵花奶油	β射线 1	45		干酪	28	47
	猪油(O_2)	β射线 1	56		奶油	96	78
	猪油(N_2)	γ射线 5	5		玉米油	30	0
	鸡蛋	β射线 1	17				

必须指出的是，辐射处理对食品产生的化学变化远远不如热处理对食品的影响大。一般，通过调整辐射处理的工艺条件（如射线类型、辐射剂量、辐射温度等）以及对处理食品恰当的选择，就能够大大降低辐射对食品化学物质产生的效应。

二、辐射对食品的生物学效应

电离辐射可以引起生物有机体的组织及生理发生各种变化，产生一系列的生理生化反应，从而影响其新陈代谢。辐射的生物学效应与生物机体内的化学变化有关，对生物机体的辐照效应有直接和间接两方面的作用。直接作用是引起生命体内某些蛋白质和核蛋白分子的改变，引起其新陈代谢紊乱，使自身的生长发育和繁殖能力受到一定的影响。间接作用是通过引起水和其它物质电离，生成游离基和离子，导致发生一系列的生化变化，从而影响到机体的新陈代谢过程，导致微生物或昆虫等的生理机能受到破坏甚至导致其死亡。食品的商业辐射可依据不同的辐射剂量达到所需的生物学效应（表 8-4）。

表 8-4　达到不同生物学效应所需的辐射剂量

生物学效应	剂量/kGy	生物学效应	剂量/kGy
植物和动物的刺激作用	$0.01 \sim 10$	食品辐射选择杀菌	$10^3 \sim 10^4$
植物诱变育种	$10 \sim 500$	药品和医疗设备的灭菌	$(1.5 \sim 5) \times 10^4$
通过雄性不育法杀虫	$50 \sim 200$	食品阿氏杀菌	$(2 \sim 6) \times 10^4$
抑制发芽（马铃薯、洋葱）	$50 \sim 400$	病毒的失活	$10^4 \sim 1.5 \times 10^5$
杀灭昆虫及虫卵	$250 \sim 10^3$	酶的失活	$2 \times 10^4 \sim 10^5$
辐射巴氏杀菌	$10^3 \sim 10^4$		

1. 微生物

辐射保藏主要是直接控制或杀灭食品中的腐败性微生物和致病性微生物。普遍认为，辐射对微生物的致死作用是通过对微生物细胞中 DNA 分子的直接影响和细胞内外大量存在的水分子的间接辐射效应等引起的。辐射的直接或间接效应可以使微生物致死，但不能去除微生物代谢产生的毒素。辐射对微生物的作用受下列因素的影响：辐射剂量、微生物的种类及状态、细菌数、培养介质化学成分和物理状态及辐射后的贮藏条件等。

辐射杀灭微生物一般以杀灭 90% 微生物所需的剂量来表示，即残存微生物数下降到原菌数 10% 时所需用的剂量，并用 D_{10}（或 D_M）来表示。

（1）细菌　细菌的种类很多，不同种类的细菌对辐射敏感性也各不相同。辐射剂量越高，对细菌的致死率越强。按照微生物学安全性需求，经辐射后残存菌数减少 $10 \sim 12$ 个数量级，可以计算出杀菌所需的最小辐射剂量（MRD）。MRD 值的大小主要决定于辐射对象微生物种类、被辐射的食品种类和辐射时的温度等。通常条件下，带芽孢菌体比无芽孢菌体对辐射有较强的抵抗力。常见几种食品致病菌的 D_M 值见表 8-5。

表 8-5　一些常见食品致病菌的 D_M 值

致 病 菌	D_M 值/kGy	悬浮介质	辐射温度/℃
嗜水气单孢菌（A. hydrophila）	$0.14 \sim 0.19$	牛肉	2
大肠杆菌 O157:H7（E. coli O157:H7）	0.24	牛肉	$2 \sim 4$
单核细胞杆菌（L. monocytogenes）	0.45	鸡肉	$2 \sim 4$
沙门氏菌（Salmonelia spp.）	$0.38 \sim 0.77$	鸡肉	2
金色链霉菌（S. aureus）	0.36	鸡肉	0
小肠结肠炎菌（Y. enterocolitica）	0.11	牛肉	25
肉毒梭状芽孢杆菌孢子（C. botulinum sp.）	3.56	鸡肉	-30

（2）酵母菌与霉菌　酵母菌与霉菌对辐射的敏感性与非芽孢细菌相当。种类不同，其辐射敏感性也有差异。酵母可使果汁及水果制品腐败，可通过热处理或其它方法与低剂量辐射相结合来解决这个问题。

用 2kGy 左右的高剂量辐射来控制由霉菌造成新鲜果蔬的大量腐败，所用的剂量常高于果蔬的耐辐射量，现已用于防止草莓、柑橘、香蕉、苹果等的霉菌腐败。

（3）病毒　病毒是最小的生命活体，是一种具有严格专一性的细胞内寄生物，自身没有代谢能力，但进入细胞后能改变细胞的代谢机能，产生新的病毒成分。病毒常以食品和酶作为寄主。例如，脊髓灰白质炎病毒和传染性肝炎病毒通过食品传播给人体，后者还可以通过饮水而污染水源和某些动物体。口蹄疫病毒能侵袭许多动物，这种病毒只有使用高剂量辐射（水溶液状态 30kGy，干燥状态 40kGy）才能使其钝化，但使用过高的剂量会降低新鲜食品的品质，因此常用热处理和低剂量辐射相结合的方法来抑制病毒的活性。

2. 昆虫类

辐射是控制食品中昆虫传播的一种有效手段，辐射可杀死、击晕昆虫，可使昆虫寿命缩短、不育、减少卵的孵化、延迟发育、减少进食量和抑制呼吸。但这些影响都是在一定的剂量范围内发生的，而在某些低剂量下，可能会出现相反的作用效果，如延长昆虫的寿命、增加产卵量、增进卵的孵化和促进呼吸等。例如，用 3～5kGy 剂量辐射处理食品可立即将昆虫杀死，1kGy 辐射足以使昆虫在数日内死亡，0.25kGy 可使昆虫在数周内死亡，并使存活昆虫不育。但在 0.13～0.25kGy 剂量辐射下，可使卵和幼虫具有一定的发育能力，不过可阻止它们发育到成虫阶段。

3. 果蔬类

根据水果的呼吸特性，果实可分为呼吸跃变型果实和非呼吸跃变型果实。对于有呼吸高峰的果实，即呼吸跃变型果实，在高峰出现之前，体内乙烯的合成明显增加，从而加快成熟期的到来。若在高峰前对此类果实进行辐射处理，可抑制其呼吸高峰的出现，从而延长果实的贮藏期，这主要是因为辐射干扰了果实体内乙烯的合成，影响了其生理活动。

辐射还能使水果的化学成分发生变化，如辐射会破坏维生素 C 和某些酸，使原果胶变成果胶质及果胶酸盐，使纤维素及淀粉发生降解，造成果实色素发生变化等，影响了果实的品质。

辐射可影响新鲜蔬菜的代谢反应，可改变蔬菜的呼吸率、防止老化、改变蔬菜的化学成分等。如辐射马铃薯，辐射处理后的短期内能快速且大量的增加摄氧率，但随后又下降。洋葱等根菜类蔬菜辐射后可抑制其发芽，对蘑菇可防止开伞，延迟后熟。经辐射处理后的根菜类蔬菜在光照下皮层也不发绿，若在高剂量辐射下就会造成腐烂。

第五节　辐射在食品保藏中的应用

一、食品辐射的类型

根据食品辐射的目的及所需的剂量，FAO/IAEA/WHO 把应用于食品中的辐射分为下列三大类。

1. 辐射耐藏杀菌

这种辐射处理主要目的是降低食品中腐败微生物及其它微生物数量，延长新鲜食品的后熟期和保藏期（如抑制发芽等）。一般辐射剂量在 5kGy 以下。

2. 辐射巴氏杀菌

这种辐射处理使在食品中检测不出特定的无芽孢的致病菌（如沙门氏菌）。此辐射方法处理后的食品可能有芽孢菌存在，因此，无法保证长期贮存，必须与其它保藏方法（如低温或干燥等）结合来处理食品。另外，若食品中已存在大量微生物，因该法不能除去微生物代谢产生的毒素，故也不能处理食品。所使用的辐射剂量范围为 5～10kGy。

3. 辐射阿氏杀菌

所使用的辐射剂量可以将食品中的微生物减少到零或有限数量。经过这种辐射处理后，食品中检不出腐败微生物及毒素，可长时间贮藏，但要防止再次污染。一般辐射剂量范围为

10~50kGy。这种辐射杀菌可使处理后的肉类尤其是牛肉产生异味，严重影响肉类的风味。经试验证明，可以在冷冻温度−30℃以下进行阿氏辐射，因为肉类产生的异味大多是化学反应的产物，冷冻时水中的自由基流动性减小，可防止自由基与某些肉类分子发生反应。

二、影响食品辐射剂量的因素

1. 微生物的辐射耐受性

微生物数量减少10倍所需的辐射剂量常用 D_M 来表示，D_M 的大小与菌种及菌株、培养基的化学成分、培养基的物理状态有关，而与原始菌数无关。表8-6列出了食品中常见微生物在特定条件下的 D_M 值。

表 8-6　食品中常见微生物种类的 D_M 值

种　类	剂量/kGy	种　类	剂量/kGy
假单胞菌（数种）	0.10~0.20	枯草芽孢杆菌	0.35~2.50
大肠杆菌（需氧）	0.12~0.35	短小芽孢杆菌	1.70
大肠杆菌（厌氧）	0.20~0.45	产芽孢杆菌	1.60~2.20
沙门氏菌（数种）	0.20~0.50	产气夹膜杆菌	2.10~2.40
粪链球菌	0.50~1.00	肉毒杆菌	1.50~4.00
霉菌芽孢	0.10~0.70	嗜热脂肪芽孢杆菌	1.00
啤酒酵母	2.60	耐辐射微链菌	2.50~3.40

2. 酶的辐射耐受性

食品中存在的酶类物质在很大程度上影响着产品的质量。因此，酶对辐射的耐受性也是制约辐射使用剂量的一大因素。食品中的酶一般比微生物更能耐受电离辐射。使酶活性降低10倍所需的辐射剂量值称为酶分解单位，用 D_E 表示。一般来说，$4D_E$ 的辐射剂量几乎可使所有的酶失活，但是，如此高的剂量（约200kGy）会导致食品成分严重破坏，同时也会使得食品的安全性系数降低。因此，对于那些为了提高贮藏稳定性而需破坏酶的食品，单靠辐射处理是不适宜的，需在辐射前首先进行热处理将食品中的酶灭活。

3. 食品感官质量的辐射耐受性

食品的化学成分和物理结构对辐射的耐受性有较大差异，即使是同一种类型，甚至是同一品种也有不同。在实际生产中，可以根据食品感官质量的可接受性来确定辐射剂量的上限，而辐射剂量的下限都是通过反复研究获得的。常见食品的辐射处理条件如表8-7所示。

表 8-7　食品的辐射处理剂量

产品	辐射目的	剂量/kGy	剂量计	包装要求
马铃薯	抑制发芽	75	硫酸亚铁	贮藏在敞开的多孔容器中
面粉	杀灭虫类	500	硫酸亚铁	密封布袋或纸袋，并有外包装
畜肉、鱼和蔬菜组织	辐射杀菌（酶的钝化74℃）	45000	硫酸铈	真空密封于坚固容器中，具有气味基接受体
浆果类	巴氏杀菌（杀灭霉菌）	1500	硫酸铈	密封于可透 O_2 或 CO_2 的薄膜内
水果	辐射杀菌（酶的钝化74℃）	24000	硫酸铈	真空密封于坚固容器中，具有气味基接受体
肉片或鱼片	巴氏杀菌	10000	硫酸铈	密封于气密容器中

4. 辐射费用

辐射保藏能耗低，在保证大批量不间断地连续处理的前提下，与热处理、低温保藏等方法相比，费用低是辐射处理的优点。但是就辐射本身而言，用较强的辐射源或使食品较长时间露置于较弱的辐射下（以获得较高的辐射剂量）会使加工费用增高，同时高剂量辐射处理食品，其辐射费用也较高，有待通过加工工艺的改进来降低其费用。

作为一种食品保藏方法，食品辐射既不可能取代传统良好的加工保藏方法，也不是适用于任何食品。如牛奶和奶油一类乳制品经辐射处理后会变味；许多食品如肉、鱼等都有一剂量阈值，高于此剂量就会发生感官或生理性质发生变化；用于延长大多数食品保藏期的低剂量辐射不能杀死病毒；另外，某些食品的低剂量辐射并不能杀灭全部微生物及其毒性，如肉毒梭状芽孢杆菌、黄曲霉毒素、葡萄球菌毒素等。因此，容易受到这些生物污染的食品需在毒素产生之前进行辐射处理。

食品辐射技术是一种新型的加工保藏技术，其商业价值一开始就受到消费者某些怀疑和否定，其主要障碍是人们缺乏对辐射作用的认识，担心辐射食品残留放射性。许多批准辐射食品的国家并非都实际应用了这种保藏方法，因为在验证这样一些食品的卫生安全性方面许多批准都是有附加条件的。实际应用取决于其效能、需要、经济可行性和市场需求。可以预见，随着食品辐射技术知识的普及与宣传、辐射机理研究的深入、辐射食品卫生安全性的验证以及辐射工艺条件控制的准确性和严密性，将有更多的辐射食品投放市场。

【复习思考题】

1. 食品辐射保藏的概念及其特点是什么？
2. 国内外食品辐射保藏的发展现状如何？
3. 试讨论食品辐射保藏的原理。
4. 影响辐射效果的因素有哪些？
5. 什么是诱导放射性？目前，我国辐射食品安全性如何？
6. 辐射对食品产生的化学和生物学效应有哪些？
7. 食品辐射分几大类，分别是什么？
8. 影响辐射剂量的因素有哪些？什么是微生物 D_M 值？

【参考文献】

[1] 天津轻工业学院、无锡轻工业学院合编. 食品工艺学. 北京：中国轻工业出版社，1995.
[2] 马长伟，曾名勇. 食品工艺学导论. 北京：中国农业大学出版社，2002.
[3] 曾庆孝. 食品加工与保藏原理. 北京：化学工业出版社，2002.
[4] 杨瑞. 食品保藏原理. 北京：化学工业出版社，2006.

第九章 食品罐藏

第一节 概 述

一、食品罐藏的概念与优点

食品罐藏是将食品密封在容器中，经高温处理将绝大部分微生物杀灭并促使酶丧失活性，同时防止外界微生物再次入侵，从而使食品在室温下能长期贮存的食品保藏方法。凡采用密封容器包装并经高温杀菌的食品称为罐藏食品，商业上称之谓罐头食品。

罐藏技术始于 18 世纪末 19 世纪初，由法国人阿培尔（Nicolas Appert）所发明，距今已有二百余年的历史。人们称他为"罐头工业之父"。但是，由于当初对引起食品腐败变质的主要因素——微生物还没有认识，故技术上进展缓慢，到 1864 年另一位法国科学家巴斯德（Louis Pasteur）发现了微生物之后，使罐藏技术及罐藏原理得到较快的发展，使之成为食品工业中的重要部分。目前，罐藏工业正在向连续化、自动化方向发展，可望在不久的将来，这项新兴工业必将有更大更快的发展。

作为一种食品的保藏方法，罐藏具有以下几方面的优点。

① 罐头食品保质期长，可以在常温下保存 1～2 年不坏。

② 食用方便，无须另外加工处理。

③ 已经过杀菌处理，无致病菌和腐败菌存在，食用安全卫生。

④ 对于新鲜易腐产品，罐藏可以起到调节市场，保证制品的目的。

⑤ 运输携带方便。

由于罐藏技术优点甚多，故而被广泛应用。罐头食品不仅可满足人民日常的需要，更是航海、勘探、军需、登山、井下作业及长途旅行者的方便营养食品。

二、食品罐藏的原理

食品罐藏的保藏原理在于杀灭了有害微生物的营养体，达到商业无菌的目的，同时应用真空技术，使可能残存的微生物芽孢在无氧的状态下无法生长活动，从而使罐头内的食品保持相当长的货架寿命，真空的作用还表现在可以防止因氧化作用而引起的各种化学变化；罐头采用高温杀菌的同时使酶钝化、失活；另外，在腌渍蔬菜罐头或干果罐头加工中亦存在着低水分活度和食盐的防腐作用。

1. 高温对微生物的影响

微生物所处的环境温度超过微生物所适应的最高生长温度，一般对热较敏感的微生物就会立即死亡。例如多数细菌、酵母菌和霉菌的营养细胞和病毒在 50～65℃下 100min 内可致死。但不同的微生物对热的敏感性不同，如部分微生物在较高的温度下尚能生存一段时间。

（1）微生物的耐热性　微生物在超过它们最高生长温度范围时，致死的原因主要是由于高温对菌体蛋白质、核酸、酶系统产生直接破坏作用，如蛋白质中较弱的氢键受热容易被破坏，使蛋白质变性凝固。不同微生物因细胞结构特点和细胞性质不同，所以它们的耐热性也不同。嗜冷微生物对热最敏感，其次是嗜温微生物，而嗜热微生物的耐热性最强。然而，同属嗜热微生物，其耐热性因种类不同而有明显差异。通常产芽孢细菌比非芽孢细菌更为耐热，而芽孢也比其营养细胞更耐热。比如，细菌的营养细胞大多在70℃下加热30min死亡，而其芽孢在100℃下加热数分钟甚至更长时间才会死亡。

（2）影响微生物耐热性的因素

① 污染微生物的种类和数量　各种微生物的耐热性各有不同，一般而言，霉菌和酵母的耐热性都比较低，在50～60℃条件下就可以杀灭；而有一部分细菌却很耐热，尤其是有些细菌可以在不适宜生长的条件下形成非常耐热的芽孢。微生物的耐热性与一定容积中所存在的微生物的数量也有关。微生物量越多，全部杀灭所需的时间就越长。

② 热处理温度　微生物的种类不同，其最低热致死温度也不同。对于规定种类、规定数量的微生物，选择了某一个温度后，微生物的死亡就取决于在这个温度下维持的时间。

③ 罐内食品成分

（a）pH值　微生物受热时环境的pH值是影响其耐热性的重要因素。微生物的耐热性在中性或接近中性的环境中最强，而在偏酸性或偏碱性的条件都会降低。其中尤以酸性条件的影响更为强烈。比如大多数芽孢杆菌在pH中性范围内有很强的耐热性。但在pH<5时，细菌芽孢的耐热性就很弱了。因此，在加工蔬菜及汤类食品时，常添加柠檬酸、醋酸及乳酸等酸性成分，以提高食品的酸度，降低杀菌温度和减少杀菌时间，从而保持食品原有的品质和风味。

（b）脂肪　脂肪含量高则细菌的耐热性会增强。脂肪增强细菌耐热性是通过减少细胞的含水量来达到的。因此，增加食品介质的含水量，即可以部分或基本消除脂肪的热保护作用。

（c）糖　糖的存在对微生物的耐热性有一定的影响，这种影响与糖的种类及浓度有关。以蔗糖为例，当其浓度较低时，对微生物的耐热性的影响很小；但浓度较高时，则会增强微生物的耐热性。其原因主要是高浓度的糖类能降低食品的水分活度。不同糖类即使在相同浓度下对微生物的耐热性的影响也是不同的，这是因为它们所造成的水分活度不同。不同糖类对受热细菌的保护作用由强到弱的顺序是：蔗糖＞葡萄糖＞山梨糖醇＞果糖＞甘油。

（d）蛋白质　加热时食品介质中如有蛋白质（包括明胶、血清等在内）存在，将对微生物起保护作用。比如将细菌芽孢放入pH值6.9的1/15mol磷酸和1%～2%明胶的混合液中，其耐热性比没有明胶时高2倍。因此，要达到同样的杀菌效果，含蛋白质多的食品要比含蛋白质少的食品进行更大程度的加热处理才行。食品中蛋白质含量在5%左右时，对微生物有保护作用。

（e）盐　低浓度食盐对微生物有保护作用，当食盐的浓度低于3%～4%时，能增强细菌的耐热性。而高浓度食盐则对微生物的抵抗力有削弱作用。食盐的浓度超过4%时，随浓度的增加，细菌的耐热性明显下降。

（f）水分活度　水分活度或加热环境的相对湿度对微生物的耐热性有显著的影响。一般情况下，水分活度越低，微生物细胞的耐热性越强。其原因可能是由于蛋白质在潮湿状态下加热比在干燥状态下加热变性速度更快，从而使微生物更易于死亡。因此，在相同温度下湿热杀菌的效果要比干热杀菌好。另外，水分活度对于细菌的营养细胞、芽孢以及不同细菌和芽孢的影响也不同。

2. 高温对酶活性的钝化作用及酶的热变性

酶的活性和稳定性与温度有密切的关系。在较低的温度范围内，随着温度的升高，酶活性也增加。通常，大多数酶在 $30 \sim 40℃$ 的范围内显示最大的活性，而高于此范围的温度将使酶失活。但是，乳碱性磷酸酶和植物过氧化物酶在 pH 中性条件下相当耐热。在加热处理时，其它的酶和微生物大都在这两种酶失活前就已被破坏，因此，在乳品工业和果蔬加工时常根据这两种酶失活来判断巴氏杀菌和热烫是否充分。

三、食品罐藏容器

1. 罐藏容器应具备的条件

（1）对人体没有毒害，不污染食品，保证食品符合卫生要求。

（2）具有良好的密封性能，保证食品经消毒杀菌之后与外界空气隔绝，防止微生物污染，使食品能长期贮存而不致变质。

（3）具良好的耐腐蚀性。

（4）适合工业化生产，能承受各种机械加工。能适应工厂机械化和自动化生产的要求，容器规格一致，生产效率高，质量稳定，成本低。

（5）容器应易于开启，取食方便，体积小，质量轻，便于携带，利于消费。

2. 常用的罐藏容器

目前，用于罐头生产的容器主要有金属罐、玻璃罐、软罐等。下面介绍几种常用的罐藏容器。

（1）金属罐

① 镀锡薄板罐（马口铁罐）　马口铁罐是两面镀锡的低碳薄钢板，含碳量在 $0.06\% \sim 0.12\%$，厚度 $0.15 \sim 0.49mm$。为五层结构，包括钢基、合金层、锡层、氧化膜层、油膜层。

② 铝合金薄板罐（铝罐）　铝及铝合金薄板罐是纯铝或铝锰、铝镁按一定比例配合经过铸造、压延、退火制成的具有金属光泽、质量轻并能耐一定腐蚀的金属材料。此类罐质轻，便于运输；抗大气的腐蚀不生锈；通常不会受到含硫产品的染色；易于成型；不含铅，无毒害。但强度低，易变形；不便于焊接；对产品有漂白作用；使用寿命不及马口铁罐；成本费用比马口铁昂贵。铝罐看似耐腐蚀但实验证明，还是能与食品起反应。如果铝罐用于装果蔬加工品，必须采用内部涂料，这样就大大提高了成本费用。

（2）玻璃罐　玻璃罐（瓶）在罐头食品中占的比重不小，是以玻璃作为材料制成的。玻璃为石英砂和碱，即中性硅酸盐熔融后在缓慢冷却中形成的非晶态固化无机物质。玻璃的种类甚多，随配料成分而异。装食品用的玻璃罐（瓶）是用碱石灰玻璃制成，即将石英砂、纯碱（Na_2CO_3）以及石灰石（CaO）按一定比例配合在 $1500℃$ 高温下熔融，再缓慢冷却成型铸成的。玻璃罐的特点是化学性质稳定，一般不与食品发生化学反应；可直观罐内产品的色泽、形状，给人们的选择提供便利；可重复使用；原料丰富，成本低；硬度高，不变形。但其热稳定性差；质脆易破；质量大；导热系数小。

（3）软罐　软罐是由聚酯、铝箔、聚烯烃组成的复合薄膜为材料制成的。这种软罐包装食品具有如下特点。

① 能够忍受高温杀菌，微生物不会侵入，贮存期长。

② 不透气及水蒸气、内容物几乎不可能发生化学作用，能够较长期的保持内容物的质量。

③ 质量轻，密封性好，封口简便牢固，可以电热封口。

④ 杀菌时传热速度快。

⑤ 开启方便，包装美观。

软包装的使用，被认为是罐头工业技术的革新，软罐头被称为第二代罐头。

第二节 食品的罐藏工艺

食品罐藏的基本工艺过程包括原料的预处理、装罐和预封、排气、密封、杀菌与冷却等。由于食品的原料和罐头品种的不同，各类罐头的生产工艺也有所不同，但基本工艺是相同的。

一、罐藏原料的预处理

各类罐头的食品原料不同，其预处理的要求亦不同。水产品原料必须是非常新鲜的。鱼贝类与畜肉相比，肌肉中含水分多，容易损伤，容易产生化学变化，同时细菌也很容易侵入肌肉内，处理时必须严加注意，必须避免鱼体受压和阳光直射，且在冷藏的条件下保藏。畜肉在屠宰后，由于死后僵硬，肌肉明显收缩、发硬，因此，作为罐头食品原料，必须采用尸僵完成以后的肉。水果在未成熟时，酸度太高，不宜作为罐头食品的原料，必须采用成熟度适中的水果。

原料在进入生产之前，必须严格挑选和分级，剔除不合格的原料，同时根据质量、新鲜度、色泽、大小等分为若干等级，以利于加工工艺条件的确定。对于动物性食品原料还必须进行卫生检验。

挑选分级后的原料，须分别进行清洗、去骨、去皮、去鳞、去头尾、去内脏、去核、去囊衣等处理，然后根据各类产品规格要求，分别进行切块、切条、切丝、打浆、榨汁、浓缩、预热、烹调等处理后方可装罐。

二、装罐和预封

1. 罐藏容器的准备

食品在装罐前，首先要根据食品种类、物性、加工方法、产品要求及有关规定选择合适的罐藏容器。由于容器上附着有灰尘、微生物、油脂等污物及残留的药水等，有碍卫生，为此在装罐之前必须进行洗涤和消毒。清洗可用手工或机械的方法，目前，大中型企业均采用机械的方法，通过喷射蒸汽或热水来清洗。

（1）马口铁罐的洗涤和消毒　在小型企业中，多采用人工操作，即将空罐放在沸水中浸泡 $0.5\sim1.0$min，取出后倒置沥干水分。在大型企业中，一般采用洗罐机洗罐和消毒。洗罐机的种类很多，有链带式、滑动式、旋转式等，基本方式都是先用热水冲洗空罐，然后用蒸汽进行消毒。

（2）玻璃罐的洗涤和消毒　一般都采用热水浸泡或冲洗，这样可使附着在玻璃罐上的许多物质膨胀而容易脱落；对于回收的旧玻璃罐，由于罐壁上常附着有油脂、食品碎屑等污物，则需用 $40\sim50℃$ 的 $2\%\sim8\%$ 的氢氧化钠溶液洗涤。然后再用漂白粉或高锰酸钾溶液消毒。罐藏容器消毒后，每只空罐的微生物残留量应低于几百个。消毒后，应将容器沥干并立即装罐，以防止再次污染。

2. 食品的装罐

(1) 装罐的工艺要求　原料经预处理后，应迅速装罐。装罐时应力求质量一致，并保证达到罐头食品的净重和固形物含量的要求。净重是指罐头总质量减去容器质量后所得的质量，它包括固形物和汤汁；固形物含量是指固体物在净重中占的百分率。每只罐头允许净重公差为±3%，但每批罐头的净重平均值不应低于标准所规定的净重。罐头的固形物含量一般为45%～65%，因食品种类、加工工艺等不同而异。装罐时还必须留有适当的顶隙。所谓顶隙，是指罐内食品表面或液面与罐盖内壁间所留空隙的距离。装罐时食品表面与容器翻边一般相距4～8mm，待封罐后顶隙高度为3～5mm。顶隙大小将直接影响到食品的装量、卷边的密封性能、产品的真空度、铁皮的腐蚀、食品的变色、罐头的变形及腐蚀等。顶隙过小，杀菌时食品膨胀，引起罐内压力增加，将影响卷边的密封性，同时还可能造成铁皮罐永久变形或凸盖，影响销售。顶隙过大，罐头净重不足，且因顶隙内残留空气较多而促进铁皮罐腐蚀或形成氧化圈，并引起表层食品变色、变质。

(2) 装罐的方法　根据产品的性质、形状和要求，装罐的方法可分为人工装罐和机械装罐两种。

① 人工装罐　一般来说，肉类、禽类、水产、水果、蔬菜等块状或固体产品等的装罐，大多采用人工装罐。这一类产品的形状不一，大小不等，色泽和成熟度也不相同，而产品要求每罐的内容物大致均匀、质量一致，为了达到这个要求，目前多采用熟练工人来挑选搭配装罐。要求排列整齐的产品，机械装罐难以达到要求，也只能由人工装罐。

② 机械装罐　一般用于颗粒状、粉末状、流体及半流体等产品，如青豌豆、果酱、果汁、调味汁和糜状食品等。机械装罐速度快，分量均匀，能保证食品卫生，因此除必须采用人工装罐的部分产品外，应尽可能采用机械装罐。

装罐机可分为半自动和全自动两大类。目前国内使用较普遍的有午餐肉自动充填机、蚕豆自动装罐机、果汁自动灌装机、自动加汁机等。流体和半流体状食品大多采用流体定量装罐机。装罐之后，除了流体食品、糊状胶状食品、干装类食品外，都要加注液体，称为注液。注液能增进食品风味，提高食品初温，促进对流传热，改善加热杀菌效果，排除罐内部分空气，减小杀菌时的罐内压力，防止罐头食品在贮藏过程中的氧化。

最简单的注液方法是人工注液，大多数工厂采用注液机，最简单的注液机是在储液罐下部装一个可控制流量的开关，并接一段软管，对准由传送带输送的罐头，将罐液注入罐内。自动注液机速度快、效率高，大型企业普遍使用。

3. 预封

预封是在食品装罐后进入加热排气之前，用封罐机初步将盖勾卷入到罐身翻边下，进行相互勾连的操作。勾连的松紧程度以能允许罐盖沿罐身自由旋转而不脱开为度，以便在排气时，罐内空气、水蒸气及其它气体能自由地从罐内逸出。

预封的目的是预防因固体食品膨胀而出现汁液外溢；避免排气箱冷凝水滴入罐内而污染食品；防止罐头从排气到封罐的过程中顶隙温度降低和外界冷空气侵入，以保持罐头在较高温度下进行封罐，从而提高罐头的真空度。

预封可采用手扳式或自动式预封机。预封时，罐内食品汤汁在离心力作用下容易外溅。因此，采用压头式或罐身自由转动式预封机时，转速（n）应稍慢些，可用下式估算

$$n = 60 \frac{\sqrt{H}}{R}$$

式中，H 为顶隙，m；R 为罐头内径，m。

三、罐头的排气

排气是食品装罐后密封前将罐内顶隙间的、装罐时带入的和原料组织细胞内的空气尽可能从罐内排除的技术措施，从而使密封后罐头顶隙内形成部分真空的过程。

1. 排气的目的

（1）阻止需氧菌和霉菌的生长发育　许多微生物都需在有氧的情况下生长，排除氧气，可控制需氧性微生物的生长。罐头食品虽然经过高温高压灭菌，但仍有活菌存在，只是罐头中的氧气量很少，如果氧气充足，这些微生物就又会生长。

（2）防止容器变形或破损　因为加热杀菌时空气膨胀容易使容器变形或破损，特别是卷边受到挤压后，易影响其密封性。

罐头食品密封后要进行加热杀菌。未排气罐头食品加热时罐内空气、水蒸气和内容物都将受热膨胀，以致罐内压力显著增加，当罐内超压（罐内压力和杀菌锅压力的差值太大）时，罐盖就会外凸，严重时会导致杀菌冷却后罐头出现永久性变形、胀罐、凸角等事故。若排气良好，杀菌时罐内压力就不会太高。在一般情况下，杀菌过程中罐头内压不会太大，因为这时杀菌锅内的温度较高，也有一定压力，而最容易出现问题的常在停止杀菌、放气和开始冷却的那一段时间内，因这时杀菌锅内压力急剧下降，而罐内压力却停留不降，或极其缓慢地下降，以致罐内压急剧升高，尤其带骨罐头食品更为显著。故冷却时常需内外压平衡，以减少容器变形事故。不过罐头排气后，真空度也不能过高，因为罐外压力过高，就会发生永久性瘪罐事故。

（3）控制或减轻罐藏食品贮藏中出现的罐内壁腐蚀　罐内和食品中如有空气存在，则罐内壁常会在其它食品成分的影响下出现严重腐蚀的现象，特别对水果类罐头，氧会促进水果中所含酸对罐内壁的腐蚀。罐内缺氧时就不易出现铁皮的腐蚀。

（4）避免或减少维生素和其它营养物质遭受破坏　温度在 100℃ 以上加热时，如有氧存在，维生素就会缓慢地分解，而无氧存在时就比较稳定。各种维生素中，对热最稳定的是维生素 D，其次是维生素 A 和维生素 B，而维生素 C 最不稳定。

（5）避免或减轻食品色、香、味的变化　食品和空气接触，特别是食品的表面上极易发生氧化反应从而导致色香味的变化。例如脂肪含量较高的食品就会发黄或酸败。

（6）有利于对罐头质量的检查（打检）　杀菌时，如罐内排气不好易造成胀罐，而微生物腐败也易造成胀罐。前者为假胀罐，后者为腐败变质性胀罐。工厂常用棒击底盖，根据声音的浊、清来判断罐头质量，但是排气不充分，食品虽未腐败同样会发生浊音。因此，如果排气不良难以借打检识别罐头质量的好坏。

2. 排气方法

目前，罐头食品厂常用的排气方法大致可分为三类：热力排气法、真空封罐排气法和蒸汽喷射排气法。热力排气法是罐头工厂使用最早，也是最基本的排气法。真空封罐排气法是后来发展起来的，并有普遍采用的趋势。蒸汽喷射封罐法最近几十年才出现，国内罐头食品厂也开始采用。

（1）热力排气法　热力排气就是利用空气、水蒸气和食品受热膨胀的原理，将罐内的空气排除掉的方法。目前常见的方法有两种：热装罐密封和食品装罐后加热排气法。

① 热装罐密封法　就是先将食品加热到一定的温度（一般为 70～75℃）后立即装罐密封的方法。采用这种方法，一定要趁热装罐、密封，不能让食品温度下降。这种方法一般适

用于液体和半固体的食品，或者其组织形态不会因加热时的搅拌而遭到破坏的食品，如番茄汁、番茄酱、糖浆苹果等。

我国有些罐头工厂还采用另一种形式的热装罐密封法，就是预先将汤汁加热到预期温度后，趁热加入装有食品的罐内，立即密封的方法。如去骨鸭罐头，先把去骨鸭装入罐内，然后加入预先加热到 90℃ 温度的肉汤，立即密封，不再加热排气。

② 加热排气法　就是食品装罐后覆上罐盖，再放入排气箱内，在预置的排气温度（一般 82～96℃，有的高达 100℃）中，经一定时间的热处理，使罐内中心温度达到 75～90℃ 左右，并允许食品内空气有足够外逸的时间情况下，立即封罐的排气法。加热排气可以间歇地或连续地进行。

加热排气时，加热温度愈高和时间愈长，密封温度愈高，最后罐头的真空度也愈高。肉类罐头的密封温度一般可控制在 80～90℃ 以上，并偏向于采用高温短时间的排气工艺条件，不过必须注意高温有可能会出现脂肪熔化和外析的现象，应尽量加以避免。

（2）真空封罐排气法　就是在真空环境中进行排气封罐的方法，一般都在真空封罐机中进行。封罐时利用真空泵先将真空封罐机密封室内的空气抽出，建立一定的真空度（一般为 32.0～73.3kPa），然后将处于室温或高温预封好的罐头，通过密封阀门送入已建立一定真空度的密封室内，罐内部分空气就在真空条件下立即被抽出，同时立即封罐而后再通过另一密封阀门送出。真空室内的真空度可根据罐头最后所需的真空度要求以及罐头内容物的温度进行调整。真空封罐后罐内真空度一般可达 32.0～40.0kPa，最高不能超过 53.3～73.3kPa。

真空封罐机内罐头排气时间很短，所以它只能排除顶隙内的空气和罐头食品中的一部分气体。真空排气在生产肉、鱼类罐头，如午餐肉、油浸鱼、凤尾鱼等一类固态装食品罐头中得到了广泛的应用。不管在什么情况下，这类食品采用热力排气法所能达到的真空度总是比真空封罐排气法低。

真空封罐时顶隙值大小极为重要。某些固态装肉类罐头装量过多，几乎不留顶隙时，就很难获得真空度。液态食品罐头如果不留顶隙，真空封罐时就会将一部分液体吸至罐外，从而出现罐内真空度和顶隙很不稳定的现象。真空度为大气压力和罐内压力之差。这说明罐内压力越小，真空度越大。最大为 101.33kPa，最小为零。真空度为零说明罐内压力和大气压相同。

和热力排气法相比，真空封罐时所用设备占地面积小，并能使加热困难的罐头食品内形成较好的真空度。操作恰当，罐内内容物外溅比较少，故比较清洁卫生。

（3）蒸汽喷射排气法　蒸汽喷射排气法就是在封罐的同时向罐头顶隙内喷射具有一定压力的高压蒸汽，利用蒸汽驱赶罐头顶隙内的空气，然后立即密封，杀菌、冷却后顶隙内的蒸汽凝结而形成一定的真空度。这种方法只能排除顶隙中的空气，对食品组织中和溶液中残留的空气作用就很小。故这种方法只能适用于空气含量少、食品中溶解、吸附的空气较少的食品。如大多数加糖水或盐水的罐头食品和大多数固态食品等，但不适用于干装食品。

真空封罐排气法可在短时间内使罐头达到较高的真空度，因此生产效率很高，有的每分钟可达到 500 罐以上，能适应各种罐头食品的排气，尤其适用于不宜加热的食品。真空封罐机体积小占地少。但这种排气法不能很好地将食品组织内部和罐头中下部空隙处的空气加以排除。封罐时易产生暴溢现象造成净重不足，有时还会造成瘪罐现象。

这是近几十年发展成功的排气方法。这种方法最初用于玻璃罐，当玻璃罐最初进入金属箱内，蒸汽向玻璃罐内食品表面上的顶隙部分喷射，将顶隙内的空气驱走，然后立即封罐，从而得到较好的真空度。后来，铁罐封罐机也设计了蒸汽喷射装置，它能简单地将顶隙内空气排除掉，如图9-1所示。

喷蒸汽排气时，罐内顶隙必须大小适当。顶隙小时，密封冷却后几乎得不到真空度，顶隙较大时，则可以得到较好的真空度。经验证明，获得合理真空度的最小顶隙为8mm左右。为了保证获得适当的罐内顶隙，可在封罐之前增加一道顶隙调整工序。即用机械带动的柱塞，将罐头内容物压实到预定的高度，并让多余的汤汁从柱塞四周溢出罐外，从而得到预定的顶隙度。装罐前，食品加热温度对蒸汽排气封罐后的罐内真空度也有一定影响。如图9-2所示，要获得较高的真空度，可预先将罐头加热至较高温度再喷蒸汽封罐。对于含大量空气或其它气体的罐头，装罐后一般均喷温水加热，然后再喷蒸汽排气密封。

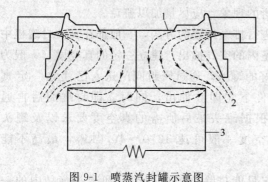

图 9-1　喷蒸汽封罐示意图
1—罐盖；2—蒸汽；3—罐体

图 9-2　密封温度对真空度的影响

四、罐头的密封

罐头食品之所以能够长期保藏的两个主要因素，一是充分杀灭罐内的致病菌和腐败菌；二是使罐内食品与外界完全隔绝，不再受到外界空气和微生物的污染而腐败变质。为了保持这种高度密封状态，必须采用封罐机将罐身和罐盖的边缘紧密卷合，这就是罐头密封，称为封罐。封罐是罐头生产工艺中非常重要的工序。封罐方法因罐藏容器种类不同而异，下面分述之。

1. 金属罐的密封

金属罐的密封与空罐的封底原理、方法和技术要求基本相同。但所用封罐机的种类、结构不完全一样。封罐机有手扳封罐机、半自动封罐机、自动封罐机、真空封罐机及蒸汽喷射封罐机等。封罐过程中所产生的质量问题常见于卷边问题，如表9-1所示。

在实罐的密封时，应注意清除黏附在翻边部位的食品，以免造成密封不严。如果在排气之前预封，也可避免食品尤其是骨、皮等附着在罐口上。

2. 玻璃罐的密封

玻璃罐与铁皮罐不同，其密封方法也不同。再加以玻璃罐本身因罐口边缘造型不同，罐盖的形式也不同，因而其封口方法也各异。目前采用的密封方法有卷边式密封法、旋转式密封法、套压式密封法和抓式密封法等。

（1）卷边式密封法　即依靠玻璃罐封口机的辊轮的滚压作用，将马口铁盖的边缘卷压在玻璃罐的罐颈凸缘下，以达到密封的目的。其特点是密封性能好，但开启困难，现已很少使用。

表 9-1　常见卷边质量问题

卷边缺陷	引起的原因	特征
卷边过长	头道辊轮滚压不足	盖的钩边短，整个卷边伸长
卷边过短	头道辊轮滚压过度，二道辊轮滚压不足	卷边内侧边缘产生快口，或卷边松弛，钩边带有皱纹
卷边松弛	二道辊轮滚压不足	卷边太厚而长度不足，钩边成弓形状态，迭接不紧密，有起皱现象
卷边不均匀	辊轮磨损，辊轮与压头的锤面或其它机件相碰，头道及二道辊轮滚压过度	卷边松紧不一
罐身钩边过短	托底板压力太小，辊轮和压头间距过大	罐头较高，罐身钩边缩短，卷边顶部被滚压成圆形
垂边过度	身缝叠接处堆锡过多，辊轮靠得太紧，托底压力太大	垂边附近盖钩过短，垂边的下缘常常被辊轮切割或划痕
盖钩边过短	头道辊轮滚压不足	卷边较正常者长，罐身钩边正常，可能形成边唇
盖钩边过长	头道辊轮滚压过度	卷边顶部内侧边缘上产生快口
钩边起皱、埋头度过深	二道辊轮滚压不足，托底板压力太小，辊轮与压头间距太大，压头凸缘太厚	卷边松弛，钩边卷曲，埋头度过深，常因此产生盖钩边过短情况
翻边损坏	罐头没有放在压头中心，在运输及搬运时造成的损伤	翻边破坏，无法与盖钩紧密结合
打滑	托底板压力太小，压头磨损；托底板压力太大或弹簧不正；托底板或压头有油污；头道及二道辊轮滚压过度	部分卷边过厚，且较松
快口	托底板压力太大；头道辊轮滚压过度；压头与辊轮间距过大；压头磨损	身缝附近快口特别明显
边唇	头道辊轮滚压不足，二道辊轮滚压过度；托底板压力较弱；罐身翻边过宽	边唇常出现在身缝附近，边唇附近钩边迭接不足
跳封	二道辊轮缓冲弹簧疲劳受损，压头有问题	—

注：引自曾名勇，食品保藏原理与技术。

　　(2) 旋转式密封法　有三旋、四旋、六旋和全螺旋式密封法等，主要依靠罐盖的螺旋或盖爪扣紧在罐口凸出螺纹线上，罐盖内壁垫有塑料垫圈或加注滴塑以加强密封性能。装罐后，由旋盖机把罐盖旋紧，便得到良好的密封。该法的特点是开启容易，且可重复使用，广泛用于果酱、糖浆、果冻、番茄酱、酸黄瓜、花生酱等罐头的密封。

　　(3) 套压式密封法　即依靠预先嵌在罐盖边缘内壁上的密封胶圈，密封时由自动封口机将盖子套压在罐口凸缘线的下缘而得到密封。其特点是开启方便，常用于小瓶等。

　　此外还有抓式密封法，靠抓式封罐机将罐盖边缘压成"爪子"，紧贴在罐口凸缘的下缘而得以密封，适用于果酱、糖浆、酱菜类罐头的密封。

　　3. 软罐的密封

　　软罐又称蒸煮袋，一般采用真空包装机进行热熔密封。依靠内层的聚丙烯材料在加热时熔合成一体而达到密封的目的。封口效果取决于蒸煮袋的材料性能，热熔合时的温度、时间、压力和封边处是否有附着物等因素。

　　五、罐头的杀菌和冷却

　　1. 罐头食品杀菌

　　杀菌是罐头生产过程中的重要环节，可谓是决定罐藏食品保存期限的关键。因为罐藏食品的原料大都为农副产品，不可避免会污染许多微生物，这些微生物有的能使食品成分分解变质，有的能使人体中毒，轻者引起疾病，重者造成死亡。因此，在原料经过预处理、装罐、排气、密封后，必须进行杀菌。罐藏食品的杀菌通常是采用热处理或其它物理措施，如辐射、加压、微波、阻抗等方法杀死食品中所污染的致病菌、产毒菌及腐败菌，并破坏食品中的酶，使食品有较长的保质期。罐头食品常用的杀菌方法是加热杀菌，本章主要介绍罐头食品的加热杀菌。

（1）罐头食品加热杀菌的意义　罐头食品杀菌的目的，一是杀死一切对罐内食品起败坏作用和产毒致病的微生物并且起到一定的调煮作用，以改进食品质地和风味，使其更符合食用要求。罐头食品的杀菌要求达到"商业无菌"状态故要尽量做到在保存食品原有的色泽、风味、组织、质地及营养价值等条件下，消灭罐内能使食品败坏的微生物及可能存在的致病菌，以确保罐头食品的保藏效果。

（2）杀菌对象菌的选择　各种罐头食品由于其原料的种类、来源、加工方法和加工卫生条件等不同，使罐头食品在杀菌前存在着不同种类和数量的微生物。生产上不可能也没有必要对所有不同种类的细菌进行耐热性试验，总是选择最常见的、耐热性最强、并有代表性的腐败菌或引起食品中毒的细菌作为主要的杀菌对象菌。一般认为，如果热力杀菌足以消灭耐热性最强腐败菌时，则耐热性较低的腐败菌是很难残留下来的。芽孢的耐热性比营养体强，若有芽孢菌存在时，则应以芽孢作为主要的杀菌对象。

罐头食品的酸度（或 pH）是选定杀菌对象菌的重要因素。一般来说，在 pH 4.5 以下的酸性或高酸性食品中，酶类、霉菌和酵母菌这类耐热性低的作为主要杀菌对象，所以是比较容易控制和杀灭。而 pH 4.5 以上的低酸性罐头食品，杀菌的主要对象是那些在无氧或微氧条件下仍然活动而且产生孢子的厌氧性细菌，这类细菌的孢子抗热力是很强的。在低酸性食品中常选择抗热力能代表食品内有害细菌的菌种作为杀菌的对象菌。在罐头食品工业上一般认可的试验菌种，是采用产生毒素的肉毒梭状芽孢杆菌的芽孢为杀菌对象菌。后来又发现一种同类无毒、能产生芽孢的细菌（菌号为 P. A. 3679），其抗热力更强，以这种菌的芽孢作为杀菌对象所得的数据更为可靠。在杀菌过程中，只要使杀菌对象菌杀死，也就基本上消灭了其它的有害菌类。

（3）罐头食品杀菌时的传热情况　杀菌时热的传递主要是借助热水或蒸汽为介质，其热力由罐外表传至罐头中心的速度，对杀菌条件有很大影响。热的传递方式有传导、对流和辐射。在罐头杀菌时起作用的是对流和传导，而在某一种罐头食品中以何种传递方式为主，取决于该食品的理化性质，装罐的数量与形式，固体和液体的比例、装排的情况等而定。凡是能够流动的或有流动液态的食品则以对流传热为主，而固态食品则主要靠传导来传热。在杀菌中传导的传热速度比对流慢得多。而罐头容器的种类、罐头的大小、食品的种类和状态、杀菌前的初温高低及罐头在杀菌过程中的状态等，都能影响到热的传递速度。用金属容器、大型罐、液态食品、回转式杀菌等情况传热速度就快，反之则慢。

（4）影响杀菌的主要因素　影响罐头杀菌效果的因素很多，主要有微生物的种类和数量、食品的性质和化学成分、传热的方式和传热速度等几个方面。微生物的种类和数量、食品的性质和化学成分的影响在本章第一节中已有阐述，本节主要讲述传热方式与传热速度的影响。

罐头杀菌时，热的传递主要是借助热水或蒸汽为介质，因此杀菌时必须使每个罐头都能直接与介质接触。其次热量由罐头外表传至罐头中心的速度，对杀菌有很大影响，影响罐头食品传热速度的因素主要有以下几方面。

① 罐头容器的种类和形式　不同容器的导热系数和罐壁的厚度不同，因而对热的传热性也不同，软罐头＞铁罐＞玻璃罐。容器大小对传热速度和加热杀菌时间也有影响，容器增大，加热杀菌时间也将增加。

② 食品的种类和装罐状态　流质食品由于对流作用使传热较快。但糖液、盐水等传热速度随其浓度的增加而降低。块状食品加汤汁的比不加汤汁的传热快。果酱、番茄酱等半流质食品，随着浓度的增高其传热方式越趋向传导作用，故传热较慢，特别是有些半流质食品，当温度升高到某种程度时，半流质就逐渐变为糊状（如甜玉米糊）那么整个升温过程就会出现前快后慢现象。总之，各种食品含水量的多少、块状大小、装填的松紧、汁液的多少与浓度等都直接影响到传热速度，在加热杀菌时必须全面考虑这些因素。

③ 罐头的初温　罐头在杀菌前的中心温度叫"初温"。初温的高低影响到罐头中心达到所需温度的时间，因此在杀菌前注意提高和保持罐头食品的初温（如装罐时提高食品和汤汁的温度，排气密封后及时进行杀菌等），就容易在预定时间内获得杀菌效果，这对于不易形成对流和传热较慢的罐头更为重要。

④ 杀菌锅的形式和罐头在杀菌锅中的状态　静置间隙的杀菌锅不及回转式杀菌锅杀菌。因后者能使罐头在杀菌时进行转动，罐内食品形成机械对流，从而提高传热性能，加快罐内中心温度上升，因而可缩短杀菌时间。

（5）杀菌工艺条件　杀菌操作过程中罐头食品的杀菌工艺条件主要由温度、时间、反压三个主要因素组合而成。在工厂中常用杀菌式表示对杀菌操作的工艺要求，杀菌式表明罐头食品杀菌操作过程中可以划分为升温、恒温和降温等三个阶段。即

$$\frac{\tau_1 - \tau_2 - \tau_3}{t}p$$

式中，t 为杀菌锅的杀菌温度，℃；τ_1 为杀菌锅加热升温升压时间，min；τ_2 为杀菌锅内杀菌温度保持稳定不变的时间，min；τ_3 为杀菌锅内降压降温时间，min；p 为杀菌加热或冷却时锅内使用反压的压力，kPa。

① 升温阶段就是将杀菌锅温度提高到杀菌式规定的杀菌温度（t℃），同时要求将杀菌锅内空气充分排除，保证恒温杀菌时蒸汽压和温度充分一致的阶段。为此升温阶段的温度不宜过短，否则就达不到充分排气的要求，杀菌锅内还会有气体存在。

② 恒温阶段就是保持杀菌锅温度稳定不变的阶段，此时要注意的是杀菌锅温度升高到杀菌温度时并不意味着罐内食品温度也达到了杀菌温度的要求，实际上食品处于加热升温阶段。对流传热型食品的温度在此阶段内常能迅速上升，甚至达到杀菌温度，而导热型食品升温极为缓慢，甚至加热杀菌停止和开始冷却时尚未能上升到杀菌温度。

③ 降温阶段就是停止蒸汽加热杀菌并用冷却介质冷却，同时也是杀菌锅放气降压阶段。就冷却速度来说，冷却越迅速越好，但是要防止罐头爆裂或变形。罐内温度下降缓慢，内压较高，外压突然降低常会出现爆罐现象，因此冷却时还需加压（即反压），如不加反压则放气速度就应减慢，务使杀菌锅和罐内相互间压力差不致过大。为此，冷却就需要一定时间。

（6）罐头食品常用的杀菌方法

① 常压沸水杀菌　大多数水果和部分蔬菜罐头可采用沸水杀菌，杀菌温度不超过100℃，一般采用立式开口杀菌锅，此法比较简单。先在杀菌锅内注入需要量的水，然后通入蒸汽加热，待锅内水达到沸点时，将装好罐头的杀菌篮放入锅内。为了避免杀菌锅内水温的急速下降和玻璃罐的破裂，可预先将罐头预热到50℃后再放入杀菌锅内。注意，此时还不能作为计算杀菌时间的开始。待锅内水再次升至沸腾时，才能开始计算杀菌时间，并保持沸腾至杀菌终了，注意勿使中途发生降温现象而影响杀菌效果。罐头应全部浸泡在水中，最上层的罐头也应在水面以下 10～15cm。水的沸点要观察正确，不要把大量蒸汽进入锅内而

使水翻动的现象误认为水的沸腾。水的温度应以温度计的读数为准。杀菌结束后，立即将杀菌篮取出迅速进行冷却，一般采用水池冷却法。

采用常压连续式杀菌时，一般也以水为加热介质。罐头由输送带送入杀菌器内，杀菌时间可由调节输送带的速度来控制，杀菌结束后，罐也由输送带送入冷却水区进行冷却。

② 高压蒸汽杀菌　低酸性食品，如大多数蔬菜、肉类及水产类罐头食品必须采用100℃以上的高温杀菌，为此加热介质通常采用高压蒸汽。将装有罐头的杀菌篮放入杀菌锅内，关闭杀菌锅的门或盖，关闭进水阀和排水阀。打开排气阀和泄气阀，然后打开进气阀使高压蒸汽迅速进入锅内，快速彻底地排除锅内的全部空气，并使锅内温度上升。在充分排气后，须将排水阀打开，以排除锅内的冷凝水。排除冷凝水后，关闭排水阀和排气阀。待锅内压力达到规定值时，检查温度计读数是否与压力读数相对应。如果温度偏低，则表示锅内还有空气存在。可打开排气阀继续排除锅内空气，然后关闭排气阀。待锅内蒸汽压力与温度相对应，并达到规定的杀菌温度时，开始计算杀菌时间。杀菌过程中可通过调节进气阀和泄气阀来保持锅内恒定的温度。达到预定杀菌时间后，关掉进气阀，并缓慢打开排气阀，排尽锅内蒸汽，使锅内压力回复到大气压。然后打开进水阀放进冷却水进行冷却，或者取出罐头浸入水池中冷却。

③ 高压水杀菌　此法适用于肉类、鱼贝类的大直径扁罐及玻璃罐。将装好罐头的杀菌篮放入杀菌锅内，关闭锅门或盖。关掉排水阀，打开进水阀，向杀菌锅内进水，并使水位高出最上层罐头15cm左右。然后关闭所有排气阀和溢水阀。放入压缩空气，使锅内压力升至比杀菌温度对应的饱和水蒸气压高出54.6～81.9kPa为止，然后放入蒸汽，将水温快速升至杀菌温度，并开始计算杀菌时间。杀菌结束后，关掉进气阀，打开压缩空气阀和进水阀，但冷水不能直接和玻璃罐接触，以防爆裂。可先将冷却水预热到40～45℃后再防入杀菌锅中。当冷却水放满后，开启排水阀，保持进水量和出水量的平衡，使锅内水温逐渐下降。当水温降至38℃左右时，关掉进水阀、压缩空气阀，打开锅门取出罐头。

④ 罐头食品杀菌的其它技术　加热杀菌技术虽然应用历史悠久、使用简便，但是，它存在加热时间长，能量利用率较低，对食品色、香、味及营养价值的损坏作用大等缺陷。为此，研究人员一直在探索新的杀菌技术，先后推出了辐照杀菌、超高压杀菌、微波杀菌、阻抗杀菌、高频杀菌和无菌包装等技术。这些新杀菌技术各具特点，杀菌效果都比较理想。有些已经获得应用，有些正在推广使用。其中，超高压杀菌技术在罐头工业中已获得了实质性的应用。

2. 罐头食品的冷却

罐头杀菌完毕后，应迅速冷却，罐头冷却是生产过程中决定产品质量的最后一个环节，处理不当会造成产品色泽和风味的变劣、组织软烂，甚至失去食用价值。此外，还可能造成嗜热性细菌的繁殖和加剧罐头内壁的腐蚀现象。因此，罐头杀菌后冷却越快越好，但对玻璃罐的冷却速度不宜太快，常采用分段冷却的方法，即80℃、60℃、40℃三段，以免玻璃罐爆裂。

冷却方式按冷却的位置的不同，可分为锅外冷却和锅内冷却，常压杀菌常采用锅外冷却，卧式杀菌器加压杀菌常采用锅内冷却。按冷却介质不同可分为空气冷却和水冷却，以水冷却效果为好；水冷却时为加快冷却速度，一般采用流水浸冷法；冷却用水必须清洁，符合饮用水标准。

此外，对于高压杀菌还有一种反压冷却法。它的操作过程如下：杀菌结束后，关闭所有的进气阀和泄气阀。然后一边迅速打开压缩空气阀，使杀菌锅内保持规定的反压，一边打开冷却水阀进冷却水。由于锅内压力将随罐头的冷却而不断下降，因此应不断补充压缩空气以维持锅内反压。在冷却结束后，打开排气阀放掉压缩空气使锅内压力降低到大气压，罐头继续冷却至终点。罐头冷却的最终温度一般控制在 $38 \sim 40℃$，过高会影响罐内食品质量，过低则不能利用罐头余热将罐外水分蒸发，造成罐外生锈。冷却后应放在冷凉通风处，未经冷凉不宜入库装箱。

六、罐头的检验、包装和保管

1. 罐头的检验

包括感官检验、理化检验、微生物指标检验及保温检验。

（1）感官检验 包括罐头密封结构的检查（主要是二重卷边的检查）、罐头真空度的测定、罐头内容物的组织形态及色、香、味的检验。

（2）理化指标检验 物理性指标主要是指容器的外观及内壁的检验和重量检验三个方面。容器的外观主要是观察商标纸及罐盖硬印是否符合规定，底、盖是否膨胀，罐外是否清洁。罐内壁的检验主要是观察罐身及底、盖内部镀锡层是否有腐蚀和露铁情况，涂膜有无脱落，有无铁锈、流胶现象等。重量检验是指净重和固形物两项。化学检验项目较多，具体项目和方法可参考相关文献。

（3）微生物指标检验 微生物指标检验主要是平酸菌和致病菌的检验（具体检验方法在食品微生物检验中讲述）。

（4）保温检验 罐头在杀菌冷却并经第一次检选后，需进行保温检验，以排除一切由于微生物生长繁殖而造成内容物腐败变质的可能性，保证罐头食品能长期存放。方法是将经过杀菌、冷却的罐头运到保温库中，维持 $（37 \pm 2）℃$，保温七昼夜。保温的时间是能使微生物生长繁殖，产生气体使罐头发生膨胀现象所需的时间。这样的罐头膨胀称为细菌性膨胀，也是罐头腐败的标志，属于胀罐或"胖听"的一种。在引起罐头膨胀的气体中，发现有氨、二氧化碳、硫化氢、氮及其它物质。

保温检查的不足之处是不能把所有因微生物生长繁殖而变质的罐头都检验出来，这是因为：其一不是罐头中的所有微生物生长繁殖都会产生能使罐头膨胀的气体，如平酸菌引起的平酸罐头外观正常而内容物的酸度增高，发生酸败变质；其二，各种微生物生长繁殖的最适温度是不相同的；其三，经杀菌处理而减弱的孢子在保温检验所规定的时间内虽然不能增殖，但是，在更长的时间内也有可能增殖。此外，这种方法检出的罐头已经发生明显腐败变质不能再食用，成为废品。

在保温检验期间，蛋白质继续以较大的速度发生水解反应，从而组织也会遭到破坏。此外，保温检验工作量较大，费用也大，不经济。

保温检验结束后，要再一次进行检剔，此次检剔标准除与第一次相同的以外，重点是进行敲检，剔除保温后发生的胖听罐和浊音罐。

2. 罐头的包装和保管

罐头的大包装容器是木箱或纸板箱。箱的大小应当方便装进去，且罐头不能移动为准，箱内每层罐头之间要垫以塑料板或纸板。不是印铁又没有贴商标的罐头，装箱前要涂上防锈油（通常利用凡士林油）。

罐头的保管应当保证有限贮存期内食品的质量保持良好，容器属于正常状态。罐头在保管过程中，由于内容物的掺混，存在于油脂中热稳定性强的孢子有可能落到适于增殖的肉汤中，引起微生物性腐败，而出现个别胀罐现象。在保质期内，罐头内容物一般不会发生导致食用价值严重降低的化学变化。但由于食品与金属罐间的相互作用，罐头中会积聚气体产物（氢约占97%，二氧化碳约占3%，还有少量硫化物），引起化学膨胀现象。带酸性汁液的罐头，保管时最容易发生化学膨胀。食品与金属容器间的化学作用速度取决于温度。因此，罐头应当保管在低温场所，最适温度为5℃。低于5℃时如果温度稍有变化，空气中的水分可能在罐盒表面凝结、从而可能引起容器的破坏。罐头在保管时，由于金属容器与空气中氧的相互作用，铁皮可能被腐蚀，有水存在时腐蚀将更加剧烈。因此罐头要保管在干燥和通风良好的场所，空气的相对湿度不应超过75%～78%，防止与水接触或水分在罐头表面上凝结。

第三节　罐藏食品的变质

一、罐头食品的腐败变质

罐头食品在贮藏运输过程中经常会出现各种腐败变质，主要有胀罐、平酸败坏、黑变和发霉等。

1. 胀罐

正常情况下罐头底盖呈平坦或内凹状，但是由于物理、化学和微生物等因素致使罐头出现外凸状，这种现象称为胀罐或"胖听"。造成罐头食品胀罐的主要原因有3种。

（1）物理性胀罐　又称假胀，由于罐内食品装量过多，没有顶隙或顶隙很小，杀菌后罐头收缩不好，一般杀菌后就会出现物理性胀罐，例如午餐肉罐头就极易出现假胀罐的现象；或罐头排气不良，罐内真空度过低，或因环境条件如气温、气压改变而造成，如低海拔地区生产的罐头运到高海拔地区；寒带运往热带；以及采用高压杀菌，冷却时没有反压或卸压太快，造成罐内外压力突然改变，内压远远超过外压。

（2）化学性胀罐　因罐内食品酸度太高，罐内壁迅速腐蚀，锡、铁溶解并产生氢气，直至大量氢气聚积于顶隙时才会出现，故它常需要经过一段贮藏时间才会出现。酸性或高酸性水果罐头最易出现氢胀现象，开罐后罐内壁有严重酸腐蚀斑，若内容物中锡、铁含量过高，还会出现严重的金属味。这种情况下虽然内部的食品没有失去食用价值，但是与细菌性胀罐很难区别，因此也被列为败坏的产品。

（3）细菌性胀罐　由于微生物生长繁殖而出现食品腐败变质所引起的胀罐称为细菌性胀罐，是最常见的一种胀罐现象。其主要原因是杀菌不充分残存下来的微生物或罐头裂漏从外界侵染的微生物繁殖生长的结果。

① 低酸性食品罐头胀罐时常见的腐败菌大多数属于专性厌氧嗜热芽孢杆菌和厌氧嗜温芽孢菌一类。在前一类中常见的是嗜热解糖梭状芽孢杆菌，它最适宜的生长温度为55℃，温度低于32℃时生长很缓慢。罐内若残留有该菌的芽孢时，只要气温不高，就不会迅速繁殖，但一旦处于高温贮运环境中，就开始生长繁殖并导致食品腐败变质。在后一类中常出现的腐败菌有肉毒杆菌、生芽孢梭状芽孢杆菌，以及其它如腐化梭状芽孢杆菌、双酶梭状芽孢杆菌等。

② 酸性食品罐头胀罐时常见的腐败菌有专性厌氧嗜温芽孢杆菌如巴氏固氮梭状芽孢杆菌、酪酸梭状芽孢杆菌等解糖菌，经常出现于梨、菠萝、番茄罐头中。它们的耐热性虽然不高，但在酸性食品罐头中常会因杀菌不足而残留下来，导致食品腐败。需氧菌或兼性厌氧嗜温菌在这类胀罐中出现的可能性很小，即使存在，在酸性食品和罐内缺氧环境中不一定能生

长。在桃子、番茄、青豆和芦笋罐头中曾分离出多黏芽孢杆菌和软化芽孢杆菌，这可能是裂漏后入侵所致。

③ 高酸性食品罐头胀罐时常见的腐败菌有小球菌以及乳杆菌、明串珠菌等非芽孢杆菌。杀菌不足是其存在的原因。常见菌中酵母类型很多，其中膜酵母为需氧菌，它只有在真空度低的罐内利用有机酸在液面上繁殖生长。罐头食品内除曾出现过白丝衣和黄丝衣霉菌外，其它霉菌很少见到。

2. 平酸败坏

平酸败坏的罐头外观一般正常，但是由于细菌活动其内容物酸度已经改变，呈轻微或严重酸味，其 pH 值可下降至 0.1～0.3。导致平酸败坏的微生物称为平酸菌，它们大多数为兼性厌氧菌，在自然界中分布极广，糖、面粉及香辛料等辅助材料是常见的平酸菌污染源。食品罐头的平酸败坏需开罐或经细菌分离培养后才能确定，但是食品变酸过程中平酸菌常因受到酸的抑制而自然消失，不一定能分离出来。特别在那些贮存期越长、pH 值越低的罐头中平酸菌最易消失，这就需要仔细做涂片观察，寻找细胞残迹，以便获得确证。

低酸性食品中常见的平酸菌为嗜热脂肪芽孢菌和它的近似菌，它们的耐热性很强，能在49～55℃温度中生长，最高生长温度为 65℃。嗜温性平酸菌如环状芽孢杆菌的耐热性不强，故它在低酸性食品中很少会出现平酸变质问题。先后发现过平酸败坏的低酸性食品罐头中有青豆、青刀豆、芦笋、蘑菇以及猪肝酱、卤猪舌、红烧肉等。

酸性食品中常见的平酸菌为嗜热芽孢杆菌，过去被称为凝结芽孢杆菌。它能在 pH 值为4.0 或略低的介质中生长。它在 pH 值为 4.5 的番茄汁中生长时能使 pH 值下降到 3.5，但当 pH 值下降到 4.0 或更低一些时，就不会再产生芽孢，并迅速自行消失。该菌的适宜生长温度为 45℃或 55℃，最高生长温度可达 54～60℃，温度低于 25℃时仍能缓慢生长。它为番茄制品中常见的重要腐败变质菌。

3. 黑变

硫蛋白质含量较高的罐头食品在高温杀菌过程中产生挥发性硫或者由于微生物的生长繁殖致使食品中的含硫蛋白质分解并产生唯一的 H_2S 气体，与罐内壁铁质反应生成黑色硫化物，沉积于罐内壁或食品上，以致食品发黑并呈臭味，这种现象称为黑变、硫臭腐败或硫化物污染。如海产品罐头、肉类罐头、蔬菜罐头等有时候会发生此现象。这类腐败变质罐头外观正常，有时也会出现隐胀或轻胀，敲检时有浊音。导致这类腐败变质的细菌为致黑梭状芽孢杆菌，它的适宜生长温度为 55℃，在 35～70℃温度范围内都能生长，其芽孢的耐热性比平酸菌和嗜热厌氧腐败菌低。这类腐败变质现象在正常杀菌条件下并不常见，只有杀菌严重不足时才会出现。

4. 发霉

罐头内食品表面上出现霉菌生长的现象称为发霉。一般并不常见，只有容器裂漏或罐内真空度过低时，才有可能在低水分及高浓度糖分的食品中出现。果酱及糖浆水果中曾出现过的霉菌有青霉菌、曲霉菌和柠檬霉菌等，它们能在糖浓度 67.5% 以下的食品中生长。果酱类食品酸化到 pH 3.0 时青霉菌和曲霉菌的生长就受到抑制。果酱内可溶性固形物达到70%～72%，而酸度达到 0.8%～1.0% 时，它们就不易生长。霉菌中除了个别青霉菌株稍耐热外大多数为不耐热菌，极易被杀死。

此外，还有由于肉毒杆菌、金黄色葡萄球菌等产毒菌分泌外毒素，导致食用罐头后引起食物中毒现象发生，危及人体健康。产毒菌中除肉毒杆菌耐热性较强，其余均不耐热。因此罐头食品杀菌通常以肉毒杆菌作为杀菌对象以防止罐头食品中毒。

二、罐头容器的损坏和腐蚀

1. 罐头容器内壁的腐蚀

（1）均匀腐蚀　罐头内壁锡面在酸性食品的腐蚀下常会全面而均匀地出现溶锡现象，致使罐头内壁锡层晶粒外露，在热浸镀锡薄板内壁上会出现羽毛状斑纹，在电镀锡薄板内壁出现鱼鳞斑状腐蚀纹。这种斑纹用高倍金相显微镜观察时，实是小型羽毛状锡晶粒体构成，这种现象就是均匀腐蚀的表现。出现均匀腐蚀时，罐头食品中溶锡量会高一些，如果它的含量不超过部颁标准 200mg/kg，或食品中出现金属味，对食品质量并无妨害。但是贮藏时间过长，腐蚀继续发展，则会造成罐壁锡层大片剥落，钢基外露。此外，食品中不但容锡量急剧增加，致使食品出现金属味，而且铁皮表面腐蚀时会形成大量氢气造成氢气胀罐，严重时会造成胀裂。

（2）局部腐蚀　罐头食品在开罐后，常会在顶隙和液面交界处发现有暗褐色腐蚀圈存在，这是由于在顶隙中残存氧气的作用下，对铁皮产生腐蚀的结果。这种现象是属于局部腐蚀，称为氧化圈，根据部颁标准是允许存在的，但应尽量避免其产生。

（3）集中腐蚀　在罐头内壁上出现有限面积的溶铁现象，就是集中腐蚀的表现，如蚀孔、蚀斑、麻点、黑点，严重时在罐壁上出现的穿孔就是集中腐蚀的结果。铁皮穿孔时就为微生物入侵创造了条件，从而造成食品变质腐败。在一般情况下，罐内壁出现了空隙点、麻点、露铁点，并不造成食品的污染问题。如果与高硫食品接触。就会产生硫化铁，致使食品污染，从而影响食品的品质。在低酸性食品中或含空气多的水果罐头（如苹果）中常会产生集中腐蚀的现象。溶铁是集中腐蚀的主要现象，因此罐内含锡量就不会像均匀腐蚀造成大量的溶锡现象。但是值得注意的是，集中腐蚀引起罐头食品的损失常比均匀腐蚀引起的多得多。原因是集中腐蚀所需时间短，而均匀腐蚀导致罐头报废所需时间一般来说要长得多。

（4）异常脱锡腐蚀　某些食品内含有特种腐蚀因子，在罐头容器中与内壁接触时就直接起着化学反应，导致短时间内出现面积较大的脱锡现象，影响产品质量，往往在 2～3 个月内就会发生，脱锡过程的初期罐内真空度下降很慢，从外形观察，棒击检查或真空测定均属正常，但当脱锡完成后就会迅速造成氢胀，这种食品称为脱锡型罐头食品。如橙汁、番茄制品、刀豆等罐头。

（5）硫化腐蚀　打开贮藏时间较长的罐头，可以看见空罐内壁或底盖上，会出现青紫色，灰黑色，甚至于呈黑色的现象，严重时内壁上黑色物质还会析离出来，污染食品引起食品变色，造成产品不合格，这种现象称为硫化腐蚀。少数罐头内有硫化斑点，这种硫化物一般对人体无害，又不污染内容物时是允许存在的。在白烧鸭、蟹、虾等罐头中常会出现硫化变黑现象。水果罐头中的糖液如用二氧化硫漂白的砂糖配制时也会出现这种硫化腐蚀的现象。主要是由于这些食品中含有大量蛋白质，在杀菌和贮藏过程中放出硫化氢或含有巯基（—SH）的其它有机硫化物，这些物质与铁、锡作用就会产生黑色的化合物。以上现象统称为硫化腐蚀现象。

（6）其它腐蚀　罐头食品的腐蚀变质是很复杂的，除以上常见的几种现象外，罐头内部腐蚀变质还受到很多因素的影响。如装入的食品品种繁多，所含成分也各异，有的腐蚀性强，有的腐蚀性弱，樱桃、酸黄瓜、葡萄、柚、菠萝汁等具有较强的腐蚀性；桃、梨、笋、肉类等腐蚀性就较弱。通常情况下，食品酸度越高，腐蚀性就越强，罐头寿命也就短一些，但是它们之间的关系也不是成比例而增减。食品中酸的组成是不同的，如柑橘所含的酸主要是柠檬酸，苹果中所含的酸主要是苹果酸，在菠萝中则含有草酸，葡萄中则以酒石酸为主。试验结果证明，草酸具有明显强烈的腐蚀性。

食品装罐时还经常添加各种调味料，如糖水、盐液，有的加番茄酱，还有的加酱油、醋和各种辛香料。这些调味料的添加就会促使罐内壁腐蚀进一步复杂化。如糖液中含有硫就是促进腐蚀的因素。食盐也具有腐蚀性，近年来罐头食品中硝酸盐引起罐内壁急剧溶锡腐蚀的现象也引起重视。当罐头内容物的硝酸根离子或亚硝酸根离子含量高于平常情况时，只要几个星期至几个月的时间，就可以使罐头内壁严重腐蚀到每千克食品中锡的含量达到几百毫克水平，食品中锡含量高达 $300\sim500mg/kg$ 时就会出现锡中毒。近年来国外就发生过因番茄汁、橘子汁罐头中溶锡量过高而引起急性腹泻的中毒事故。

在罐头食品中如果有铜离子存在，铜就析出。它在酸性溶液中，根据具体情况会使锡层剥落，并能对铁进行局部性腐蚀而导致穿孔。因此，在生产中的容器，特别是蒸煮锅等设备均不能采用铜板来制造。在番茄酱中如含铜量过高会缩短保存期，在豆类罐头中曾因预煮水中含有铜盐，出现过加速腐蚀的情况。

鱼肉中含有氧化三甲基铵，它能还原成三甲基铵，这是鱼形成腥臭味的原因，它能强烈地侵袭锡层，使镀锡薄板腐蚀到合金层而不产生氢气。含氧化三甲基多铵的鱼在腐蚀锡层的同时形成了三甲基铵，就会严重损害罐头食品的风味。还有一些物质，如低甲氧基果胶、半乳糖醛酸，这类物质都有加速溶锡的作用，而使番茄罐头的保存期大大缩短。

抗坏血酸在加工过程中很容易转化成为脱氢抗坏血酸，就可能成为一个腐蚀性很强的因子。在生产浓缩番茄酱时，如加工时间过长，就会增加脱氢抗坏血酸的形成，因而促进番茄酱罐内壁锡层的腐蚀。所以番茄制品一般都采用内壁涂料罐来包装，并尽量缩短加工过程，一般采用快速装罐、杀菌、冷却，以减少脱氢抗坏血酸形成。花青素存在于樱桃、浆果类等红色水果中，对罐头的腐蚀也很强，它是一种还原物质，在阴极反应中作用为去极剂，因而会促进腐蚀。花青素为锡的接受体，使锡在溶液中沉淀出来，花青素同样也是氢的接受体，当氢产生于铁皮表面时，就会很快地为花青素接受而消除金属面的积留，这样就促使锡的不断腐蚀，最后就造成铁皮面的大量暴露，形成局部电偶，继续产氢并使铁皮穿孔。

总之，引起罐头内壁腐蚀的因素很多，导致出现的腐蚀现象也不尽相同，在罐头生产时应该给予充分的重视。否则就会给生产带来很大的损失。

2. 罐头外壁腐蚀

罐头外壁的锡面和空气中的氧接触就会形成黄锈斑，这种腐蚀现象称为罐壁锈蚀或生锈。它不但会影响外观，降低商品价值，严重时还会促使罐壁穿孔导致食品腐败变质。

(1) 罐头外壁的"出汗"引起的锈蚀 低温罐头遇到高温空气或贮存于温度较高的仓库时，罐外壁表面上就会有冷凝水形成，这种现象叫做"出汗"。空气中的饱和水蒸气含量随着温度变化而不同，温度越高，空气中饱和水蒸气含量越大，温度降低，水蒸气含量也就随之降低。因此，如果空气中含有同样多的水蒸气，在高温时处在不饱和状态，当温度降低到某一温度时就会处于饱和状态，并开始会有水分冷凝出来，这一温度就称为露点。罐头表面出汗就是由于罐头表面温度低，仓库的温度比较高，空气中的水蒸气就会冷凝在罐头表面上形成水滴，俗称"出汗"现象。因为空气中含有 CO_2、SO_2 等氧化物，冷凝水分就成为罐外壁表面上的良好电介质，为罐外壁表面上锡、铁耦合建立了场所，因而出现了锈蚀的现象，这就造成了罐头在贮藏过程中常会发生生锈的原因。

为了避免罐头"出汗"，可以采取一些措施。罐头在进仓库时温度不能太低，一般罐头温度和仓库温度相差 5～9℃为宜，温度相差超过 11℃就很容易"出汗"；库内温度应基本保持稳定，不能忽高忽低；仓库通风应良好，必要时将湿空气排出去，一般维持库内空气相对湿度 70％～75％为最好。如遇气候潮湿，可以关闭门窗，以免外面潮湿空气影响仓库内的湿度。

（2）杀菌锅内存在空气而引起的锈蚀　杀菌时由于锅内空气未排除干净，空气和水蒸气就成为罐外壁锈蚀的良好条件。因此在升温阶段要求尽量把锅内空气排除出去，在杀菌过程中应开启锅上各部位的泄气阀，以保证将锅内空气完全排出锅外。

（3）杀菌、冷却用水引起的锈蚀　杀菌和冷却用水的化学成分对锈蚀有很大的影响，如水中氯化钙、氯化镁、硫酸钠和氯化钠等含量过高，由于这些盐类的吸湿性，可以从空气中吸收水分导致罐外壁锈蚀。另外，冷却用水如呈碱性或微酸性，也容易发生锈蚀，而且水温和冷却时间也会迅速对锈蚀产生影响，温度越高，水的腐蚀作用越强。因此应该避免使用温水长时间冷却罐头食品。

（4）其它原因引起锈蚀　罐头冷却过度，表面的水不能蒸发掉，包装材料如纸箱、纸板等没有充分干燥，罐外壁吸附有吸湿物质如食盐、糖浆等，商标纸用胶黏剂的酸碱性不适宜等，它们常成为锈罐产生的原因。

【复习思考题】

1. 影响微生物耐热性的因素有哪些？
2. 高温如何影响食品中酶的活性？
3. 罐头为何要排气？常见的排气方法有哪些？
4. 封罐时应注意哪些问题？
5. 罐头食品常用的杀菌方法有哪些？
6. 简述罐头食品胀罐的类型及原因？
7. 分析罐内食品变质原因，生产中应如何防止变质现象发生？
8. 分析罐头容器腐蚀的类型、原因，如何采取防制措施？

【参考文献】

［1］罗云波等. 园艺产品贮藏加工学. 北京：中国农业大学出版社，2001.

［2］曾名勇. 食品保藏原理与技术. 青岛：青岛海洋大学出版社，2000.

［3］杨昌举. 食品科学概论. 北京：中国人民大学出版社，1999.

［4］马长伟，曾名勇. 中国农业大学出版社，2002.

第十章 食品的包装保藏

学习目标

1. 掌握食品包装保藏的概念，了解食品包装保藏的特点。
2. 掌握各种食品包装保藏技术的原理及其应用。

第一节 概 述

一、食品包装保藏的概念

食品包装保藏技术是将食品包装技术与食品保藏原理有机结合而发展起来的一种技术，主要是指采用适当材料、容器和包装技术把食品包裹起来，通过改善食品所处的外界环境因素来延长食品货架期的一种方法。

食品包装保藏技术在生产与生活中的应用实例很多，如采取食品脱水保藏法得到的脱水干制品，必须选用防潮的包装材料才能达到长期保藏的目的；根据食品的种类、性质和加工要求来选择合适食品冷藏和食品罐藏的金属材料、非金属材料或塑料薄膜、复合塑料薄膜等包装材料；以及利用无菌的原理来保藏食品的食品无菌包装技术等。

二、食品包装保藏的特点

1. 食品包装保藏技术适用范围广泛

食品包装保藏技术包括防潮包装技术、脱氧包装技术、无菌包装技术等，这些包装技术可将肉、禽、蛋、奶等各类食品进行包装，并达到长期贮存的目的。

2. 食品包装保藏技术能耗低、简便又经济

食品包装保藏技术不需要使用任何化学制品（如防腐剂）以及低温处理或高温处理，它通过控制环境中引起食品变质的微生物、氧等因素，就可以达到延长食品保质期的目的。例如，保鲜膜有适度的透气性和不透湿性，用不同材质做成的保鲜膜包裹在食品外面，可以调节被保鲜食品周围氧气和二氧化碳的比例并保持袋内水分含量，防止食品内的水分流失；同时可以阻隔空气中的灰尘，减少病菌的传染，从而延长食品的保鲜期。保鲜纸箱是用石粉对各种气体独具良好的吸附作用这一特性来完成保藏的，且价格便宜又不需低温高成本设备，特别具有较长时间的保鲜作用，而且所保鲜的水果分量不会减轻。

三、食品包装保藏的作用

第一，保护和防护作用：保护食品防止由微生物引起的变质；防止化学性质或物理性质的变化；防止机械损伤；防止丢失、盗窃、偷换。

第二，方便：便于贮、运、销售及管理；便利消费者。

第三，突出外表、提高价值：包装在西方国家被称为"无声的推销员"；且能提高食品的附加值。

第二节 食品包装保藏技术

一、保鲜包装加工一体化技术

保鲜包装加工一体化技术是指将食品的包装和加工有机结合，使得食品在超过保鲜期后自动过渡到加工状态（在将食品进行包装后，经过食品的发酵转化，在包装中实现非人力的加工），从而形成一种特殊风味的食品。这与先加工后包装的传统食品保鲜包装有着本质的区别。

1. 保鲜包装加工一体化技术的原理

包装加工一体化技术也称包装加工自成技术，它是利用食品原料在存放过程中散发出的各种物质与加入的特种物质发生反应，反应后使食品原料产生了风味变化，就成为包装加工一体化的产物。

本技术分保鲜阶段和成熟加工两个阶段。前一阶段是指包装物内速成剂与食品原料呼吸放出的产物尚未完成反应的过程；后一阶段是包装内速成剂与呼吸放出产物反应接近完成的过程。

2. 保鲜包装加工一体化技术的特点

（1）利用无氧呼吸实现果蔬的包装和加工一步完成。

（2）在一段时间内保鲜，超过保鲜期后自动过渡到加工成熟期，形成特殊风味的食品，防止食品腐败变质。

（3）加工过程中不需各种复杂设备和加工工艺，使得加工更加节能、简单和实用。

（4）加工成熟过程完全依靠生物酶的作用，通过食品潜热达到自行成熟，彻底解决腐烂浪费等问题。

二、气调包装保鲜和复合气调包装保鲜技术

1. 气调包装保鲜技术的原理

气调包装（modified atmosphere packaging，MAP）就是通过对包装中的气体进行调换，使食品得以在改性的气体环境中达到保质保鲜的目的。国际上一般被默认为充氮包装，即是通过置换出食品包装内的空气，充入不会和食品发生作用的惰性气体氮气（N_2）来达到对食品的保鲜。

复合气调包装技术是在气调包装的基础上发展起来的，它利用复合保鲜气体（2～4 种气体按食品特性配比混合）对包装内的空气进行置换，从而改变食品的外部环境，达到抑制细菌（微生物）的生长繁衍，减缓新鲜果蔬的新陈代谢速度，延长食品的保鲜期和货架期的目的。

2. 气调包装保鲜技术的特点

与化学保鲜、冷冻保鲜、抽真空高温灭菌保鲜和天然生物保鲜等技术相比，充氮包装能较好地保持食品的口味及营养，但需无菌包装环境，对环境要求极高，需较大投资；复合气调保鲜对包装环境要求相应较低，无需大的投资，其特点是无需高温灭菌，因为复合气调保鲜能确保原有食品的口感、口味及营养成分，真正体现了食品的原汁、原味、原貌特点。

3. 复合气调包装常用气体

复合气调包装最常使用的是 N_2、CO_2、O_2 三种气体或它们的混合气体。N_2 性质稳定，使用 N_2 一般是利用它来排除 O_2，从而减缓食品的氧化作用和呼吸作用。N_2 对细菌生长也有一定的抑制作用，另外 N_2 基本上不溶于水和油脂，食品对其的吸附作用很小，包装时不会由于气体被吸收而产生逐渐萎缩的现象。CO_2 是气调包装中最关键的一种气体。它能抑制细菌、真菌的生长，用于水果、蔬菜包装时，增加 CO_2 具有强化减氧、降低呼吸强度的作用；但是使用 CO_2 时必须注意，它对水和油脂的溶解度较高，溶解后形成碳酸会改变食品的 pH 值和口味，同时 CO_2 溶解后包装中的气体量减少，容易导致食品包装萎缩、不丰满，影响食品外观。气调包装中对 CO_2 的使用必须考虑贮藏温度、食品的水分、微生物的种类及数量等多方面的因素。O_2 具有抑制大多数厌氧菌生长、保持鲜肉色泽、维持新鲜果蔬需氧呼吸的作用。

4. 复合气调包装保鲜的影响因素

气调包装可以根据不同的食品特性对其包装内充入适合的气体，从而达到其保质保鲜的目的。在气调包装技术中影响其效果的主要因素有五个方面。

（1）氧　氧是造成食品质量下降、腐败、霉烂的诸多因素中，影响最大、最主要、最敏感的因素。因此，减少食品包装中氧气的含量可以降低肉类、果蔬的呼吸速率，防止油脂氧化，抑制或减少需氧微生物的滋长，降低需氧酶的气化变质，保持食品的色、香、味和营养成分。目前，除去包装中氧的方法主要有两种，一是采用真空包装的方法，这仅仅是减少了氧气对食品的危害；另一种就是气调包装，它不仅降低了食品与氧气接触的机会，而且充入其它气体对食品具有更好的保护作用。

（2）混合气体的比例　不同的食品需要不同的配气比例，例如鱼类的包装就是采用二氧化碳和氮气的混合气体，而二氧化碳、氮气、氧气的混合气体则适用于果蔬的包装。

（3）塑料包装材料的气体阻隔性　这里的阻隔性有两方面的意思，一是外部的氧气被阻挡，使得包装食品免于被氧化；二是包装袋内的气体可以逸出，一如在包装果蔬类食品时就要满足其呼吸的要求。

（4）贮藏温度　无论何种食品的充气包装，低温贮藏都可以取得较长的保质期，而在贮藏温度较高时，充入气体的抑菌效果将大大降低。

（5）包装前食品的卫生状况　包装前的食品卫生指标是食品包装后保质期重要的影响因素。如果食品在包装前的卫生状况已经超标，其细菌繁殖速度已经达到稳定发展，那么充入气体将难以抑制细菌的增长，反而会导致食品的腐败变质。

三、真空包装技术

食品的真空包装技术即是把食品装入气密性包装容器或袋内，然后将容器或袋内的空气排除，造成一定的真空度，再进行密封封口的一种包装方法。真空包装法也称减压包装法或排气包装法。真空包装可广泛用于茶叶、果仁、肉松、油炸土豆片、膨化食品、果蔬脆片、土特产及脱水蔬菜等的保鲜。

1. 真空包装技术的原理

食品中的微生物是造成食品霉腐变质的主要原因，大多数微生物（如霉菌和酵母菌）的生存是需要氧气的，而真空包装就是运用这个原理，把包装袋内和食品细胞内的氧气抽掉，使微生物失去"生存的环境"，从而达到食品保藏的目的。但当氧气浓度小于 1% 时，微生物的生长繁殖速度会急剧下降；当氧气浓度降低至 0.5% 时，多数细菌将受到抑制而停止繁殖。此外，食品的氧化、变色和褐变等生化变质都与氧有密切关系，因油脂类食品中含有大量不饱和脂肪酸，受氧的作用而氧化，使食品变味、变质。然而当氧的浓度小于 1% 时，也能有效地控制油脂的氧化。此外，氧化还使维生素 A 和维生素 C 损失，食品色素中的不稳定物质受氧的作用颜色变暗。真空包装方法就是为了在包装内造成低氧条件而保护食品质量的一种有效包装方法。真空包装除排除包装内的气体（氧气）、抑制好气性微生物的繁殖外，还能控制包装内的水分，对产品的防潮、防霉、防氧化、防虫均有明显的效果，可有效地防止食品变质，保持其色、香、味及营养价值，从而延长食品的保存期限。

2. 真空包装的特点

（1）排除了包装容器中的部分空气（氧气），氧分压低，水汽含量低，这样可防止食品氧化、发霉及腐败，减少变色、退色、减少维生素 A 和维生素 C 的损耗，防止食品色、香、味改变。

（2）真空包装容器内部气体已排除，加速了热量的传导，可提高热杀菌效率。

（3）采用阻隔性（气密性）优良的包装材料及严格的密封技术和要求，能有效防止包装内容物质的交换，既可避免食品减重、失味，又可防止二次污染，使产品能满足购买者的卫生要求。

真空包装的效果主要取决于包装材料的基本特性。选择包装材料时，应该注意具有：阻隔性能、物理保护性能和良好的安全性能。

3. 真空包装的方式

（1）按排气方法分　可分为加热排气和抽气密封两种。

① 加热排气是通过对装填了食品的包装容器先进行加热，通过空气的热膨胀和食品水分的蒸发将包装容器中的空气排出，再经密封、冷却后，使包装容器内形成一定的真空度。

② 抽气密封则是在真空包装机上，通过真空泵将包装容器中的空气抽出，在达到一定真空度后，立即密封，使包装容器内形成真空状态。与加热排气法相比，抽气密封法能减少内容物受热时间，更好地保全食品的色、香、味，因此，抽气密封法应用较为广泛，尤其对加热排气传导慢的产品更为合适。

（2）按包装方式分　可分为软管式、装袋式、半刚性容器式。

4. 真空包装应注意的问题

（1）注意贮存环境温度对真空包装效果的影响　空气中各种气体对包装材料的渗透系数与温度有着密切的关系。一般情况下，随着温度的升高，包装材料的渗透系数也相应地增大，气体对薄膜的透过率也就越大，因而真空包装的食品，宜在低温下保存，若在较高温度下贮存，将会因透气率的增大而使食品在短期内变质。一般真空包装食品应在低于 $10℃$ 以下贮存和流通。

（2）真空包装工艺过程的操作质量　真空包装进行热封时，要注意包装材料内面在封口部位下不要粘有油脂、蛋白质等残留物，确保封口的质量；对真空包装的加热杀菌处理应严格控制杀菌温度和杀菌时间，避免因温度过高造成包装内部压力升高，从而导致包装材料破裂和封口部分剥离，或由于温度不够而达不到杀菌效果；另外，真空包装时必须充分抽气，特别注意对生鲜肉类和不定型食品的真空包装，不能残留气穴，防止因为残存空气导致微生物在保质期内繁殖而使食品腐败变质。

（3）不适宜真空包装的食品　由于真空包装一般采用复合型薄膜材料，这些材料不易保护易碎食品，或者被包装食品棱角分明，则易穿透。因此，这些食品的包装应尽量不使用真空包装技术，而考虑其它包装方法。

四、食品防潮包装技术

在贮存和运输过程中，食品受外界潮气作用时会发生发霉、受潮、变质等，而使商品质量受到损害。如酥脆食品受湿气的作用后品质会下降。因此，对于那些吸湿后质量会受到影响的产品，应用防潮包装是非常必要的。

防潮包装定义可表达为：采用具有隔绝水蒸气能力的防潮材料对产品进行包封，隔绝外界湿度变化对产品的影响，同时使包装内的相对湿度满足产品的要求，保护物品的质量。

1. 食品防潮包装技术的原理

食品防潮包装技术是通过高阻湿性的包装材料减缓或阻隔外界湿气进入包装内的速度，或同时用干燥剂吸收渗入包装内的水分，保持食品的含水量并取得一定的保存期。目前，一般防潮包装采用高阻湿性的防潮纸包装或塑料薄膜包装就可得到一定的防湿包装要求，但对防湿要求高的膨化食品或其它高级食品，还需封入干燥剂以保证食品的风味或脆度等的质量要求。

实现防潮包装的技术方法较多，比如选用合适的防潮材料、设计合理的包装造型结构、对易于吸潮材料进行防潮处理、添加合适的防潮衬垫、用防潮材料进行密封包装、加干燥剂等。

对于经过干制的低水分食品，防潮包装的目的在于防止食品从周围环境中吸收水蒸气而引起变质。因此要求包装材料的水汽透过率低、容器的密封性好。镀锡薄板和玻璃都是不透水蒸气的包装材料，而塑料薄膜及其纸质、铝箔的各种复合制品都或多或少地能被水蒸气透过，其透过量可按下面公式计算，并据此预先估算食品的货架寿命。

$$Q = \frac{P_V \times \Delta P \times A \times t}{d}$$

式中，Q 为水蒸气透过量；P_V 为薄膜的水蒸气透过系数；ΔP 为包装层内外的蒸汽压差；A 为薄膜和大气接触的面积；t 为贮藏时间；d 为薄膜厚度。

2. 绿色防潮纸

食品行业中为了保持食品新鲜、提高食品的保藏期，同时也为了防止食品在保藏期间被防潮包装纸中的有害成分侵蚀，实现环保要求，现代食品防潮包装已由绿色环环保防潮纸所代替。现介绍几种防潮纸材的性能及应用范围。

(1) 防潮玻璃纸 玻璃纸又称"赛璐玢"，也称透明纸，它像玻璃一样透明、光亮，是一种装饰性的高级包装用纸。自 1908 年问世以来，以其独特的无毒无味、抗静电等特殊性能广泛应用于食品、医药、卫生包装等领域。

玻璃纸是以木浆、棉浆等天然纤维为原料，用胶黏法制成薄膜。它挺括、透明、无毒、无味，其分子链存在着一种奇妙的微透气性，可以让食品像鸡蛋透过蛋皮上的微孔一样进行"呼吸"，这对食品的保鲜和保存活性十分有利；其对油性、碱性和有机溶剂有强劲的阻力；不产生静电，不自吸灰尘，适应于机械高速包装和制袋。

防潮玻璃纸是在造纸过程中添加具有防潮性能的化学药品，如聚乙烯、聚偏二氯乙烯（K 型涂覆）、醋酸乙烯共聚物（MST 型涂覆）等制成，在原有材料性能的基础上添加了一定的防潮性能，适合于食品的包装。

(2) 聚乙烯加工纸 聚乙烯加工纸是由牛皮纸和高密度聚乙烯或低密度聚乙烯复合而成。它具有牛皮纸的坚韧结实的特性，同时又有聚乙烯材料的优越的介电性、耐潮性、良好的机械强度和抗冲击性，在低温时仍能保持柔软及化学稳定性，能抵抗一定浓度及温度的酸类、碱类、盐类溶液及各种有机溶剂的腐蚀作用。聚乙烯加工纸特别是高密度聚乙烯加工纸是一种优良的高级防潮包装材料，其防潮性能比聚氯乙烯加工纸和沥青纸都要好。

聚乙烯加工纸原料中的牛皮纸是对环境完全无污染的，因其中的聚乙烯层在大气中特别是在阳光照射下出很容易老化。试验表明，经过两年就可以自然崩裂，低密度聚乙烯老化程度更快，所以对环境造成的负载是比较小的。

(3) 抗潮瓦楞纸板 瓦楞纸板是在包装上应用最广的一种纸板，特别适用于食品包装，可以用来代替木板箱和金属箱。抗潮瓦楞纸板是在温度为 130～180℃下，用石蜡液进行雾化。在抗潮纸板中，石蜡成分的质量为 30%～45%，这种瓦楞纸板具有较高的抗潮性能，其强度比未经浸渍的纸板大大提高。

近年来，由于对包装质量的要求逐步提高，一些高档商品（如高档酒类、饮料等）的包装纸箱逐步用全木浆生产的白面牛皮卡纸替代原来的灰底白板纸、本色牛皮纸等，发展速度很快，需求量很大。因而防潮包装要求的防潮白面牛皮卡纸也应运而生。

3. 防潮包装等级及防潮包装的要求

（1）防潮包装等级　需要防潮包装时，必须在产品技术文件中规定产品包装的防潮包装等级要求。防潮等级应根据产品的性质、流通环境、贮运时间、包装容器的一般性能等因素来确定。包装等级分为一级包装、二级包装、三级包装（表 10-1）。

表 10-1　防潮包装等级的适用范围

包装等级	防潮期限	温度/℃	湿度条件对产品性质的影响
一级包装	1～2 年	>30	>90%、对湿度敏感，易生锈易长霉和变质的产品，以及贵重、精密的产品
二级包装	0.5～1 年	20～30	70%～90%、对湿度轻度敏感的、较贵重、较精密的产品
三级包装	0.5 年内	<20	<70%、对湿度不敏感的产品

（2）防潮包装的要求

① 必须是干燥和清洁的。

② 行防潮包装的同时，需有其它防护要求时，应按其它专业包装标准的规定采取相应的措施。

③ 运输中发生移动所采取的支撑和固定。应尽量将其放在防潮阻隔层的外部。

④ 度指示卡、湿度指示剂或湿度指示装置，并应远离干燥剂。湿度指示卡应符合 GJB 2494 的有关规定。

⑤ 做到连接操作，一次完成包装，若中途停顿作业，应采取临时的防潮保护措施。

⑥ 防潮包装的有效期限内，包装容器内的空气相对湿度不得超过 60%（25℃）。

五、无菌包装技术

无菌包装技术（简称 AP）是指将经过灭菌的食品（饮料、奶制品、肉制品、蔬菜汁）在无菌环境中包装，封闭在经过杀菌的容器中，以期在不加防腐剂、不经冷藏条件下得到较长的货架寿命。其基本工艺流程如图 10-1 所示。简单地说，无菌包装是先灭菌后包装，非无菌包装是先包装后灭菌或者只包装不灭菌。

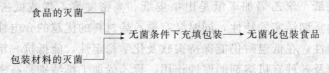

图 10-1　无菌包装技术示意图

1. 无菌包装的特点

无菌包装的主要优点是在保证无菌的条件下能最大限度地保留食品中原有的营养成分和风味，减少损失。因为它能较方便地使用超高温瞬时杀菌方法来消毒包装前的食品，而其它包装方法则相当困难，比如维生素可以保存 95% 左右。经过无菌包装的食品，其色、香、味、营养物质的损失都比包装后再杀菌的损失要小得多。但无菌包装技术很难用于包装流动性差的高黏度的食品。它所采用的设备复杂、设备都是高度自动化、规格一般比较大、造价高。

2. 食品的灭菌

物料杀菌到目前为止主要采用热力杀菌。就包装食品的灭菌方法来讲，可以采用3种工艺达到灭菌的目的，即包装前灭菌、包装后灭菌和包装前后灭菌。目前这3种方法在实际生产中都有应用。根据物料的黏度、热敏性能及生产规模可分别采用板式、管式（盘管式或列管式）、刮板式或混合式换热器。为了进一步缩短物料的升温及降温时间，厂家开发生产了蒸汽注入式、蒸汽混合式、过热水混合式、欧姆法加热器等直接加热方式。目前，国际上常用的被包装物品的灭菌技术有两种，一种是超高温瞬时灭菌技术（UHT），它主要用于处理奶制品，如鲜奶、复合奶、浓缩奶、加味奶饮料、奶油等食品的灭菌；另一种是巴氏灭菌技术，它可以广泛地适用于各种酸性食品，如果汁、酸奶、水果饮料等食品的灭菌。

3. 包装的灭菌

包括包装材料和包装环境的灭菌。无菌包装容器必须不带有微生物，同时对气体及水蒸气具有一定的阻隔性。包装材料或包装容器的杀菌目前主要采用化学药物杀菌，但杀菌后要彻底清洗及干燥，把化学残留物减至最低限度（1×10^{-6}）。

无菌包装的系统大多采用过热蒸汽或干空气进行预杀菌。系统无菌环境的保持大多采用无菌空气或无菌氮气。根据要求不同可分别采用过压法或层流法。

4. 食品无菌包装系统

无菌包装系统一般主要包括：包装容器输入部位、包装容器灭菌部位、无菌充填部位、无菌封口部位、包装件输出部位。无菌包装按包装容量可以分成大包装和小包装两种，前者包装容量为5～220L，最大可到1000L；主要用于包装浓浆、基料，供食品厂家进行分装销售；其中5～20L的也可以直接供应家庭消费。后者包装容量为70～1200ml，供市场销售，直接供应消费者。小包装又可分为砖型包、屋顶包、塑料杯、塑料袋、塑料瓶等几种包装形式。

一条完整的无菌包装生产线包括物料（食品）杀菌系统，无菌包装机，包装材料或包装物的供应及杀菌系统，自动清洗系统，设备预杀菌系统，无菌环境保持系统及自动控制系统等。

【复习思考题】

1. 食品包装保藏的概念及特点是什么？
2. 食品气调包装保鲜技术中常用的气体有哪些？
3. 影响食品复合气调包装保鲜的因素有哪些？
4. 真空包装技术应注意哪些问题？
5. 食品防潮通常采用哪些方法？
6. 食品的无菌包装系统有哪几部分组成？

【参考文献】

[1] 赵斌，谢阳青. 真空包装技术在柿果脱涩保鲜中的应用. 农产品加工，2003（04）.
[2] 杨福馨，吴龙奇. 食品包装、实用新材料、新技术. 北京：化学工业出版社.2002.

[3] 董镛. 食品包装的大趋势——真空包装. 真空, 1998 (02).

[4] 姜留宝. 真空包装技术. 真空科学与技术学报, 1982 (05).

[5] 王敏. 功能性包装纸. 纸和造纸, 2003 (4).

[6] 刘国信. 绿色防潮包装纸的开发应用. 中国包装, 2006, 26 (02).

[7] 汪焕心. 包装用纸正向技术含量高、功能化方向发展. 包装世界, 2005 (5).

[8] 王青. 包装用缓冲材料性能分析. 中国包装, 2007 (3): 63-65.

[9] 苏琦, 杜密英, 杜进民. 无菌包装中的杀菌技术. 饮料工业, 2007, 10 (3).

第十一章　食品保藏新技术

第一节　新含气调理食品加工保鲜技术

一、新含气调理食品加工保鲜技术的概念

新含气调理食品加工保鲜技术是针对目前普遍使用的真空包装、高温高压杀菌等常规方法存在的不足之处而开发出来的一种适合于加工各类常温保存的方便食品或半成品的新技术。它在不使用任何防腐剂的情况下，通过采用原材料的减菌化处理、充氮包装和多阶段升温的温和式杀菌方式，能够比较完美地保存烹饪食品原有的色泽、风味、口感、形态和营养成分。这种新型的保鲜加工技术是由日本小野食品兴业株式会社研制开发的，现已在国内投入生产，并向世界 48 个国家提出了专利申请。

二、新含气调理食品加工保鲜技术的原理和特点

新含气调理食品加工保鲜技术是将食品原料预处理后，装在高阻氧的透明软包装袋中，抽出空气后注入不活泼气体并密封，然后在多阶段升温、两阶段冷却的调理杀菌锅内进行温和式杀菌。经灭菌后的食品能较完美地保持食品的品质和营养成分，而食品原有的色、香、味、形、口感均不发生改变，并可以常温下保存和流通长达 6～12 个月。这不仅解决了高温高压、真空包装食品的品质劣化问题，而且也克服了冷藏、冷冻食品的货架期短、流通领域成本高等缺点。

三、新含气调理食品加工保鲜技术工艺

其主要工艺流程可分为初加工、预处理、气体置换包装和调理灭菌 4 个步骤。

1. 初加工

包括原材料的筛选、洗净、去涩和切碎等。

2. 预处理

在预处理过程中，结合熬、煮、炸、烤、煎、炒等必要的调味加工，同时进行减菌化处理。减菌化处理是新含气调理食品加工工艺中最具有特色的技术要点之一。一般来说，每克原料中约有 $10～10^6$ 个细菌，经减菌化处理之后可降至 $10～10^2$ 个。通过这样的减菌化处理，可以大大降低和缩短最后灭菌的温度和时间，从而使食品承受的热损伤限制在最小限度。

3. 气体置换包装

将预处理后的食品原料及调味汁装入高阻隔性的包装袋或盒中，进行气体（氮气）置换包装，然后密封。通常气体置换的方式有 3 种，其一是先抽真空，再注入氮气，其置换率一般可达 99% 以上；其二是通过向容器内注入氮气，同时将其中的空气排出，其置换率一般为 95%～98%；其三是在氮气环境下包装，其置换率一般可达 97%～98%。所以本工艺采用第一种气体置换方式包装。

4. 调理灭菌

调理灭菌锅采用波浪状热水喷淋、均一性加热、多阶段升温、两阶段急速冷却的温和式灭菌方式。在灭菌锅两侧设置的众多喷嘴向被灭菌物喷射波浪状热水，形成均一的灭菌温度。由于热水不断向被灭菌物表面喷洒热水，热扩散快，热传递均匀。多阶段升温的灭菌工艺是为了缩短食品表面与食品中心之间的温度差。第 1 阶段为预热期；第 2 阶段为调理入味期；第 3 阶段采用双峰系统法，为灭菌期。每一阶段灭菌温度的高低和时间的长短，均取决于食品的种类和调理的要求。其中第 3 阶段的高温域较窄，从而改善了高温高压（蒸汽）灭菌锅因一次性升温及高温高压时间过长而对食品造成的热损伤以及出现蒸馏异味和煳味的弊端。一旦灭菌结束，冷却系统迅速启动，5～10min 之内，被灭菌物的温度降至 0℃ 以下，从而尽快解脱高温状态。新含气调理食品与高温高压食品最大的差别便是杀菌处理后食品的口感，而造成这一差别的重要原因之一就是因为后者承受的高温高压时间过长，不同的食品往往采用同一灭菌模式，食品的质地遭受严重破坏。而在新含气调理食品的加工工艺流程中，对食品原材料进行预处理时，结合调味烹饪，同时进行减菌化处理。减菌化处理与多阶段升温的温和式灭菌相互配合，并且根据不同的食品设定相应的最佳灭菌条件，在较低的 F 值（一般为 4 以下）条件下灭菌，即可达到商业上的无菌要求，从而使食品受热的温度和时间限制在最低限度，使食品的物性变化最小，完好地保留了食品原有的色、香、味。新含气调理技术是与现有保鲜方法完全不同的划时代技术，它成功地将烹饪菜肴密封在包装袋中，向袋内充入不活泼气体，调味和杀菌连续进行。进而可以在常温下流通、贮运和销售。并使食品物料的风味、色泽和口感不发生改变，使中式烹饪从此跨入标准化、规模化、自动化生产的时代，为食品深加工开辟了新途径。

四、新含气调理食品加工保鲜技术的应用

新含气调理食品加工保鲜技术不仅可以进行生鲜品的保鲜贮藏，解决了多年来困扰果农和果蔬加工、销售企业的果蔬不耐贮存、产后损失严重的问题，而且可以完成多种食物的调理、烹饪、杀菌，并能减缓果蔬在贮藏加工中营养物质的损失，最大限度地保留果蔬的色香味以及外观和口感，实现真正的果蔬保鲜。该技术不仅适合于加工远距离销售的产品，同时也可应用于学校、企业、部队及医院等团体人群的配餐，并且也适用于加工肉禽蛋类、水产品、蔬菜、水果和主食类、汤汁类等种烹调食品或食品原材料，应用前景十分广阔。

第二节 冰温保藏技术

一、冰温保藏技术的概念

0℃ 以下至食品结冰点以上的温度区域定义为冰温。也可以是指从 0℃ 起至各生物组织即将开始结冰时为止的温度带。冰温保藏技术即是在 0℃ 以下组织结冰点以上这个温度范围内贮藏保鲜食品。冰温保藏技术具有既不破坏细胞也不流失成分的优点。这是因为动植物在冰点温度附近为了防止被冻死，从体内不断分泌大量的不冻液降低了冰点的缘故。这种不冻液的主要成分是葡萄糖、氨基酸、天冬氨酸等，这些成分事实上也是增加食品味道的成分。

二、冰温保藏技术的原理

冰温技术是在 20 世纪 70 年代初发现的，当时为了长期保存日本鸟取县的土特产二十世纪梨，拟采用 CA 贮藏法进行试验研究。但由于操作失误，导致原本设定的贮藏温度由 0℃ 降为了 -4℃，贮藏一段时间后，研究人员发现所有的梨都变成了晶光透明的冻梨，当恢复至原来的贮藏温度时，发现这些梨并未被冻伤，而是全部恢复到贮藏前的状态，并且恢复了原来的色泽和风味。后来，结合对蛇、青蛙等冬眠行为的研究，人们发现生物生与死的温度界限并非 0℃，而是低于 0℃的某一温度值，该温度值称为冰点（又称冻结点）。生物组织的冰点均低于 0℃，当温度高于冰点时，细胞始终处于活体状态。研究人员把这种原理应用到食品的贮藏中，当食品的冰点较高时，加入冰点调节剂（如盐、糖等）使其冰点降低，并把0℃以下至食品结冰点以上的温度区域定义为冰温。

简而言之，食品冰温保藏的机理包含两方面内容：①将食品的温度控制在冰温带内，可以维持其细胞的活体状态；②当食品冰点较高时，可以人为加入一些有机或无机物质，使其冰点降低，扩大其冰温带。

三、冰温保藏技术的应用

1. 冰温贮藏技术保鲜果蔬

冰温贮藏技术不但可以明显抑制果蔬的新陈代谢、延长贮藏期，而且能使果蔬的色、香、味、口感和营养物质得到最大程度的保存甚至提高。这是因为在冰温胁迫条件下，为了防止冻结和过多失水，果蔬细胞会从体内不断分泌大量的不冻液以降低冰点，这种不冻液的主要成分是葡萄糖、氨基酸、高级醇、蛋白质等，而这些成分与提高果蔬的品质和风味有着密切关系。因此，冰温贮藏效果比冷藏更优越。对于一些采收期集中、不耐贮存、多汁高糖、新鲜度变化特别快速的果蔬，采用冰温技术可以实现长期保鲜的目的；此外，对于成熟度较高和组织冰点较低的果蔬，冰温贮藏更是最佳选择。

2. 冰点调节贮藏保鲜果蔬

向某种食品加入冰点调节剂可以使其冰点下降，使食品细胞在更大的温度范围内始终处于活体状态，利用这种原理进行贮藏的方法就是冰点调节贮藏法。冰点调节剂的种类和浓度不同对冰点的调节效果（如渗透速度和冰点）也不同，此外，处理时的环境温度对冰点的调节效果也有一定影响。对果蔬而言，常用的冰点调节剂有蔗糖、食盐、乙醇、维生素 C、$CaCl_2$ 和尿素等溶液，通常的做法是先用冰点调节剂喷洒或者浸泡果蔬，待其冰点下降之后再将其贮藏在冰温条件下。冰点调节贮藏法不仅增强了果蔬的耐寒性，扩大了冰温带范围，便于冰温贮藏的实现，还可以提高果蔬含糖量、维生素 C 含量和钙含量等，更好地保持了果蔬的品质。

3. 冰温气调保藏技术延长水产品加工制品的货架期

采用二氧化碳和氮气混合气体包装，不同贮藏温度下的鱼糜制品中的微生物类群会发生明显变化；鱼丸、鱼糕采用冰温气调保鲜技术时，货架期可达 60 天，比传统的冷藏保鲜延长 34 倍。

第三节　栅栏技术

一、栅栏技术的概念

栅栏技术（hurdle technology）是指在食品设计、加工和贮藏过程中，利用食品内部能阻止微生物生长繁殖因素之间的相互作用及栅栏因子间的协调效应控制微生物的生长，控制食品安全性的综合性技术措施。随着对食品防腐保鲜研究的深入，人们对保鲜理论有了更深入和全面的认识。目前，防腐保鲜研究的主要理论依据是栅栏因子理论。

二、栅栏技术的原理

食品中内在的栅栏因子包括食品温度（高温杀菌或低温保藏）、pH 值（高酸度或低酸度）、a_w（高水分活性或低水分活性）、E_h（高氧化还原值或低氧化还原值）、气调（O_2、CO_2、N_2 等）、包装材料及包装方式（真空包装、气调包装、活性包装和涂膜包装等）、压力（高压或低压）、辐照（紫外线、微波、放射性辐照等）、物理法（高电场脉冲、射频能量、震荡磁场、荧光灭活和超声处理等）、微结构（乳化法、固态发酵法）、竞争性菌群（乳酸菌、双歧杆菌等有益菌）和防腐剂（包括天然防腐剂和化学合成防腐剂）等，这些因子及其交互效应决定了食品微生物的稳定性。栅栏技术就是在实际生产中利用不同栅栏因子的科学组合发挥协调作用，通过临时或永久性打破微生物的内平衡而抑制微生物的腐败与产生毒素，对这些微生物形成多靶攻击，从而改善食品品质、保证了食品的卫生安全性。

栅栏技术是将制约食品保藏的多种方法的巧妙组合，囊括了加热、冷却、干燥、腌渍或熏制、蜜饯、酸化、除氧、发酵、添加防腐剂等多种食品保藏的原理和方法，其控制微生物稳定性所发挥的栅栏作用不仅与因子种类、强度有关，而且受其作用次序的影响。

三、栅栏技术的应用

栅栏技术与传统方法或高新技术相结合的有效性，使其已经广泛应用于各类食品的加工与保藏。

1. 栅栏技术在保鲜肉中的应用

长久以来，鲜肉保鲜常用冷冻法，能较好地解决鲜肉在贮运、加工、销售过程中微生物污染、腐败变质的问题。但冷冻法不仅成本高，且影响了鲜肉的品质。故目前通过使用低耗能、无污染、抑菌效果好的栅栏因子，达到在非冷冻条件下保藏鲜肉成为了研究热点。茶多酚是肉品保鲜中常用的栅栏因子，是一种很好的天然防腐剂和抗氧化剂，具有供氢、抑制脂肪氧化变质的性能。0.6% 的茶多酚溶液浸泡鲜鱼肉，贮存期可长达 2 个月之久，对猪肉更有良好的保鲜效果。

2. 栅栏技术在肉制品加工中的应用

在肉制品方面，如发酵香肠，其栅栏因子包括 a_w（降低水分活度值）、pH（发酵酸化）和 E_h（降低氧还原值）。利用这些不同栅栏因子的抑菌作用，在发酵香肠不同的加工阶段使用相应的栅栏因子，从而保证了产品的稳定、安全。在欧美各国，备受儿童青睐的迷你色拉米发酵香肠，就是采用栅栏因子的协同作用而保质防腐，可以说是应用栅栏技术的典范。

3. 栅栏技术应用于水产品保鲜技术开发

如"新含气调理杀菌技术"利用食品原材料调味烹饪的减菌化处理、多阶段快速升温和两阶段急速冷却的温和式杀菌（高温域较窄）、充氮包装等栅栏因子，控制其低强度协同作用，在常温下可保存水产品达 6 个月以上，且较好地保存了水产品原有的风味和口感。"真空冷却红外线脱水技术"利用食用酒精减菌、抽真空脱水、气体置换包装、冷藏等因子的协同作用，使水产品可冷藏保鲜 1 个月左右。

第四节　可食性包装膜保鲜技术

一、可食性包装膜的概念

可食性包装膜是以天然可食性大分子物质（蛋白质、多糖、纤维素及其衍生物）为主要基质，辅以可食性增塑剂，通过包裹、浸渍、涂布、喷洒覆盖在食品表面或异质食品内部界面等的方式，使各成膜剂分子之间相互作用，使之在干燥后形成一种具有一定力学性能和选择透过性的结构致密的薄膜。可食性包装膜的种类较多，举例如下所示。

可食性包装膜种类
- 多糖类可食性包装膜：淀粉类可食性包装膜、改性纤维素可食性包装膜、动植物胶可食性包装膜、壳聚糖可食性包装膜
- 蛋白质可食性包装膜：大豆分离蛋白可食性包装膜、小麦面筋蛋白可食性包装膜、玉米醇溶蛋白可食性包装膜、乳清蛋白可食性包装膜
- 蛋白质、脂肪酸、多糖复合型可食性包装膜
- 微生物共聚聚酯可食性包装膜

二、可食性包装膜保鲜技术原理

可食膜主要用于食品内包装和新鲜食品的表面，主要是通过防止气体、水汽、溶质和芳香成分等的迁移来避免食品在贮运过程中发生风味、质构等方面的变化，保证食品质量，延长食品货架期；也常作为食品特殊成分（防腐剂、色素、风味物质等）的载体。

三、可食性包装膜保鲜技术的特点

可食性包装膜的使用性能与合成塑料包装膜一样，更具有无法比拟的优越性：①可食性包装膜为可降解膜，易被微生物降解，无污染；②具有明显的阻隔性，可延缓食品中水和油及其它成分的迁移和扩散，防止食品变质；③具有良好的机械性能，可增加食品表面抗冲击强度；④可与所包装食品一起食用，有些具有一定的营养价值，有些还对人体具有保健作用；⑤可以作为各种食品添加剂的载体，改善食品品质和感官性能，并在食品表面控制扩散速率，有利于降低添加剂的用量。

四、可食性包装膜保鲜技术的应用

1. 在果蔬保鲜中的应用

在果蔬表面包裹一层膜，除可防止病菌感染外，还由于在表面形成了一小型气调室，大大减少了水分的挥发，同时也减缓果蔬的呼吸作用，推迟果蔬的生理衰老，从而达到保鲜目的。例如，包裹了蛋白膜的葡萄能有效防止水分蒸发，使其不干不皱皮，保持新鲜饱满、湿润的外观，较长时间保持葡萄的色、香、味不变，营养成分变化不大，烂果率很低，减少了经济损失。

2. 在肉制品加工与保鲜中的应用

在肉制品加工与保鲜中，胶原蛋白膜是最成功的工业应用例子，在香肠生产中胶原蛋白膜已经大量取代天然肠衣（除了那些较大的香肠需要较厚的肠衣外）。另外，大豆蛋白膜也可用于生产肠衣和水溶性包装袋。用胶原蛋白包裹肉制品后，可以减少汁液流失、色泽变化以及脂肪氧化，从而提高了保藏肉制品的品质。

3. 在糖果制品中的应用

当巧克力用于包裹像花生酱或小甜饼一类含油脂的材料时，油脂可向外层巧克力迁移，造成巧克力变软变黏而"反霜"，内部材料则变干，最终导致风味的改变。而一层具有阻脂作用的可食性包装膜就可解决这一问题。如含有高甲氧基果胶、阿拉伯胶、高果糖浆、右旋糖、果糖和蔗糖的可食性包装膜使上述一类产品在经过 31℃、40 天保存后无明显的油脂迁移现象发生。

4. 在嫩玉米保鲜中的应用

将预处理后的新鲜嫩玉米浸于事先配制好的保鲜液中，1min 后取出晾干，嫩玉米表面

即可形成一层光亮透明、无毒、可直接食用的保鲜膜。该膜对嫩玉米具有防霉、抗氧化、护色等功能。成膜后的嫩玉米即可堆码于普通房间内长期贮存，保鲜期长达 6 个月以上。彻底克服了传统冷藏法保鲜一次性投资大、成本高、保鲜效果差、不易推广普及等缺点。

【复习思考题】

1. 什么是新含气调理保鲜技术？
2. 请举例说明冰温保藏技术的原理。
3. 简述栅栏技术及其应用。
4. 简述可食性包装膜保鲜技术的概念和特点。

【参考文献】

[1] 刘润平. 复合气调技术的保鲜工艺. 农村新技术，2009 (6).
[2] 汪雅，张四荣. 无污染蔬菜生产的理论与实践. 北京：中国农业出版社，2000.
[3] 李欣欣. 新型脂质——淀粉基可食膜的研究. 中国农村科技，2005 (6).
[4] 胡青平，徐建国. 食品包装膜研究的现状与展望. 农牧产品开发，2001 (1).
[5] 罗学刚. 国内外可食性包装膜的研究进展. 中国包装，1999 (5).
[6] 胡新宇，李新华. 可食性淀粉膜制备材料与工艺的研究. 沈阳农业大学学报，2000，31 (3)：267-271.
[7] 邵伟，唐明，刘世玲. 茁霉多糖保鲜膜膜在肉制品保鲜中的应用. 肉类工业，2004 (8)：9-11.
[8] 朱浙辉. 可食性包装膜的研究进展和应用. 食品研究与开发，2004，25 (3).
[9] 朱秋劲，罗爱平. 超声波和气调贮藏对冷却牛肉保鲜效果的影响. 食品科学，2006，27 (1)：240-246.